KB235109

도쿄에 가면 요리가 있다

시장밥집에서 최고급레스토랑까지
도쿄·외식 벤치마킹·가이드

−이윤화 저

BnCworld

도쿄에 가면 요리가 있다

저자 이윤화
발행인 장상원
편집인 이명원
초판 발행 2009년 07월 10일
발행처 (주)비앤씨월드
출판 등록 1994.1.21. 제 116-818호
주소 서울특별시 강남구 청담동 40-29 제일빌딩 402호
전화 (02) 547-5233
팩스 (02) 549-5235

사진 이윤화
진행 김수진
디자인 윤재호
인쇄 신화인쇄
출력 교보출력

ISBN 978-89-88274-62-0

http://www.bncworld.co.kr

도쿄에 가면 요리가 있다

C O N T E N T S

부록 도쿄디저트 & 쇼핑 가이드 라인

도움이 될 만한 '외식 가이드'

일본에서 '다베아루키(食べ歩き)'라는 단어를 알고 얼마나 반가웠는지 모른다. 먹는다의 '다베루(食べる)'와 걸음의 '아루키(歩き)'가 합쳐진 단어이다. 맛집을 찾아다니며 먹는다는 뜻이다. 생일 등 삶의 이벤트로 방문하는 다양한 레스토랑, 한 끼를 먹기 위해 찾게 되는 밥집, 한 밤에 칼칼한 목을 축이는 바(bar)를 즐겨 찾으며 그 안에서 일하는 사람들을 만났다. 여러 곳을 찾아다니며 2년 내내 다베아루키를 했다. 처음 1년은 언어를 배우며 일본전통음식과 프렌치, 이탈리안 음식, 그리고 대중 음식을 먹으며 보냈다. 그러다 점점 음료와 매치되지 않으면 음식의 균형이 깨진다고 판단되어 와인을 공부해가면서 와인이나 사케, 맥주 등 술과 함께 즐기는 식사에 집중했고 바(bar)나 카페에 더욱 눈을 돌리게 되었다. 그리고 시간이 흐름에 따라 음식도 아시아 음식, 도쿄의 중식, 도쿄로 진출한 지방 음식, 스페인 바 등 일본에서 현지화한 다양한 음식이 점점 눈에 들어오게 되었다.

무언가 평가를 한다는 것은 어려운 일이다. 국내에서 줄곧 레스토랑가이드를 운영했지만, 전문 프로의 요리와 전문가의 서비스를 평가한다는 것은 아직도 어려운 일이라고 생각한다. 단지 난, 전문가가 만든 음식이 나오고 프로 서비스맨이 펼치는 공간에 들어가 고객의 입장에서 선(先)경험을 하는 사람이라고 생각했다. 그렇기에 선경험의 결과에는 나의 주관적 입장도 들어갈 수밖에 없다. 하지만 평가 및 관점의 일관성을 위해 줄곧 트렌드를 읽을 수 있는 외식공간의 데이터가 수록된 책과 현지 전문가의 추천에 촉수를 곤두세우며, 내 발로 맛집을 방문하고 몸으로 서비스를 체험하고 내 입맛으로 본 것만을 정리하였다. 내가 알고 있는 도쿄의 모 와인숍 사장은 스태프들에게 '본인이 맛보지 않은 와인 맛을 고객에게 과장해서 소개하지 말라'라고 가르친다. 그 말에 충분히 공감한다. 그래서 나 또한 100% 체험에 의한 평가에 바탕을 두고 기술하였다. 레스토랑은 살아있는 생명체와 같아 오픈과 동시에 끊임없이 주위 환경(고객과 그 지역의 시장)에 맞춰가면서 변화하게 된다. 그렇기에 내가 소개한 맛집이 출판 준비기간 동안에 변했을 수 있다는 점 또한 미리 양해해주기 바란다.

도쿄에 머무는 동안, 창업을 준비하는 분들의 벤치마킹 가이드, 외식 동종업계 분들의 메뉴 연구, 요리가 직업인 분들의 맛기행과 국내 미식가의 미슐랭 투어 등의 일을 맡게 되었다. 그들을 여러 맛집에 안내하면서 도쿄와 국내의 외식상황을 비교하며 토론하였다. 그러다보니 외식 및 미식에 관심 있는 분들이 도쿄를 찾았을 때 도움이 될 만한 벤치마킹 외식가이드가 있으면 좋겠다는 생각이 들어 본 책을 준비하게 되었다.

여러 도쿄의 레스토랑을 다베아루키하면서 나에게 음식과 맛집 정보를 알려준 선생님이나 다름없는 여러 지인들도 생겼다. 일본의 유명 레스토랑저널리스트인 이누카이유미코(犬養裕美子) 씨와의 만남은 레스토랑의 판단 시각에 대한 나의 기준을 잡아준 계기가 되었다. 그리고 기본기에 충실한 클래식한 프렌치의 맛을 알려준 알라딘(Restaurant ALADDIN)의 가와사키(川崎誠也) 오너셰프, 신선한 재료를 가장 편한 상태로 먹는 것이 이탈리아 음식이라고 말하며 실천하고 있는 보카디레오네(ボッカディレオ-ネ/Bocca di Leone)의 코이케(小池) 오너 형제, 현대 감각에 맞는 가이세키(懐石料理)와 정통 소바(そば)의 참맛을 가르쳐준 에가와히로시(江川ひろし) 셰프, 일본의 덴푸라는 단순한 튀김이 아니라 튀김옷 속의 재료를 통해 계절감을 느끼며 먹는 음식이라고 주장하는 긴자다이신(銀座大新)의 스즈키(鈴木久德) 오너셰프, 생활 속의 참 와인 맛을 알게 해준 카브드릴락크스(Cave de Re-Lax) 와인숍의 나이토(內藤邦夫) 사장과 전 비노테크(Vinotheque) 와인잡지 발행인인 아리사카(有坂芙美子) 선생, 일본체류 기간 내내 일본 도시락 메뉴개발을 도와주시고 일본의 중식(中食)에 대해 연구할 수 있는 기회를 주신 (주) 상에시스템(株式會社サンエ-システム)의 츠치야(土屋順治) 사장과 (주)모덴나(株式會社モデンナ) 다카하시(高橋理枝) 사장, 치즈의 다양한 세계에 입문시켜준 토미나가준코(富永純子) 선생, 바(bar)는 술만이 아니라 나름의 기(氣)가 함께 살아 있어야 된다며 바의 세계로 안내해 준 혼다하지메(本田一) 사장, 현실적인 맛과 메뉴 가격의 기준을 잡아준 엔도(猿渡浩之) 오너쉐프 등 일일이 열거할 수 없는 분들이 나의 다베아루키와 함께 했다.

그리고 그동안 국내·외 미식 경험을 함께하며 현실의 외식공간에 대해 토론의 상대가 되어 주었던 석창인 원장님 외 여러 미식 모임 친구들, 일본 식문화에 대한 정보를 주시며 자문해 주신 전 쿠켄 발행인 홍성철 사장님, 여러 번의 도쿄컬리너리투어를 함께 진행한 이미경 소장, 그리고 2년간의 나의 다베아루키를 응원해주며 기다려준 쿠켄네트의 전직원들께도 감사의 말을 전한다.

마지막으로 이 책이 나오기까지 도쿄현지에서 맛집과 디저트 정보를 함께 정리해 준 일본 식문화 전문가 차은경 님과, 나의 원고를 저자 이상으로 고민하면서 도와주신 비앤씨월드의 이명원 실장님께도 감사의 말씀을 전한다.

저자 이 윤 화

도쿄에서 맛보는 일본

가이세키(懷石料理)

도쿄에 여행 가는 지인들로부터 일식코스요리(가이세키 요리)를 맛있게 먹을 수 있는 곳을 추천해 달라는 요구를 종종 받는다. 이것은 우리나라에서 막연히 한정식집 중 어디가 맛있냐고 묻는 것과 다름없이 범위가 넓다. 제대로 된 일식코스를 즐기려면 보통 1만 엔 이상은 잡아야 된다. 거기에 격식이 있고 건물과 식기, 별실의 서비스까지 고려한다면 2만 엔 이상도 고려해야 한다. 접대를 하거나 접대를 받는 경우가 아니라면 꽤 부담스러운 금액이다. 그래서 자기 돈으로 외식을 하는 경우 디너코스에 지불하는 비용을 5천 엔에서 1만 엔 정도로 보고, 방문했던 일식당 중에서 그에 준하는 곳을 중심으로 고르려고 노력했다.

보통 일식당은 별실이 있고 전통 기모노를 입은 스탭들이 서비스를 하는 '료우테이(料亭)'와 카운터의 요리장(일식의 메인 셰프)이 카운터와 테이블의 손님들을 보면서 요리하는 '캇포우(割烹)'로 나눌 수 있는데, 이 책에서 소개하는 집들은 상당부분이 캇포우에 속하는 일식집이다. 정해진 운율 안에서 읊어내는 시조가 료우테이요리라면, 시의 기본은 지키지만 형식과 테마에서는 자유로운 현대시를 구현하는 것은 '캇포우요리' 라고 이해하면 더 쉽지 않을까 싶다.

긴자의 모 일식집 셰프
는, 자신이 가장 아끼는
것은 주방 칼이 아니라
'젓가락'이라며 오래 사
용하여 반들반들해진 대
나무 젓가락을 보여준 적
이 있다. 대나무를 직접

깎아 만들었단다. 젓가락을 이렇게까지 고집하는 이유가 뭘
까? 그건 섬세한 일식코스를 체험해 보면, 요리의 처음부터
마무리까지 셰프의 손에서 떨어질 수 없는 최고의 무기가
젓가락임을 알게 될 것이다. 그리고 '소바가이세키'라는 용
어도 쓰는데, 이는 모든 코스에서 소바 면이나

씨, 반죽 등이 들어간 응용 가이세키라고 볼 수
있다. 참고로 가이세키요리가 나오는 순서를
안다면 코스의 흐름을 이해하며 먹는 데 도움이
될 것 같아 소개한다.

사키즈케(先付け 입맛을 돋우는 첫 음식)

젠사이(前菜 전채를 말함)

오왕(お椀 작은 공기 같은 그릇에 들어있는 요
리. 주로 으깬 생선 완자가 들어 있는 스프 종류가 많다.),

오츠쿠리(お造り 사시미 모듬요리),

야키모노(燒き物 구운 생선과 야채가 나오는 요리)

하시야츠메(箸休め 식사 도중 기분전환용으로 산뜻하게 먹는 요리)

다키아와세(焚き合わせ 생선, 야채를 따로 익혀 한 그릇에 어울려 담은 것)

아게모노(揚げ物 튀김)

오쇼쿠지(お食事 식사)

디저트(デザート)

위의 열 가지가 모두 나오는 것이 풀 정식코스이고, 이 코스 중에서 레스토랑 상황에 맞게 품수를
가감도 하고 순서가 바꿔지기도 한다.

*** 가이세키의 한자는 두 가지가 있는데 원래는 차를 마시기 전에 먹는 간단한 요리인 가이세키(懷石)에서 기원
하였으나 이것이 근래에 오면서 연회요리로 발달하여 가이세키(懷席)가 되었다.**

스시 (すし)

많은 사람들이 그렇듯, 나도 회전스시가 스시의 정형이라고 생각하며 스시를 맛보던 시절이 있었다. 그런데 시간이 지남에 따라 회전스시집 벨트를 한 바퀴 돌고 온 스시에 식상해졌고 나만을 위해 셰프가 만들어 주는 스시를 찾게 되었다. 그런데 문제는 그 때부터 내 지갑을 열어야 한다는 것이었다. 스시는 누가 쥐느냐, 어느 집에서 먹느냐에 따라 가격이 천차만별이기 때문이다. 소위' 긴자스시' 라는 말이 있다. 이는 보통 1인분에 1만 엔~3만 엔 하는 고가의 스시를 의미하는 용어처럼 되어

버렸는데, 이 책에도 나오고 미슐랭 스리스타점인 '스시미즈타니' 가 대표적인 긴자스시라고 볼 수 있다. 그 외의 집들은 회전스시보다는 고급이지만 긴자스시보다는 저렴하여 5천 엔~1만 엔 정도면 먹을 수 있고 신선도면에서는 긴자스시 못지않은 곳을 선별해 보았다.

참고로 스시의 생선은 '네타' 라 부르고 밥은 '샤리' 라고 하는데 일본의 스시는 레벨 차이가 크고 회전스시만도 그 종류가 매우 많아 '회전스시평론가' 란 이름으로 칼럼을 기재하는 이도 있을 정도이다. 그리고 일반적으로 고급 스시집에 들어가면 조용하고 긴장감이 돌아, 모 여성잡지의 테마 기사가 '젊은 여성도 기죽지 않고 들어가서 즐길 수 있는 스시집 리스트' 가 있을 정도이다.

덴푸라 (天ぷら)

일본에 머물기 전까지 '덴푸라'는 나에게 그저 튀김일 뿐이었다. 그런데 튀김이 왜 이리 비싼 걸까라는 의문이 들었다. 덴푸라의 사전적인 의미는 물론 튀김이다. 슈퍼마켓에는 튀김도시락, 크로켓이 있고 이자카야의 단골메뉴에는 가라아게(닭튀김) 등 수없이 많은 튀김 종류가 있다. 그러나 이런 튀김은 통틀어 '아게모노'라고 부르는 것이 올바른 것이고 일본에서 말하는 '덴푸라'는 밀가루가 아니라 물을 섞은 밀가루 반죽, 즉 튀김옷을 입힌 튀김이라고 보면 된다. 그런데 튀김옷을 입힌 튀김이라고 해도 디너 코스가 일인분에 1만 엔 안팎까지 가는 것은 아무래도 이해가 안 갔다. 그러던 중 오랜 시간 영업해 온 덴푸라집 셰프를 알게 되었고, 그의 재료 사입 과정과 그가 만든 음식을 먹게 되면서 일본의 덴푸라를 다시 이해하게 되었다. 도쿄에 있는 많은 덴푸라집이 그렇듯 그 셰프도 매일 새벽 츠키지시장에 가서 살아 있는 생물과 야채를 구입한다. 그리고 좀 더 신경 쓰는 집은 살아 있는 장어, 새우 등을 고객의 눈앞에서 잡아서 바로 튀기기도 한다. 싱싱함 자체를 칼로 한 번에 쓱~ 썰어 먹는 것이 사시미(회)라면, 덴푸라는 재료에 튀김옷을 가볍게 입혀 기름에 얼른 들어갔다 나오게 한 것이다. 덴푸라를 먹다 보면 재료의 싱싱함을 사시미나 스시에서 느끼던 것보다 훨씬 강하게 느낄 때가 많다. 덴푸라에서 식재료의 계절 변화를 알게 되었다고 해도 전혀 손색이 없다. 한때 일식 조리사 중 몸값이 가장 비싼 셰프는 어떤 분야의 셰프일까 궁금했던 적이 있었다. 그런데 다름 아닌 덴푸라 셰프였다. 튀기는 기술이 그만큼 어렵다는 얘기다. 스시는 해외진출이 활발하여 서양인들도 그 용어를 알지만 덴푸라는 그 섬세함을 그대로 전달하기 어려워 스시만큼 해외로 나가지 못한다는 얘기도 있다. 많은 덴푸라집에서는 고급 참기름을 튀김기름으로 사용한다. 참기름의 압출 방식이 우리와 달라 진하지 않으며 덴푸라를 먹으면 뒷맛에 참기름의 고소한 향이 은은히 남는다. 제대로 된 덴푸라는 스시와 마찬가지로 카운터에 앉아 튀겨지는 덴푸라를 바로 먹는 것이 정석이고 대부분은 소금만 찍어 먹는다. 재료 맛을 충분히 느끼기 위해서이다.

야키니쿠 (燒き肉) & 데판야키 (鉄板燒)

일본에서 쉽게 얘기할 때, 남녀노소 할 것 없이 가장 좋아하는 음식의 종류는 스시이고 다음은 야키니쿠라고 한다. 우리나라도 먹자골목에서 고깃집이 차지하는 비중이 큰 걸 생각하면 한ㆍ일 모두 구워먹는 고기가 외식업의 커다란 장르임에 틀림없는 것 같다. 야키니쿠는 오사카의 호르몬구이에서 시작되었다. 호르몬은 '버리지는 것'이라는 의미로 시작되었다는 설과 우리 몸의 호르몬(hormone)에서 유래되었다는 설이 있으나, 어쨌든 모두 '내장'을 의미하는 말이다. 그러다 야키니쿠가 더욱 보급되면서 내장만이 아니라 점점 일반고기로 확대되어 나갔다. 고급 점포에서는 요네자와소(米沢牛)나 마츠자카소(松坂牛) 등 유명한 소고기를 팔기도 하고 A5, A4 등으로 육질등급도 표시한다.

그리고 호르몬 중에서도 희소부위를 집중적으로 취급하는 곳도 있고 점점 호르몬의 부위를 세분하여 판매하는 곳도 늘고 있다. 일반 고기 부위로는 갈비, 설로인, 로스 등이 있고 내장인 호르몬 부위로는 레바(レバ-간), 하츠(ハツ 심장), 미노(ミノ 제1위장), 하치노미(ハチノミ 제2위장), 호르몬(ホルモン 대장), 곱창(コプチャン 소장) 하라미(ハラミ 횡경막) 등이 있다.

야키니쿠의 본고장은 한국이지만 일본에서 정착한 야키니쿠는 여러 가지 현지상황과 일본인의 세심한 분류로 우리와는 다른 양상으로 발전하고 있다. 일본식 야키니쿠는 대부분의 고기에 밑간이 되어 있고 그 위에 다진 마늘과 파가 얹어 나오는 것이 많다. 그래서 불에 올려놨을 때 양념으로 인하여 쉽게 타게 된다. 한국인이 먹기에는 밑간이 달다고 느끼기 쉽다. 그리고 이 책에서 '교포식 야키니쿠'라는 용어를 사용했는데, 재일교포가 운영하는 '다이키'나 '스테미너앤'의 경우가 그 예이다. 이곳의 양념 맛은, 한국의 양념갈비보다는 약하고 일본 현지의 밑간보다는 달지 않은 중간형의 밑간이다. 그리고 '야마다야'는 일본인이 운영하는 호르몬 중심의 야키니쿠인데 돼지고기까지 회로 먹는가 하면 각종 내장부위도 다양하다.

다른 음식보다 '고기'는 한국과 일본의 맛의 기준이 다르기 때문에 다른 장르보다 이해하기가 어려웠다. 일본은 고기 지방의 단맛과 부드러움을 가장 큰 기준으로 삼고 있어 입안에 들어가 쉽게 무너지는 정도가 크면 클수록 상품(上品)으로 인정하는 경향이 많다. 그에 반해 한국은 부드러움과 단맛은 간과하지 않으면서도 씹는 그 자체를 충분히 살리는 것을 선호하고 있다고 볼 수 있다.

데판야키는 눈앞에서 굽는, 현장감을 살리는 방식이다. 대개 기본 맛은 소금과 후추만으로 하고 나중에 타래(소스)를 찍어서 먹는다. 야채나 해산물도 굽고 나중에 밥을 볶는 것으로 마무리하는 코스가 보통이다. 최근에는 프렌치식과 접목해 '데판야키프렌치'라는 용어도 나오고 있다. 즉 데판야키 철판 앞에서 즐기는 프렌치코스로 스테이크 등 메인은 일반 데판야키처럼 고객 앞에서 직접 구워 주는데 보통의 야키니쿠보다는 한 단계 위의 가격으로 접대나 데이트 등에 많이 이용되는 편이다.

소바 (そば)

소바는 스시와 함께 에도시대(江戸時代 1603년-1867년)의 식문화를 전승하고 있는 먹을거리이다.
소바는 일본전역에서 먹는 대중적인 면으로 주요 산지는 도쿄의 북쪽인 홋카이도, 이바라키현 등

이다. 에도시대에 화재가 빈번해 그 복구를 위하여 지방의 직공이 현재의 도쿄에 모였을 때 패스트
푸드처럼 간단히 먹던 음식이 바로 소바였다. 그런 소바가 시간이 지남에 따라 신분이 높은 사람들
이 즐기는 음식으로 변하게 되면서 고급화되었다.
현재의 소바는 세 타입으로 나눌 수 있다. 지하철역 앞의 '간단한 대중 소바', '노포(오랜 역사를 가
진 점포)의 소바', '데우치(직접 손으로 만드는) 소바'로 구분할 수 있다. 대중 소바는 기계면으로
공장에서 만든 업소용 츠유(소스)를 사용하는 일반 소바이다. 노포 소바는 직접 면을 만드는 곳이
일부 포함되어 있다. 이는 우리의 냉면을 생각하면 이해하기 쉽다. 냉면이야말로 학교 앞 분식집부
터 전통 평양냉면까지 그 폭이 넓고 가격의 차도 크고 고객들의 맛에 대한 이해도 천차만별이다. 예
를 들어 평양냉면으로 오래된 '을지면옥'의 냉면을 10대, 20대 젊은이가 처음 가서 먹는다면, 대부
분 맛있다고 말하기 어려운 것처럼 소바 면에 대한 맛의 감별은 일본인에게 극히 까다로운 분야가
아닐 수 없다. 어쨌든 정통의 기본 소바는 자가 제분하거나 맷돌에 간 소바분을 가지고 손으로 직접
만드는 것을 기본으로 하고 있다. 일본의 소바 점포를 벤치마킹하고자 하는 분은 먼저 역 앞의 대중
소바집을 가본 뒤 노포와 정통식으로 만드는 수제 소바집에 가보는 것이 좋을 것 같다.
우리나라에서는 일식 소바를 먹을 때도 소스에 푹 적셔서 먹는 것이 일반적인데 일본은 소스가 우
리보다 훨씬 진하고 소량 나오며 먹는 방법도 살짝 소스를 찍어서 먹는 식이다. 그리고 다 먹은 뒤
에는 소바유(소바 삶은 물)가 나오는데 츠유에 희석해서 마시면서 마무리를 한다. 대개 지하철 역
앞의 대중 소바집에서는 소바유(소바 삶은 물)까지는 서비스되지 않는다.

라멘 (ラーメン)

한국에는 자장면을 파는 중국집이 많지만 일본에는 라멘집이 걷다가 발에 채일 정도로 많다. 매우 상품화되어 있고 종류 또한 헤아릴 수 없다. 전철 역사 안에서부터 동네 배달 라멘까지, 심지어 TV 에 나온 모 라멘은 푸아그라까지 넣어 고객들의 시선을 끌고 있다. 우리나라에서 자장면이 전 국민의 향수 음식이라면 라멘은 일본의 국민음식이라고 말할 수 있다. 그리고 자장면과 라멘의 또 하나의 공통점은 중국에서 넘어와 현지 토착음식이 되었다는 점이다. 재미 삼아 30,40대 일본남성들을 대상으로 죽기 전에 먹고 싶은 한 가지 음식을 말하라고 했더니, 50% 이상이 라멘을 선택했다. 그만큼 생활 속의 친근한 국수임에 틀림없다.

유명한 라멘집에 가보면 가볼수록 집집마다 특색이 기발한 경우를 볼 수 있다. 일본에서 라멘을 분류할 때는 면의 굵기, 라멘의 양, 국물의 기름진 정도, 국물의 농도, 이 네 가지로 평가하는 경우가 많다.

라멘 맛으로는 쇼유(간장)라멘, 시오(소금)라멘, 미소(된장)라멘으로 나눌 수 있고 다시스프의 종류로는 돈코츠(돼지뼈베이스)라멘과 가츠오부시등 해산물베이스의 라멘으로 나누며 대중식당 라멘은 우동국물 같은 일본풍 일반 다시 국물에 기름을 가미하는 방식을 사용하고 있다. 간판에 '시나소바(支那そば중국국수라는 뜻)' 라고 쓰여 있는 경우도 있는데 이것도 라멘을 지칭하는 말이다. 참고로 일본에서는 소바가 국수를 의미하는 말이고 한국에서 말하는 일본소바는 일본에서도 엄밀하게 말할 때 '니혼소바(日本そば)' 라는 용어를 사용한다.

참고로, 일본의 라멘의 역사를 쉽게 한눈에 보려면 요코하마에 있는 라멘박물관(新横浜ラーメン博物館 http://www.raumen.co.jp/)을 찾는 것이 좋다. 라멘의 종류와 그 역사를 볼 수 있고 박물관 지하에는 다양한 점포에서 여러 라멘을 팔고 있다. 물론 박물관 라멘인지라 명물 맛은 다른 곳에서 찾는 것이 좋다.

햄버거 (ハンバーガー, hamburger)

일본의 햄버거는 1950년 전후 미군에 의해 들어온 것을 시작으로 하고 있다. 패스트푸드 햄버거의 대명사인 '맥도날드' 1호점은 1971년에 오픈하였고, 그 이후 5년 동안 100개 이상의 점포를 급속하게 확장시켰다. 그리고 1972년 '모스버거' 라는 일본 햄버거브랜드가 오픈했는데, 이는 만들어진 햄버거를 제공하는 타 패스트푸드와 달리 주문 후 햄버거를 만들어 제공하는 식으로 일반 패스트 푸드보다 한 단계 발전한 형태이다. 그리고 한국에도 들어와 있는 '후레쉬니스버거' 는 1992년에 주택가에 생겨나서 점점 인기를 얻게 된 브랜드이다. 그러다 '화이야하우스' 라는 햄버거집이 강렬한 패티로 구르메버거(gourmet burger)의 붐을 일으키는 시발점이 되었다.

다양한 햄버거를 이해를 돕기 위해 다음과 같이 구분해 보았다.

패스트푸드 : 이미 만들어진 모든 재료의 조합 내지 만들어진 기성품 판매를 하는 대규모 체인 점포.
예) 맥도날드, 버거킹, 롯데리아 등

업그레이드 패스트푸드 : 패스트푸드의 방식으로, 재료를 본사로부터 납품받는 것은 같으나 고객의 주문 후부터 만들고 재료선별에 각별히 신경을 써서 마케팅을 하는 곳.
예) 모스버거, 후레쉬니스버거 등

구르메버거 : 수제로 만든 패티 및 직화의 그릴 방법, 주문 후 요리, 만드는 이의 개성이 개입되어 있으며 대개 미국식 햄버거 분위기가 물씬 남.
예) 화이어하우스, 베카바운스 등

본 책에서는 구르메 버거전문점을 다루고 있다.

요리 전 과정을 눈앞에서 즐길 수 있는 코스요리

우오즈콘사이 야마모토 魚豆根菜 やまもと

입구에 '어두근채(魚豆根菜)'라고 쓰여 있다. 중심 식재료인 콩류, 뿌리채소와 유기농 채소, 자연산 생선을 모토로 내걸고 있는데, 실제로 식사를 해보면 이 말이 말만은 아니라고 느끼게 된다. 도로변에 위치한 식당 입구는 짧은 거리지만 돌길을 거쳐 식당으로 들어가게 한 세심함이 엿보인다. 내부는 대부분 나무 소재로 깔끔하게 꾸며져 있고, 특히 아주 큰 나무 카운터가 자른 흔적이 없는 통나무라는 것을 알고 몹시 놀라게 된다. 처음엔 나오는 음식에 정신이 팔려 몰랐는데 어느 순간 음악이 없다는 것을 깨닫게 되었다. 요리에만 집중하는 일식의 전통에 따랐단다. 30대 초·중반인 야마모토 오너는 젊은 나이임에도 불구하고 소재를 살리는 솜씨가 수준급이다. 조용하고 깨끗한 카운터에 앉아 회를 뜨는 것부터 모든 요리 과정을 눈앞에서 즐길 수 있는 코스요리이다.

메뉴특성

코스마다 크게 티 나지 않으면서 사용하는 콩이 인상적이다. 콩, 구운 베이비옥수수, 생 락교 등 전채는 요리라기보다는 천연재료들을 나열한 것 같은 느낌이다. 아기자기하게 조미된 요리를 기대한 사람은 실망할 수도 있겠지만 생선구이와 냄비요리도 코스의 순서에 따라 자연식의 느낌으로 나온다.

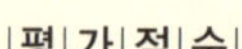

|평|가|점|수|

맛　　　★★★★☆
분위기　★★★★☆
서비스　★★★½☆
벤치포인트 ★★★☆☆

나베요리

● 추천대상 ●

모던한 일식코스요리. 운치 있는 일식당 인테리어가 궁금하신 분

● 포인트 ●

☑ 일식코스 ☑ 천연식재료
☑ 오픈주방

|기|본|정|보|

메뉴 코스 6,500엔(8품), 9,500엔(10품) 서비스료 10%
주소 도쿄도 시부야쿠 에비스 2-12-6 1층(東京都 渋谷区 恵比寿 2-12-6 リベルタ II 1F)
영업시간 18 : 00~24 : 00
휴무 일요일(일요일이 공휴일이면 월요일 휴무)
전화 03-3280-6630
가까운 역 JR 에비스역(JR 恵比寿駅) 또는 지하철 에비스역(地下鉄 恵比寿駅)에서 10분

긴자 도요다 銀座 とよだ

고급 일식집 간의 경쟁이 치열한 긴자(銀座) 7,8초메(丁目)에 위치하고 있다. 건물이 너무 평범하여 '이 안에 레스토랑이 있어?' 하면서 들어갔는데, 2층에 올라가 문을 여는 순간, 심플하면서도 깨끗한 새 세상이 열린다. 좌석은 카운터 반, 테이블 반으로 구성되어 있는데 카운터에서는 회 등 생 요리를, 내부의 키친에서는 불을 사용하는 음식을 담당하고 있다. 긴자의 많은 일식집 중 와인리스트가 가장 충실하고 와인과 요리의 매칭에 매우 노력하는 곳으로 알려져 있다. 이곳 또한 요리에 집중하라는 의미로 실내 음악이 없다. 홀에서 늘 미소 지으며 손님을 맞는 오너 도요다 씨가 음식에 맞는 와인을 세심하게 추천해 준다.

메뉴특성

요리는 전채부터 무난한 흐름으로 나오기 시작한다. 생선회 바로 전에 나오는 찰밥 위에 얹어진 대합, 야마나시 지역의 돼지고기구이 등이 인상적이다. 또, 문어와 생강이 들어간 가마메시(가마솥밥)와 곱게 다진 3종류의 츠케모노(무, 오이 등 채소절임)로 식사를 하면 마무리가 깔끔하다.

| 평 | 가 | 점 | 수 |

맛	★★★☆☆
분위기	★★★☆☆
서비스	★★★★☆
벤치포인트	★★★☆☆

가마메시

● 추천대상 ●

모던한 일식코스요리, 와인과 일식의 매칭에 관심 있는 사람

● 포인트 ●

☑ 일식코스 ☑ 와인매칭
☑ 돼지구이 ☑ 가메마시

| 기 | 본 | 정 | 보 |

메뉴 런치코스 5,250엔부터, 디너코스 10,500엔부터 서비스료10%
주소 도쿄도 주오쿠 긴자 7-5-4 2층(東京都 中央区 銀座 7-5-4 ラヴィアーレ銀座ビル 2F)
영업시간 [월-금] 11 : 30~13 : 30(L.O), 17 : 30~20 : 30(L.O)
　　　　　　[토] 12 : 00~14 : 00(L.O), 17 : 30~20 : 30(L.O)
휴무 일요일, 공휴일
전화 03-5568-5822
가까운 역 긴자선 긴자역(地下鉄 銀座駅),JR신바시역(ＪＲ新橋駅)에서 7분, JR유락초역(JR有楽町駅)에서 10분

고사리나물 하나도 특별한 일식집

슌노아지이찌 *旬の味いち*

삼청동이나 가로수길이 뜨고 나니, 너도나도 '진작 뒷골목의 집 한 채라도 보증금 없을 때 구입했더라면…' 하는 말들이 오가곤 한다. 떠오르는 지역이 되면 그 뒷골목의 뒷골목까지 개발되듯, 이곳도 롯폰기(六本木) 대로에서 안으로 꽤 들어가야 한다. '제철의 맛이 최고' 라는 의미인 상호만큼 이름값 이상을 하는 곳이다. 아기자기하면서도 전통의 느낌이 물씬 나는 분위기와 꾸밈새, 맛과 메뉴의 창의성, 그리고 친절한 서비스의 장단이 잘 어우러져 있는 곳이다. 인테리어도 목재와 석재를 써 고풍스러움에 현대적인 아늑함을 더하고 있다. 오너인 다나카 씨는 이탈리아에 갔다가 그곳의 생선요리에 관심을 갖게 되어 여러 가지 아이디어를 얻었다고 한다. 메뉴부터 인테리어 분위기까지 모두 다나카 셰프로부터 나온 것이다.

메뉴특성

이 집의 코스는 야채 3품, 생선 3품으로 구성되어 있다. 찾아간 날, 야채의 첫 선수는 고사리나물 무침이었다. 약간의 단맛이 나면서 씹는 텍스처가 있어 흔한 고사리나물 하나에도 '요리 잘 한다' 라고 느끼게 한다. 그리고 '니코고리' 라는 우리의 족편 같은 음식이 전병과 무에 말아진 앙증맞은 곳감과 함께 나오는데 참신한 구상이라는 생각이 든다. 그 다음은 '아! 무 하나로도 이런 작품을 낼 수 있구나!' 라고 느끼게 만드는 무 스프다. 코스가 끝나고도 뭔가 더 먹고 싶다면 가마메시를 별도 요금을 내고 주문하면 된다. 특히, 게를 넣고 만든 솥밥인 '가니고항' 이 인기다.

|평|가|점|수|

맛	★★★★☆
분위기	★★★★☆
서비스	★★★★☆
벤치포인트	★★★★☆

고사리전체요리

무스프

● **추천대상** ●

전통을 가미한 인테리어. 일식전통요리의 응용에 관심 있는 분

● **포인트** ●

☑ 인테리어 ☑ 명물솥밥
☑ 제철요리

|기|본|정|보|

메뉴 디너코스 3,860엔부터
주소 도쿄도 미나토쿠 롯폰기 7-10-30 1층(東京都 港区 六本木 7-10-30 清水ビル 1F)
영업시간 18 : 30～24 : 00
휴무 일요일, 공휴일
전화 03-3402-9424
가까운 역 지하철 롯본기역(地下鉄 六本木駅)에서 10분

나스비테이 なすび亭

택시를 타고 적어간 주소 앞에서 내렸지만 한 바퀴를 돌아도 식당이 보이지 않는다. '일본 택시기사는 정확하다던데 이거, 아니잖아' 라며 투덜거렸는데, 알고 보니 아까 택시 기사가 세워준 그곳이었다. 노트 크기의 가지 그림 액자가 붙어 있던 곳. '이럴 수가!' 같이 간 일행과 어이가 없어 피식 웃고 말았다. '나스비' 가 일본어로 '가지' 라는 뜻이긴 하지만 그 액자 하나로 식당의 간판을 대신하다니. 소박한 식당이라는 의미를 담고 있는 듯하다. 좌석도 4인 테이블 4개가 전부고 메뉴판은 없다. 식당도 그저 평범하다. 홀에 테이블이 있고 안으로 주방이 있는, 그 어디에서나 볼 수 있는 구조다.

메뉴특성

셰프가 차려준 5,250엔짜리 오마카세코스(셰프에게 모든 것을 일임한 스페셜 코스)와 술을 주문해서 마시면 된다. 계절마다 메뉴가 달라지기 때문에 음식을 한마디로 표현하기는 어렵지만 생선구이나 생선튀김 위에 은은한 소스를 얹은 요리들이 많은 편. 특히 마지막에 나오는 가마메시(솥밥)가 인상적이다. 연어와 파드득나물(미나리과 식물)을 넣어 만든 솥밥을 덜어 그 위에 싱싱한 연어 알을 얹어주고 비벼먹는다. 덕분에 솥밥의 연어 맛과 기분 좋게 톡톡 터지는 연어 알을 함께 즐길 수 있었다. 요시오카 오너셰프는 촌스러운 시골 아저씨 분위기인데 나오는 음식은 세련되었다.

| 평 | 가 | 점 | 수 |

맛	★★★★☆
분위기	★★★☆☆
서비스	★★★☆☆
벤치포인트	★★★☆☆

뛰긴가지와 폰즈

연어솥밥

● 추천대상 ●

소규모 오너쉐프 맛집. 일식 전통요리의 응용에 관심 있는 분

● 포인트 ●

☑ 소형 맛집 ☑ 스페셜코스
☑ 오너셰프

| 기 | 본 | 정 | 보 |

메뉴 오마카세코스 (셰프 추천코스) 5,250엔 / 7,350엔 / 9,450엔
주소 도쿄도 시부야쿠 에비스 1-34-1(東京都 渋谷区 恵比寿 1-34-1)
영업시간 18 : 30~23 : 00
휴무 일요일, 공휴일
전화 03-3440-2670
가까운 역 JR 에비스역(JR 恵比寿駅), 지하철 에비스역(地下鉄 恵比寿駅)에서 5분
홈 페이지 http://www.nasubitei.com/

통 생선구이가 일품인 남성 취향의 요리

쇼쿠사이 가도타 食彩 かどた

디너 5만 원 대에 '잘 먹었다' 라는 포만감을 느끼면서 접대도 가능한 일식집을 찾다가 발견한 곳이다. 전체적으로 보면 7-8만 원 대 음식의 효과를 낸다는 것이 더 적확한 표현일지 모르겠다. 볼륨감도 있고 화끈한 통 생선구이도 나온다. 거기에 역 바로 앞에 있으니 접근도 용이하다. 평범한 실내장식이지만 밥과 술을 즐길 수 있는 따뜻한 분위기이다. 카운터 8석과 테이블 16석 정도가 전부다. 카운터 안에는 숯불이 있어 줄곧 생선을 굽고 있다. 하지만 환기에 많은 신경을 써 냄새가 그리 심하진 않다. 고객층은 남성이 대세. 화려하지 않지만 편안한 맛을 찾는다면 추천하고 싶다.

메뉴특성

코스엔 모둠사시미, 오시즈시(누름 초밥), 생선구이와 조림이 나온다. 물론 코스 외 각종 생선구이 등 일품요리도 많다. 런치엔 생선구이 정식 등이 있는데 인근 샐러리맨들이 줄을 서서 기다린다. 재료도 신선하고 양도 많고 가격도 저렴해 런치의 만족도는 디너의 배 이상이다. 초저녁 식사라면 예약하는 것이 좋고 늦은 밤이라면 그냥 가도 자리가 있을 듯하다.

|평|가|점|수|

맛 ★★★☆☆
분위기 ★★★☆☆
서비스 ★★★☆☆
벤치포인트 ★★★☆☆

사시미모둠

생선구이런치세트

● 추천대상 ●

생선 요리에 관심 있거나, 일식집 스타일의 요리집을 구상하고 계신 분

● 포인트 ●

☑ 남성취향 ☑ 생선요리
☑ 런치메뉴

|기|본|정|보|

메뉴 런치 1,050엔, 디너코스 5,250엔부터 사시미 모둠 1,575엔, 생선구이 및 조림 1,155엔
주소 도쿄도 시부야쿠 에비스니시 1-1-2 B1F
(東京都 渋谷区 恵比寿 西 1-1-2 しんみつビル B1F)
영업시간 11 : 30〜14:30, 18 : 00〜22 : 30
휴무 일요일
전화 03-3780-1080
가까운 역 JR 에비스역(JR 恵比寿駅), 지하철 에비스역(地下鉄 恵比寿駅)에서 2분

긴자 긴노쿠라 銀座 吟の蔵

이름난 음식점이 많기로 유명한 긴자(銀座) 스즈란도오리(すずらん通り) 빌딩 7층에 위치해 있다. 들어서면 긴자라는 것이 믿기지 않을 정도로 한적한 동네 식당에 들어온 듯하다.

메뉴특성

긴자의 여러 전통 일식집처럼 가이세키가 기본이고 그밖에 편안하게 즐길 수 있는 일품요리가 있다. 이집은 코스 마지막 식사로 소바가 나올때가 많다. 소바는 채반에 받쳐져 소금, 소바츠유(소바를 적셔 먹는 간장 소스)와 함께 나온다. 웬 소금이냐고? 소바는 향을 먼저 즐기고 먹는 요리기에 그날 만든 소바에 소금만 살짝 쳐서 소바의 향을 즐기고, 일부는 일반 소바처럼 츠유에 살짝 적셔서 먹는다. 코스를 주문하면 전채에서부터 7가지 정도의 요리가 종지에 담겨 나와 술안주로 즐기기 좋고 신죠우(생선을 으깨 만든 완자)가 들어간 오왕(お椀 : 작은 공기 같은 그릇에 들어 있는 요리. 주로 으깬 생선완자가 들어 있는 스프 종류가 많음)은 정갈하다. 양이 많아 남자들에게도 만족스러운 코스다. 긴자에 있는 만큼 샐러리맨 런치를 빼놓을 수 없는데, 특히 한정수량 세트는 풍성한 스시돈부리와 자왕무시(일식 달걀찜), 미소시루, 샐러드, 디저트까지 1,200엔에 서비스되고 있다. 세트의 구성이 우리나라 웬만한 호텔의 일식런치에 버금갈 정도다. 토요일 디너는 평일디너코스의 절반에 가까운 가격으로 나오니 이때를 노리는 것도 좋다.

모둠사시미

소바

조개구이

|평|가|점|수|

맛	★★★☆☆
분위기	★★★☆☆
서비스	★★★☆☆
벤치포인트	★★★☆☆

● 추천대상 ●

가이세키 운영 및 메뉴 개발. 탄력적 가격정책. 런치메뉴 개발에 고심하는 분

● 포인트 ●

☑ 코스요리 ☑ 수제소바
☑ 런치메뉴

|기|본|정|보|

메뉴 평일 디너코스 8,000엔부터(일품요리 가능), 평일 런치 800엔부터 간단세트, 토요일 디너코스 4,500엔부터 서비스료 10%

주소 도쿄도 주오쿠 긴자 6-9-13 7F (東京都 中央区 銀座 6-9-13 第1ポールスタービル 7F)

영업시간 [월-금] 11 : 30~14 : 00, 17 : 30~23 : 00 (L.O)
　　　　　[토] 11 : 30~14 : 00, 17 : 00~21 : 00 (L.O)

휴무 일요일, 공휴일

전화 03-5568-7450

가까운 역 JR 유락초역(JR 有楽町駅)에서 5분, 지하철 긴자역(地下鉄 銀座駅)에서 3분

전통 여관 요리를 응용한 가이세키

아베 阿部

유명한 거리인 아카사카(赤坂)의 뒷골목에 있어, 찾아갈 때 헤맬 가능성이 높은 곳이다. 그리고 막상 찾고 나서도 작은 문 하나가 전부인 간소한 입구를 보고 이곳이 진짜 맞는지 두리번거리게 된다. 들어가면 중앙에 16명이 앉을 수 있는 커다란 테이블이 있고 양 옆으로 별실들이 있다. 캐주얼하기도 하고 한편으로는 고급 버전의 레스토랑 같기도 한데, 누구

든 '정갈하다' 라는 생각을 먼저 떠올리게 된다. 야마가타현에서 여관을 운영하고 있는 경험을 살려 2006년에 오픈한 일식집으로 야마가타 지방의 식재료 및 제철 진미에 창작성을 더한 요리를 특기로 삼고 있다.

메뉴특성

도루묵카라아게(도루묵에 튀김옷을 입혀 튀긴 것), 버섯과 구운 생선을 다시 한지에 싸서 구운 요리 등 요리가 대부분 전통 여관요리를 현대적인 센스로 재탄생시킨 것이다. 디너코스를 먹는다면 디저트까지 포함된 8,925엔 코스가 전체적인 구성을 보기에 적당하다. 런치는 예약을 받지 않는데, 근처 직장인과 알음알음 찾아오는 미식가들에게 가격 대비 깔끔한 세트로 인기가 높다. 밥, 미소시루, 메인 메뉴는 그날의 생선이나 고기 중에서 선택할 수 있고 두부와 츠케모노도 나온다.

|평|가|점|수|

맛	★★★★☆
분위기	★★★★☆
서비스	★★★★☆
벤치포인트	★★★★☆

도루묵튀김과 갈은무

런치세트

● 추천대상 ●

모던한 가이세키 요리, 전통과 현대가 조화된 인테리어에 관심 있는 분

● 포인트 ●

☑ 여관응용요리
☑ 런치세트 ☑ 큰 테이블

|기|본|정|보|

메뉴 디너코스 5,775엔, 8,925엔, 15,750엔, 자가두부(수제두부) 893엔, 천연도미조림 2,625엔, 런치세트 1,365엔

주소 도쿄도 미나토쿠 아카사카 2-22-11 (港区 赤坂 2-22-11 메이플아-벤트 赤坂 1F)

영업시간 11 : 30〜14 : 30, 18 : 00〜23 : 00

휴무 토요일, 일요일 (토요일은 사전 단체 예약 시 영업)

전화 03-3568-2350

가까운 역 긴자선(銀座線)또는 남북선(南北線) 타메이케신노우역(溜池山王駅) 12번 출구에서 5분 / 남북선(南北線) 롯본기1초메역 (六本木1丁目駅) 3번출구에서 5분

홈 페이지 www.kameya-net.com/akasaka-abe

스타 셰프 노자키의 스페셜 코스를 맛볼 수 있는 곳

와케토쿠야마 分とく山

고급 레스토랑이 몰려 있는 니시아자부(西麻布)사거리와 히로오역(広尾駅) 사이의 대로에 회색 벽돌로 담장을 올린 독특한 건물이 있다. 바로 스타 셰프 노자키(野崎洋光) 씨의 일식집이다. 건물을 마치 가옥처럼 꾸며놓아 정원을 지나야 현관 입구에 다다른다. 1층은 은은한 조명 아래 카운터와 나무 테이블이 깔끔히 배치되어 있다. 인기도 인기지만 가이세키로 저녁에 2회전을 하고 있는 점이 대단했다. 한국으로 치면 고급한정식을 디너 시간에 2회전 하는 것과 마찬가지다. 오픈 시간에 한 번, 8시 반에 두 번째 손님을 받는다. 노자키 셰프는 이곳 이외에도 여러 개의 일식당을 가지고 있는 사업가이다. 음식의 창작성도 돋보이지만 식당 내에서 보이는 그의 카리스마나 몸소 실천하는 섬세한 서비스가 남다르다. 예를 들어, 어떤 손님이든 식사 후 돌아갈 때는 외부 출입문 밖까지 나와 고객이 보이지 않을 때까지 인사하는 것을 잊지 않는다. 외국인 접대에도 좋고 맛, 외관 등에서 만족스런 일식집으로 평가된다.

메뉴특성

오마카세코스만을 먹어야 된다. 전채요리부터 디저트까지 10종류가 나온다. 신선한 모둠회와 유바(두부를 만들 때 그 표면에 생기는 얇은 막), 부드럽게 삶은 전복 위에 돌김을 얹어 나오는 요리, 찐 랍스터에 미소소스를 얹은 요리, 산초와 생선으로 지은 솥밥 등 다채롭다.

|기|본|정|보|

메뉴 디너코스 15,750엔
주소 도쿄도 미나토쿠 미나미아자부 5-1-5 (東京都 港区 南麻布 5-1-5)
영업시간 17 : 00~21 : 00
휴무 일요일
전화 03-5789-3838
가까운 역 히비야선(日比谷線) 히로오역(広尾駅)에서 10분

|평|가|점|수|

맛	★★★★☆
분위기	★★★★⯪
서비스	★★★★⯪
벤치포인트	★★★★☆

솥밥

전복요리

● 추천대상 ●

디너 풀코스로 2회전이 가능한 일식집, 일식창작요리에 관심 있는 메뉴 개발자

● 포인트 ●

☑ 오마카세코스
☑ 스타셰프　☑ 접대가능

손님 접대도 가능한 두부코스요리

활수요리 야마토 신주쿠점 活水料理 やまと 新宿店

식당이 너무 많아 어디를 가야 할지 정신없는 신주쿠(新宿)에서 조용히 두부요리코스를 즐길 수 있는 곳이다. 마인즈타워라는 큰 빌딩 지하에 있으나, 안으로 들어가면 전통가옥을 재현한 것 같은 실내장식에 전통요리가 그럴듯하게 나올 기미다. 스태프들까지 전통의상을 입고 친절하게 안내한다. 상당히 매뉴얼에 따라 교육을 잘 받은 것 같은 인상이다. 교통이 편리하고 합리적인 코스에 가격이 무난하다는 평이 대세다. 일본 두부가 궁금하거나 얌전하게 손님을 접대하기에 제격.

메뉴특성

일품요리들도 있으나 첫 방문이라면 기본코스를 시키는 것이 전체 구성을 충분히 볼 수 있다. 아스파라거스와 유바 튀김, 두부 블루치즈, 세 가지 두부 모둠, 유바 사시미, 유바 스테이크 등 다채로운 두부와 유바요리를 즐길 수 있다. 그 밖에 제철 생선이나 조림, 덴푸라 등 구색을 맞춘 요리가 있다. 점심은 아홉 칸막이 찬합에 나오는데 여러 가지 두부, 튀김 등이 보는 것만으로도 배부르게 한다. 두부요리는 대개 밋밋하기 때문에 다 먹은 후에 개운한 것이 먹고 싶을 수도 있다.

| 평 | 가 | 점 | 수 |

맛 ★★★☆☆
분위기 ★★★★☆
서비스 ★★★★☆
벤치포인트 ★★★★☆

모둠전채

● 추천대상 ●
두부요리, 대형 전통 음식점 운영과 인테리어에 관심 있는 분

● 포인트 ●
☑ 두부·유바요리
☑ 런치도시락 ☑ 스태프의상
☑ 인테리어

| 기 | 본 | 정 | 보 |

메뉴 디너코스 4,200엔, 5,250엔, 6,300엔, 런치코스 1,260엔부터, 9가지 요리가 나오는 도시락 2,100엔
주소 도쿄도 시부야쿠 요요기 2-1-1 신주쿠마인즈타워 지하1층 (東京都 渋谷区 代代木 2-1-1 新宿マインズタワー B1F)
영업시간 11：30～15：00, 17：00～23：00
휴무 연중무휴 (연말연시 제외)
전화 03-3377-1233
가까운 역 JR 또는 지하철 신주쿠역 (新宿駅)에서 10분
홈 페이지 http://www.yamato-sinjuku.jp/

메밀로 코스를 구성한 '소바가이세키'

무앙 　無庵

골목안에 위치한 이곳은 입구부터 일본 전통 가옥의 아름다움을 표현하고 있어 들어가기 전부터 소바의 정성이 다가오는 듯하다. 테이블과 테이블 사이의 공간도 넓고 정갈함이 느껴진다. 진부한 전통에서 벗어나고 싶어 하면서도 현대적 가벼움만을 쫓지 않는 오너의 성격이 느껴진다. 알고 보니 오너는 샐러리맨으로 살다 40세가 넘어 자기 집을 개조해 소바전문점을 오픈한 뒤 20년이 되었다는 독특한 이력을 가지고 있다.

메뉴특성

메밀이라는 소재로 일련의 코스가 나오는 '소바 가이세키'는 소바를 기다리는 일련의 의식과도 같다. 각 요리에는 소바 면, 소바 반죽, 소바 씨 등이 다양하게 들어가 있어 마지막에 어떤 소바가 나올 것인가를 암시하는 듯하다. 계절을 충분히 느낄 수 있는 전채요리가 맨처음 화려하게 펼쳐진다. 삶은 소바를 짧게 잘라 그 위에 구운 굴을 얹기도 하고, 소바 씨가 들어간 야키미소(일본양념된장을 작은 막대에 얹어 숯불에 구운 것)도 나온다. 마지막에 나오는 아라비키(소바 씨를 굵게 간 것) 소바는 거뭇거뭇한 색이다. 먼저 소바만 맛보며 향을 즐긴 후 그 다음부터 츠유에 담가 먹는다. 전문 가이세키점이 아니라서 코스요리 중 덴푸라 등 한두 가지는 약간 아쉬움이 있지만 소바의 맛, 코스의 구성, 점포의 집중성, 가격대비 만족도 등에서는 높은 평가를 하지 않을 수 없다.

| 평 | 가 | 점 | 수 |

맛 ★★★☆☆
분위기 ★★★★☆
서비스 ★★★★☆
벤치포인트 ★★★☆☆

소바반죽냄비요리

소바

계절요리 전채

● 추천대상 ●

소바 메뉴, 한 가지 재료를 이용한 코스요리 개발에 관심 있는 분

● 포인트 ●

☑ 소바가이세키
☑ 코스구성 ☑ 인테리어

| 기 | 본 | 정 | 보 |

메뉴 소바가이세키 디너코스 5,500엔부터
　　　 런치코스 3,500엔부터, 단품 소바 메뉴 840엔부터
주소 도쿄도 다치카와시 아케보노초 1-28-5 (東京都 立川市 曙町 1-28-5)
영업시간 11 : 30~14 : 30, 17 : 00~21 : 30
휴무 일요일, 첫째 주 월요일
전화 042-524-0512
가까운 역 JR 다치카와역 (JR 立川駅)에서 7분
홈 페이지 http://www.muan.jp/

에비스에서 제대로 된 스시를 먹을 수 있는 곳
스시 히라이 　鮨 平井

참치스시

코하다 아지스시

● 추천대상 ●

30석 정도의 스시전문점 창업, 스시와 어울리는 안주 구성에 관심 있는 분

● 포인트 ●

☑ 스시전문점　☑ 밝은 조명
☑ 안주 구성

에비스(惠比寿)는 젊음이 넘치는 지역이어서 그런지 무언가 트렌드한 집들이 많다. 스탠딩 바도 다른 곳보다 세련되고 이탈리안 음식은 물론 라멘도 경쟁이 치열한 곳이다. 특히 역 바로 앞에는 젊은이들이 좋아하는 분위기의 가게가 대부분인데 이곳은 고풍스러운 스시를 표방하고 있다. 2008년 5월 오픈이니 신참인 셈이다. 하지만 스시를 만드는 셰프는 20년 경력으로 롯폰기 내에서 단련된 프로 중의 프로이고 매일 아침마다 츠키지시장에서 스시 재료를 장본다. 보통 스시점에 들어가면 너무 조용한데다 스시를 만드는 셰프의 엄숙함까지 더해져 고객과 카운터 안의 셰프가 보이지 않은 팽팽한 기 싸움을 할 때가 있는데, 이 집은 아주 환하고 스태프들도 친절할 뿐만 아니라 설명도 구체적이라 편하게 스시에 접근할 수 있다. 실내는 전체금연이다.

메뉴특성

전문은 스시고 그 외 사시미, 구이 등 안주거리도 여러 가지다. 카운터에 앉으면 그날의 스시 재료 상자를 꺼내 보물상자 열 듯 열어 보인다. 가지런한 모양새가 보는 것만으로도 설렌다. 한 상자는 여러 종류의 참치를 모아 둔 마구로 시리즈, 다른 상자는 아지(전갱이), 이와시(정어리), 코하다(중간크기의 전어) 등 등 푸른 생선, 나머지는 패주와 각종 조개들이 예쁘게 손질되

어 있는 상자다. 정해진 코스를 먹어도 되지만 술 한 잔 하면서 개별 안주를 선택할 수도 있다. 마구로는 기름기 많은 오오토로(참치의 뱃살로 기름기가 많은 상품上品의 부위)도 좋지만, 난 아카미(참치의 빨간 살코기 부분)로 스시 맛을 평가하곤 하는데 역시, 실망시키지 않았다. 그리고 등 푸른 생선들 중에서는 코하다와 아지를 선택해 천연의 단맛이 얼마나 우러나오는가에 따라 신선도를 따진다. 마지막으로는 오이와 아카가이(피조개)의 가장자리를 넣어 말은 마키(가는 김밥)를 주문해 보자. 오이의 아삭한 맛과 조개의 쫄깃한 맛, 초밥의 촉촉한 맛을 느낄 수 있다. 물론 회전스시보다는 비싸다. 하지만 도쿄 시내에서는 가격에 비해 정말 잘 나오는 스시집이다. 디너 코스에는 스시 뿐 아니라 사시미, 구이, 디저트 등이 포함된다. 그리고 늦은 시간에 가서 술안주만 먹고 싶다면 제철 생선구이를 시켜 보자. 양이 적게 나오는 게 흠이

지만 깔끔하게 나온다. 런치에는 지라시돈(초밥위에 여러가지 고명이 얹어진 덮밥), 니기리스시(일반적인 초밥)세트도 1,000엔부터 시작하는데 지라시돈은 양이 넉넉하다.

제철 생선구이

| 기 | 본 | 정 | 보 |

메뉴 런치 1,000엔부터, 디너코스 5,000엔부터, 디너 스시세트 2,500엔부터,
　　　야채구이 1,000엔, 꽁치구이 (반 마리)1,000엔
주소 소 도쿄도 시부야쿠 에비스 4-6-1 1층(東京都 渋谷区 恵比寿 4丁目 6-1
　　　恵比寿 MFビル 1F)
영업시간 11：30-14：00 [월-금]　17：00-23：00 [월-토]
휴무 일요일 (월요일이 공휴일인 경우 휴무)
전화 03-3440-9945
가까운 역 JR 에비스역 (JR 恵比寿駅) 또는 지하철 에비스역 (地下鉄 恵比寿駅)에서 3분

곤조가 장난 아닌 스시 달인의 집

스시 미즈타니 鮨 水谷 / すしみずたに

높은 수준의 긴자(銀座) 스시를 대표하는 집 중 하나다. 예약도 쉽지 않고 가격도 비싸고 런치, 디너 동일 가격이면서 카드도 안 받는다. 장소는 오래된 상가건물의 지하에 있고 좌석도 카운터 8석에 4인 테이블 1개뿐이며 특별히 눈에 들어오는 장식도 없다. 뭐하나 만만치 않지만 그래도 좋다. 예약도 오래 전에 했고 스시 먹을 현금도 준비했다! 그러나 좁은 문으로 막상 들어가 앉는 순간, 심상치 않는 공기가 흐른다. 카운터 안에서 미즈타니할아버지 셰프가 주는 기(氣)가 장난이 아니다. 실적 안 좋은 달, 영업평가 받는 회의장도 이보다 덜할 것 같다. '내가 내 돈 주고 먹는데, 이런 분위기에서 먹어야 되나' 라는 회의가 드는 순간, 검은 접시 위에 스시 한 점이 내 마음을 흔든다. 치사해도 맛있으니 참자고…. 이곳의 긴장감은 현지 일본인도 마찬가지인지 만만치 않은 곳으로 손꼽는다. 예약은 한 달 전부터 받는다. 2008년과 2009년 미슐랭 별 3개를 받은 스시집이다.

메뉴특성

스시는 광어부터 시작하는데 사리(초밥)와 네타(스시생선)의 조화가 다른 곳과 확실히 다르다. 입 안에서 걸리는 게 하나도 없다. 그런데 한 점을 다 먹고 나서 셰프가 스시를 쥐는 짧은 시간의 적막함은 손님을 무안하게 만든다. 하지만 다시 한 점 먹으면 기분이 다시 회복된다. 그런 분위기에서 17가지 정도의 스시가 나온다. 마구로부터 수준이 다르다.

|기|본|정|보|

메뉴 스시코스 15,000엔(사시미 별도 추가), 맥주, 니혼주 있음
주소 도쿄도 주오쿠 긴자 8-2-10 (東京都 中央区 銀座 8-2-10 銀座誠和シルバービル B1F)
영업시간 11 : 30~13 : 30, 17 : 00~21 : 30
휴무 일요일, 공휴일
전화 03-3573-5258
가까운 역 지하철 긴자역 (地下鉄 銀座駅)에서 8분, JR 신바시역 (JR 新橋駅)에서 5분

|평|가|점|수|

맛 ★★★★★
분위기 ★★☆☆☆
서비스 ★★☆☆☆
벤치포인트 ★★★☆☆

● 추천대상 ●
최고급 스시, 오너주도형 레스토랑 창업에 관심 있는 분

● 포인트 ●
☑ 미슐랭 별 3개
☑ 스타셰프 ☑ 긴자스시

에도마에스시 타케와카 별관　江戸前鮨 竹若 別館

수산물 시장인 츠키지(築地)시장 안에서 만들어 주는 즉석 스시를 즐겨먹곤 했는데, 어느 순간 시장 통의 작은 공간에서 분주히 먹어야 하는 게 불편하게 느껴졌다. 그래서 츠키지 시장에서 5분 거리며 유명 사찰 혼간지(本願寺築地別院) 맞은편에 있는 이곳을 찾게 되었다. '시장보다 훨씬 비싸면 어떻게 하나' 하고 마음 졸이며 들어갔는데, 가격도 생각만큼 높지 않고 무엇보다 밝고 따뜻한 조명 아래 매우 친절한 스태프들이 맞아주어 마음이 푹 놓이는 곳이었다. 소위 셰프의 고집이 세기로 유명한 음식이 스시지만, 이곳만큼은 셰프가 고객들의 눈치를 보는 곳이라고 봐도 좋다. 긴자의 고가(高價) 스시에 익숙한 같이 간 친구도 '이 정도의 맛이라면 OK'라고 말했던 곳이다. 근처에 본관도 있으나 규모는 별관이 더 크다.

메뉴특성

저녁 코스를 주문하면 그 계절의 사시미와 오징어 회 무침, 스시까지 기본을 다 맛볼 수 있다. 부족하면 추가로 사시미나 스시를 주문해도 된다

꽁치, 참치스시

평 | 가 | 점 | 수	
맛	★★★★☆
분위기	★★★☆☆
서비스	★★★★☆
벤치포인트	★★★☆☆

추천대상
유사업종 밀집지역에서의 성공사례, 중저가 가격으로 고객 유치할 방법에 관심 있는 분

포인트
☑ 중저가 스시
☑ 제철사시미　☑ 밝은 조명

| 기 | 본 | 정 | 보 |

메뉴 사시미+스시코스 4,000~5,000엔, 스시 세트 1,890엔부터
주소 도쿄도 주오쿠 츠키지 2-14-8 1층 (東京都 中央区 築地 2-14-8 旧金扇ビル 1F)
영업시간 11：15~14：00, 17：00~22：00 (L.O)
휴무 연중무휴
전화 03-3546-9113
가까운 역 오오에도선(大江戸線) 쯔키지시장역(築地市場駅)에서 2분,
　　　　히비야선(日比谷線)쯔키지역(築地駅)1분

스시 마니아가 강력 추천하는 숨은 맛집

마츠쇼우 松庄

사시미모둠

노래조래스시

● 추천대상 ●
소형 오너셰프 점포, 가격대비 퀄리티 높은 스시, 빌딩 지하상권의 점포 사례에 관심 있는 분

● 포인트 ●
☑ 프로셰프 ☑ 합리적 가격
☑ 생선회

30년 이상 스시를 만들어 온 프로의 집이다. 오너 사이토우(斉藤松雄) 씨는 긴자(銀座)에서 쌓은 실력을 바탕으로 독립한 케이스. 품질은 그대로면서 가격은 합리적으로 책정했다는 게 자랑이다. 이 집에서 스시나 사시미, 또 생선의 유통 등에 대해 아는 척하면 그 분야에 대한 자부심이 대단한 오너에게 큰 코 다칠 수도 있다.

오피스빌딩 지하에 있어 평일 저녁에 가도 마치 텅 빈 휴일 날 빌딩처럼 너무 조용하다. 문하나 덜렁 있고 그 위에 작은 간판이 달려 있는 스시집. 안에 들어가도 밖과 다름없이 별 장식 없는 심플한 내부이다. 9좌석의 카운터와 4인용 테이블 하나. 셰프가 눈으로 확인하면서 스시를 만들어 주기에 딱 맞는 크기다.

메뉴특성

코스를 주문하면 몇 가지의 생선회와 생선조림, 타마고야키(계란말이) 등이 나온 뒤 스시가 나온다. 창작 요리는 아니지만 뭐든 싱싱하고 오너가 자기 먹을 것을 준비한 듯 편안한 생선들이다. 특히 작고 투명한 '노래조래(아나고 새끼)'가 여러 마리 얹어진 스시는 일품이다.

|기|본|정|보|

메뉴 디너코스 5,000엔(음료 추가 7,000-8,000엔), 런치 스시세트, 스시 돈부리 700엔부터, 스시 1.5인분 1,000엔
주소 도쿄도 주오쿠 핫초보리 4-2-2 쿄우도우BD 지하1층(東京都 中央区 八丁堀 4-2-2 共同ビルB1)
영업시간 11 : 00~15 : 30, 18 : 00~22 : 00
휴무 일요일
전화 03-3552-9958
가까운 역 히비야선(日比谷線) 핫쵸보리역(八丁堀駅)에서 10분

기술은 긴자, 가격은 이케부쿠로

텐센 天扇

늘 붐비는 이케부크로역 근처에서 정통일식의 깊은 맛을 찾기는 더욱 어렵다. 그런 이 지역에 오래된 덴푸라집으로 유명한 '긴자 텐이치(銀座 天一)'의 자제가 독립해 만든 덴푸라집이 있다. 바로 '텐센' 이다. 이제는 텐이치의 후손도 나이가 지긋이 들어 10여 년 전부터 사위와 함께 덴푸라를 튀기고 있다. 부인과 딸은 안쪽 주방에서 츠케모노(무, 오이 등 채소절임)와 식사를 준비하면서 동시에 홀 손님을 맞고 있다. 카운터 12좌석에 4인용 좌식테이블 4개가 전부니 크지도 작지도 않은 온 가족이 협력하여 꾸려가기 적당한 크기다. 덴푸라의 기술은 '긴자텐이치' 수준이고 가격은 이케부쿠로(池袋) 단가니 어찌 맘에 들지 않겠는가?

메뉴특성

카운터에 앉아 앞에 놓인 신선한 해산물만 본다면 내가 덴푸라집에 온 것이 아니라 해산물전문점에 온 것이 아닌가 하는 생각도 잠시 스친다. 새우, 오징어, 아나고 등 스시집처럼 재료를 호명해도 되고 손가락으로 가리켜도 된다. 그러면 선발된 재료들이 생선이든 야채든 버섯이든 바로바로 튀겨진다. 날로 먹는 신선함도 감동이지만 뜨거운 기름 속에 빠르게 들어갔다 막 나온 덴푸라를 통해서 원재료의 맛을 더 깊이 음미할 수 있다면 믿어지는지? 덴푸라 코스를 즐긴 후 덴차즈케(밥+덴푸라+찻물)로 마무리하면 제격. 원하는 재료를 주문해서 먹을 수도 있고 코스로 즐길 수도 있다. 디너는 기본코스 5,000엔도 충분히 만족스럽다.

| 평 | 가 | 점 | 수 |

맛	★★★★☆
분위기	★★★☆☆
서비스	★★★★☆
벤치포인트	★★★★☆

아나고덴푸라

덴차즈케

● 추천대상 ●

가족형 점포 운영, 역 주변 오픈주방의 덴푸라집에 관심 있는 분

● 포인트 ●

☑ 노포의 분점　☑ 가족운영
☑ 카운터식당

| 기 | 본 | 정 | 보 |

메뉴 디너코스 5,000엔부터, 런치정식 1,100엔, 특제 텐동 1,500엔
주소 도쿄도 도시마쿠 니시이케부쿠로 5-13-13 1층 (東京都 豊島区 西池袋 5-13-13 東都自動車ビル1F)
영업시간 평일 런치 11 : 30~14 : 00(13 : 30 L.O), 디너 17 : 00~21 : 00 (20 : 30 L.O)
　　　　　 토요일 17 : 00~21 : 00 (20 : 30 L.O)
휴무 일요일, 공휴일
전화 03-3982-6601
가까운 역 유락초선 (有楽町線) 이케부크로역 (池袋駅)에서 3분,
　　　　　 JR 이케부크로역 (JR 池袋駅)에서 8분

6대를 잇는 전통의 덴푸라 전문점

긴자다이신 銀座大新

|평|가|점|수|

맛 ★★★★☆
분위기 ★★★☆☆
서비스 ★★★★☆
벤치포인트 ★★★★☆

코바시라텐동

덴푸라

● 추천대상 ●

전통 덴푸라 코스를 맛보고 싶은 분, 덴푸라집 운영에 관심 있는 사람, 적은 참기름에 튀겨지는 덴푸라 노하우에 관심 있는 사람

● 포인트 ●

- ✓ 6대째 이어온 오래된 점포
- ✓ 코바시라텐동
- ✓ 덴푸라가 들어간 오차즈케
- ✓ 완전예약제 디너

히로오역(広尾駅) 주변 아리수가와공원(有栖川宮記念公園) 앞 골목길에 위치한 작은 덴푸라전문점. 좌석이라고는 카운터 7개뿐이다. 지역이 긴자(銀座)가 아닌데도 상호에 '긴자' 라는 말이 들어가 의아했는데, 알고 보니 선대부터 긴자대로에서 덴푸라전문점을 하다가 20여 년 전에 점포를 축소하여 지금의 장소로 이전했단다. 처음에 시작은 1830년으로 현재는 6대째인 스즈키 씨가 그 전통을 잇고 있다. 이 덴푸라 집은 한때 덴푸라(天ぷら)에 킨푸라(金ぷら)라는 용어를 사용한 적이 있었다고 한다. 2대째인 1923년경 튀김 재료에 밀가루와 메밀가루로 튀김옷을 입히고 그 위에 계란물을 사용하는 방법을 써서 일반 덴푸라와 차별화된 '킨푸라(금의 덴푸라)' 라는 용어를 퍼뜨리는 역할을 한 것이다.

이 집 문을 열고 들어서면, 단순히 손님을 많이 받겠다는 생각보다는 역사가 있는 덴푸라 집의 전통을 그대로 잇겠다는 의지가 전해지는 듯하다. 고급 덴푸라전문점이 그렇듯 이곳도 고급 참기름을 사용하는데, 특이한 것은

적은 양의 참기름으로 튀
겨낸다는 것이다. 이곳은
새벽마다 츠키지에서 사오
는 제철의 싱싱한 재료를
우선으로 한다. 때문에 만
일 츠키지시장이 휴일이라
면 런치에 가도 오늘 아침
시장 식재료가 아닌데 괜
찮겠냐고 양해를 구한다.
점심은 예약 없이 갈 수 있
지만 저녁은 작은 점포니
만큼 완전예약제 방식을
택하고 있다.

메뉴특성

런치는 텐동(튀김덮밥)의 텐츠유(텐동소스)가 너무 달지도 짜지도 않아 밥
과 튀김이 잘 어울린다. 그리고 작은 패주(貝柱)만을 사용한 '코바시라텐
동'은 패주의 감촉을 밥 전체에 덮은 채 즐길 수 있다. 디너 코스를 먹게 된
다면 제철의 생선과 야채를 충분히 만끽한 뒤 덴푸라가 들어간 오차즈케
(녹찻물에 말은 밥, 디너 8,000엔 코스부터 나옴)인 별미의 텐차즈케를 즐
기기 바란다.

| 기 | 본 | 정 | 보 |

메뉴 점심 – 덴푸라코스 3,000엔, 텐동 2,200엔, 코바라시텐동 2,700엔
　　　 디너 – 코스 6,000엔, 8,000엔, 10,000엔
주소 도쿄도 미나토구 미나미아자부 5–16–11 (東京都 港区 南麻布 5–15–11)
영업시간 11 : 30~14 : 00 (디너는 예약에 의해 시간 정함)
휴무 토요일, 일요일, 공휴일
전화 03–3443–0314
가까운 역 히비야선 (日比谷線) 히로오역 (広尾駅)에서 2분

예약 손님 열 명만 입장할 수 있는 덴푸라 공연

미카사 美かさ

연근튀김

텐동

● 추천대상 ●

특색 있는 소규모 덴푸라집 운영, 도심 외곽 주택가 점포 사례에 관심 있는 분

● 포인트 ●

☑ 덴푸라공연
☑ 고급 덴푸라코스
☑ 2시간 예약제

주택가에 위치한 공연장의 스테이지에서는 하루에 두 번 공연이 있다. 2시간 예약제이기 때문에 오후 5시 반, 7시 반 중 하나를 택해 미리 예약하고 가야 된다. 참석자 전원이 늦지 않게 착석해야 셰프가 안심한다. 먼저 도착한 사람은 카운터 건너편에 있는 아늑한 대기실에서 책을 보면서 기다리다가 시간이 되면 카운터 앞자리로 안내받게 된다. 카운터의 좌석은 10개가 전부. 카운터에 둘러앉은 손님은 아무 말 없이 튀김 솥 앞의 셰프 만을 바라보고 있고, 셰프는 기를 모아 준비를 하듯 표정의 기복 없이 조용히 재료를 다듬는다. 공기는 다소 엄숙하다. 도쿄 도심에서 떨어져 있는 가게이기 때문에 싱싱한 생물을 쓰는 긴 코스에 비해 가격은 합리적이라는 평가를 받는다. 이곳은 도쿄에서 덴푸라를 하고 있는 셰프와 함께 갔던 곳인데 덴푸라 프로도 재료의 선정과 튀김 기술에 감탄을 하고 돌아온 곳이다. 일식 덴푸라를 조금이라도 경험한 적이 있는 분이라면 쉽게 다른 가게와 비교할 수 있을 것이다. 10명씩 2회전 손님을 받는 곳이기 때문에 예약은 필수다.

메뉴특성

손님들이 자리에 앉으면 셰프는 살아있는 새우를 잡아 머리를 따고 꼬리를 다듬고 분주하다. 손님들이 그 동안 술을 주문하여 한 잔 마실 때쯤이면 갓 손질한 새우머리와 은행이 튀겨져 나온다. 소금만 살짝 쳐서 먹으란다. 그 뒤 바로 새우 몸통이 나온다. 방금 전 팔딱팔딱 뛰던 새우다. 일인당 두 마리씩인데 처음 한 마리가 나오고, 두 번째 새우 또한 바로 튀겨져 접시 위에 놓인다. 스테이크의 미디움레어처럼 새우 몸통 안은 생새우 맛이 그대로 남아 있다.

그 뒤 아스파라거스, 키스(보리멸과 생선. 회나 튀김으로 먹음. 일본에서는 예부터 튀김 재료로 인기. 길이 20-30cm 정도), 새우 간 것을 채운 표고버섯, 하제(망둥어과 생선. 약 20cm. 가을생선인데 가을 초입의 8월이 더욱 맛있다. 덴푸라 재료로 예부터 잘 사용됨. 일본에서는 마츠시마(松島)지역의 하제가 유명하다), 작은 굴, 연근, 하모(갯장어), 묘가(양하. 일식에 잘 사용되는 허브 종류로 생강과의 다년초이다), 햇옥수수, 아나고(붕장어)가 순서대로 나온다.

이때 새우, 키스, 하제, 아나고는 살아 움직이는 것을 바로 잡아서 튀기기 때문에 10명의 고객이 그 자리에서 싱싱함이 살아있는 뜨거운 덴푸라 맛을 최적의 상태로 맛보게 한다. 채소 중에서는 특히 연근의 질감을 충분히 즐길 수 있는데, 이것이 '덴푸라' 라는 조리 방식의 가장 큰 특징이 아닐까 하는 생각까지 들게 한다. 그리고 각종 덴푸라가 나올 때마다 셰프는 소금에 먹을 것인지, 덴츠유(튀김용 간장)에 먹을 것인지, 무 간 것을 얹어서 소금에 찍어 먹을 것인지 등을 그때그때 설명해준다. 단 이 집의 소금은 말차소금를 사용한다. 좀 더 원재료의 맛을 즐기기에는 흰소금이 같이 제공되는 것이 낫지 않을까 하는 아쉬움이 있다. 덴푸라가 끝나면 식사. 식사는 미니텐동(덴푸라덮밥), 미니텐차(덴푸라오차즈케), 소바, 우동 중에서 선택한다. 텐동과 텐차에는 코바시라(작은 패주)와 새우 토막을 섞어서 튀긴 덴푸라가 올라간다. 식사 후 제철 생강을 달게 조린 뒤 살짝 튀긴 것 두 쪽과 녹차가 나와 덴푸라 코스를 깔끔히 마무리한다.

| 기 | 본 | 정 | 보 |

메뉴 코스 8,000엔 (전채의 사시미를 첨가할 경우 8,800엔)
　　　맥주 (병) 600-650엔, 와인 (병) 3,000엔부터
주소 카나가와현 가와사키시 미야마에쿠 미야자키 2-9-15 (神奈川県 川崎市 宮前区 宮崎 2-9-15)
영업시간 17 : 30～19 : 30부터
휴무 수요일
전화 044-853-1819
가까운 역 토큐덴엔도시선 (東急田園都市線) 미야자키다이역 (宮崎台駅)에서 7분

진정한 어른들의 튀김덮밥

텐쇼우 유시마점 天庄 湯島店

'오차노미즈(御茶ノ水)'라는 북적이는 거리에서 10분 정도 안으로 들어왔을 뿐인데 깜짝 놀랄 정도의 한적한 동네가 열린다. 북적거리는 종로에서 10분 정도 걸어

들어가 재동 뒷골목에 들어간 기분이다. 이곳은 유시마신사(湯島神社)를 비롯하여 오래된 기와지붕도 보이고 현대적인 건물도 어느 정도 섞여 있다. 이곳저곳 기웃거리며 오래된 상점을 들여다보는데 재미있는 것은 오래된 러브호텔이 많다. 러브호텔까지 노포? 옛날 요리집이 많았던 거리기에 자연스레 지금의 러브호텔 같은 여관이 대를 이어가며 자리를 지키고 있다. 물론 오래된 동네인 만큼 러브호텔 고객층의 연령도 높다. 텐동을 먹은 뒤 유시마 신사나 90년 이상 된 러브호텔 등을 구경하는 것도 쏠쏠한 재미가 될 것이다. 텐쇼우는 서빙하는 스태프와 손님 모두 나이 지긋한 연령이다. 즉 서비스를 하는 사람이나 받는 사람이 비슷한 시대를 살았으니 공감의 공기가 흐르고 있다. 진정한 어른들의 덴푸라집이라고 할 수 있다.

메뉴특성

이 집의 텐동은 다른 텐동보다 덜 달면서 간장 맛이 은은하다. 하지만 덴푸라코스는 튀김옷 등에 대한 찬반이 갈리는 편이다. 가격 면에서나 맛에서나 절대 실패하지 않을 메뉴는 런치덴동이다. 단, 미소시루는 별도 계산으로 300엔을 받아 텐동에 비해 비싸긴 한데 재첩이 들어간 시루 맛이 별미니 꼭 함께 먹길 바란다.

|평|가|점|수|

맛	★★★★☆
분위기	★★★☆☆
서비스	★★★☆☆
벤치포인트	★★★★☆

덴동

● **추천대상**
덴동과 덴푸라 메뉴개발, 노포의 일식집 벤치마킹에 관심 있는 분

● **포인트**
☑ 튀김덮밥　☑ 중년타깃
☑ 고령의 지역특성

|기|본|정|보|

메뉴 런치 덴동 1,050엔, 미소시루 300엔, 정식 2,300엔부터, 디너 덴푸라코스 5,000엔부터
주소 도쿄도 분쿄쿠 유시마 2-26-9 (東京都 文京区 湯島 2-26-9)
영업시간 월-토 런치 12：00～14：00, 디너 17：00～21：00 일요일, 공휴일 12：00～21：00
휴무 본관-화요일, 신관-수요일
전화 03-3831-6571
가까운 역 남북선 (南北線) 유시마역 (湯島駅)에서 7분

60년대 도쿄를 보는 듯 전통의 야키교자

가메이도교자 본점 龜戸餃子本店

가메이도역 근처 골목 안에 있는 작은 만두집 앞에는, 햇살 따가운 날에도 늘 줄이 길게 늘어서 있다. 보기만 해도 '오래되었구나! 내부는 좁겠구나! 맛있겠구나!' 라는 느낌이 팍팍 온다. 기다리다 입구의 유리문을 통해 안을 들여다보니, 시계를 거꾸로 돌려 60년대 배경의 드라마를 보는 듯하다. 옛날부터 사용한 나무 상자에 만두가 줄줄이 쌓여 있고 바로 옆 솥에서는 쉼 없이 김이 오른다. 그리고 서빙하는 아주머니들의 흰색 복장과 머리스타일도 순박하고 촌스러워, '여기가 도쿄 맞나?' 라는 착각에 빠져들게 된다. 일단 자리에 앉으면 메뉴가 만두 하나밖에 없기 때문에 심플하게 '맥주 · 물?' 이라고 물어온다. 성인 평균 1인 3-4접시를 먹는데 이 집의 역사상 최고 23접시까지 먹었던 전설의 고객도 있단다. 1955년에 만들어져 지금까지 이어오고 있으며 가메이도 근처에 3곳의 점포를 더 가지고 있다. 타 점포는 만두 이외에 라멘 등 다른 중화요리도 하고 있다. 진정한 서민의 만두집을 구경하기엔 더없이 안성맞춤이다. 교자는 기본으로 1인당 2접시를 시켜야 하며 이후로는 1접시씩 주문할 수 있다. 그날 만들어진 만두가 다 팔리면 문을 닫으며, 보통 오후 7시 전후가 된다.

메뉴특성

교자 속은 돼지고기가 들어 있지만 80% 이상은 양배추, 양파 등 야채다. 바삭바삭하며 깔끔하고 먹기 편한 교자다. 술을 잘 마신다면 반드시 맥주와 함께 즐겨야 제 맛이다.

평	가	점	수
맛	★★★★☆		
분위기	★★☆☆☆		
서비스	★★☆☆☆		
벤치포인트	★★★★☆		

교자

● 추천대상
단일메뉴의 성공사례, 오랜 전통을 살린 영업방식을 벤치마킹하고자 하는 분

● 포인트
☑ 단일메뉴 ☑ 38석 규모
☑ 옛 방식 그대로

| 기 | 본 | 정 | 보 |

메뉴 교자(1접시) 250엔, 맥주 350엔(小)/500엔(大), 사케 250엔, 소프트드링크 150엔
주소 도쿄도 고토쿠 가메이도 5-3-3 (東京都 江東区 龜戸 5-3-3)
영업시간 11 : 00~재료 소진 시까지
휴무 연중무휴
전화 03-3681-8854
가까운 역 JR 가메이도역(JR 龜戸駅)에서 2분

입이 너무 커 미안한 한 입 크기 야키교자

텐텐 点天

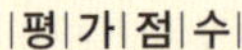

|평|가|점|수|

맛 ★★★☆☆
분위기 ★★★☆☆
서비스 ★★★½☆
벤치포인트 ★★★★☆

야키교자

● 추천대상 ●
아이디어 만두 제품 메뉴개
발자, 지방음식의 대도시 진
출에 관심 있는 분

● 포인트 ●
☑ 한 입 교자
☑ 만두 이자카야
☑ 오사카 출신

오사카에서 유명한 교자집이 도쿄에 진출했다. 한 입 크기 교자라고 말하지만 그 교자를 먹기엔 유치원생 입도 클 것 같다. 삼각형 모양의 교자가 너무 귀엽다. 종류는 여러 가지가 있는데 바삭한 껍질의 야키교자는 20개가 1인분으로, 2개씩 붙여진 교자가 나란히 나온다. 바삭바삭하지만 쫄깃한 식감도 있고, 속은 살짝 매운 맛도 있어 자꾸 손이 가는 교자다. 오로시교자는 무 간 것과 곁들여 먹는 교자로 니글거리는 것이 조금 덜하다. 튀긴 아게교자는 바삭바삭 튀겨내 야채스틱과 함께 먹도록 나온다. 흔히 교자집 내부는 기름때에 절어 있는 경우가 보통인데, 텐텐의 내부는 매우 깔끔하다. 이자카야에서 먹을 수 있는 여러 가지 안주거리도 있다. 기가 막힌 맛이냐 아니냐를 떠나 '이렇게 앙증맞은 교자도 있구나' 하고 신기해하며 먹는 만두집이다.

|기|본|정|보|

메뉴 야키교자 (1인분) 800엔, 오로시교자 1,000엔, 아게교자 1,000엔
주소 도쿄도 미나토쿠 아자부주반 1-3-8 (東京都 港区 麻布十番 1-3-8 エフプラザ 1F)
영업시간 [월-토] 12 : 00~04 : 00 (03 : 30 L.O)
　　　　　 [일 · 공휴일] 12 : 00~23 : 00 (22 : 30 L.O)
휴무 연중무휴
전화 03-3586-0200 9
가까운 역 남북선 (南北線)또는 오오에도선 (大江戸線) 아자부주방역 (麻布十番駅)에서 3분

만두가 반찬인 교자 정식

토쿄교자로우 東京餃子楼 三軒茶屋店

처음엔 카운터 중심의 허름한 가게였으나 점점 유명해져 최근에는 번듯하게 새 단장을 했다. 입구에 들어서면 13석의 카운터가 길게 늘어져 있고 카운터 통로 안에서 종업원 한 명이 주문을 받고 서빙을 한다. 주방에는 야키교자를 만드는 기계가 나란히 있다. 가게 깊숙이 20석 정도의 테이블 좌석도 있다.

메뉴특성

교자전문점에 가면 군만두가 대부분인데 이 집엔 물만두도 있다. 또 마늘과 부추가 들어간 교자와 들어가지 않은 교자를 선택할 수 있다. 마늘에 약한 일본인들은, 특히 점심에는 입 냄새가 걱정되어 마늘 들어간 교자를 먹지 않는 경우가 많다. 입 냄새 걱정이 없다면 당연히 마늘, 부추가 들어간 것을 선택하기 바란다. 이 집의 특이한 점은 사이드 메뉴다. 양배추 초무침, 미소(된장) 양념을 한 고기를 갈아 얹은 삶은 숙주, 깨와 마늘 드레싱을 얹은 오이 등이 작은 스테인리스 대접에 나온다.

야키교자는 안에 야채가 많고 적당히 촉촉한데 지나치게 바삭바삭하지 않아 소화가 용이하여 질리지 않는 편이다. 단골 고객이 많아 피크타임에는 줄을 서야 한다. 교자를 시키면 작은 크기 6개가 나오는데 남자들은 보통 2인분 정도를 먹는다. 가격대비 만족도가 높은 맛집이다.

야키교자

● 추천대상 ●

교자전문점 운영과 오픈에 관심 있는 분, 교자 및 사이드 메뉴 개발자

● 포인트 ●

☑ 만두정식　☑ 사이드메뉴
☑ 인기점포

|기|본|정|보|

메뉴 야키교자·쓰이교자 290엔, 밥(스프포함) 180엔(大) / 130엔(小), 생맥주 500엔
주소 도쿄도 세타가야쿠 타이시도우 4-4-2 (東京都 世田谷区 太子堂 4-4-2 ラウスパス三軒茶屋)
영업시간 11：30〜04：30 (03：30 L.O)
휴무 연중무휴
전화 03-5433-2451
가까운 역 시부야역 (渋谷区)에서 덴엔토시선 (田園都市線)타고 2번째 역인 산겐자야역 (三軒茶屋駅)에서 하차하여 5분

감히 '명품' 이라 불러도 좋을 우동의 고급 버전

사쿠라사쿠라 さくらさくら

|평|가|점|수|

맛　　　　★★★★☆
분위기　　★★★★☆
서비스　　★★★★☆
벤치포인트 ★★★★★

사쿠라가멘모리토핑우동

● **추천대상**

전통가옥을 개축한 인테리어, 고급 면요리 개발과 구성에 관심 있는 분

● **포인트**

☑ 우동 면발과 토핑
☑ 인테리어　☑ 메뉴스토리

적은 예산으로 인상 깊은 선물을 마련해야 될 때, 고급 젓가락이나 멋진 볼펜, 특이한 손수건 등 품목은 평범한 물건이지만 첫눈에 세련되어 보이는 것을 선택하곤 한다. 이런 나의 선물 구매방식이 사쿠라사쿠라에 갔을 때 더욱 생각이 났다. 한 끼를 때우는 음식인 우동을 고급버전으로 변신시켜 놓은 노력과 결과물에 감탄하게 된다. 입구에 교토 유바우동전문점이라고 쓰여 있어 궁금증을 유발시키고 오래 된 민가를 개축해 전통의 맛이 물씬 나는 건물도 그냥 지나치게 하진 않는다. 사전정보 없이 지나는 행인을 붙잡는 매력이 입구에서부터 충분히 느껴지는 집이라고 볼 수 있다. 효자동이나 인사동에 있어야 될 것 같은 전통의 민가가 청담동 같은 세련된 동네에 위치하고 있다 보니 은근히 돋보이는 효과가 있다.

메뉴특성

이바라키(茨城)지방의 보리와 호주 밀가루를 혼합한 것에 홋카이도(北海道)산 콩으로 만든 '두유와 유바로 반죽한 세계 유일의 우동' 이라고 써놓은 액자가 입구를 장식하고 있다. 너무 상업적이라는 생각이 들면서도 반죽에 물을 일체 사용하지 않았다는 점에 마음이 끌려 들어가지 않을 수가 없었다. 두유, 즉 우리나라의 진한 콩 국물로 우동 반죽을 한 것이나 다름없으니

그 맛이 매우 고소하다. 일본 우동은 탄력에 목숨을 거는데 이 집의 면발은
탄력이 적고, 굵기도 가늘고 유들유들하다. 거기에 20여 가지의 토핑이 있
고 종류에 따라 추가되는 요금도 다르다. 토핑의 개발 노력이 꽤 진지하다.
예를 들어 사쿠라가멘모리(さくら仮面盛り)라는 토핑(550엔)을 시키면 적
당히 달달한 간장 맛이 밴 유부와 미역, 갈은 무, 유바, 파 등이 얹혀 나와
몸에 좋은 건강식의 느낌으로 변모한다. 차가운 우동을 주문할 때는 잔잔
한 맛의 유바다시와 고소한 깨 소스 중에서 선택할 수 있다. 아무것도 얹지
않고 간장만으로 우동을 즐기는 면 마니아도 있다.

| 기 | 본 | 정 | 보 |

메뉴 쿄우우동 · 세이로우동 750엔, 가마아게우동 800엔, 각종토핑 50엔~550엔,
　　　런치코스 3,800엔부터, 디너코스 5,250엔~10,500엔 (코스는 사전 예약제)
주소 도쿄도 미나토쿠 시로카네다이 5-15-10 (東京都 港区 白金台 5-15-10)
영업시간 11 : 30~15 : 00 (14 : 30 L.O) 17 : 30~23 : 00 (22 : 00 L.O)
휴무 월요일
전화 03-3440-7316
가까운 역 남북선 (南北線) 또는 미타선 (三田線) 시로가네다이역 (白金台駅)에서 5분
홈페이지 http://www.sakura2.co.jp/

얼굴이 빠질 것 같은 큰 우동 그릇

멘소우노코코로츠쿠시 츠루톤탄 롯폰기점

麵匠の心つくし　つるとんたん　六本木店

규모도 크고 좌석도 많지만 피크타임에는 줄을 서서 기다려야 할 정도로 인기가 있다. '롯폰기'라는 유명한 지역에 있어 접근이 용이하기도 하지만 상품력이 그만큼 있다는 것도 무시할 수 없는 인기 요인이다. 이 집의 특징은 우선 우동 그릇이 크다는 것이다. 그릇이 어찌나 큰 지 약간의 과장을 붙이자면 얼굴이 들어갈 것 같다. 사실 우동의 양이 일반 우동과 같지만 실제 먹는 사람들은 양이 많다고 느끼게 된다. 그릇을 이렇게 크게 만든 이의 과감성과 메뉴의 다양성이 사람들 입에 회자되는 효과를 낸 것은 아닐까?

메뉴특성

메뉴의 종류가 아주 많다. 매우 깊은 맛보다는 메뉴 개발의 아이디어나 이렇게도 만들 수 있구나 하는 차원에서 꼼꼼히 눈여겨볼만하다. 스지조림(쇠고기 힘줄고기조림)이 들어간 우동, 쇠고기 샤브고기가 들어간 우동, 명란이 들어간 우동, 오리고기 스프가 들어간 우동 등 종류만도 40여 가지가 넘는다. 카레우동만도 5가지가 있고 묽은 크림소스 계열의 우동 또한 5가지다. 추가요금으로 주문할 수 있는 명란, 새우튀김, 오리고기 등 토핑만 해도 20가지가 된다. 전반적으로 맛은 심플한 편이다.

|평|가|점|수|

맛　★★★☆☆
분위기　★★★☆☆
서비스　★★★☆☆
벤치포인트　★★★★★

뚜껑덮힌 우동

키츠네우동

● 추천대상 ●

다양한 우동 메뉴 개발자, 입소문 마케팅에 관심 있는 사람

● 포인트 ●

☑ 메뉴와 식기　☑ 우동토핑
☑ 인테리어 점포명

|기|본|정|보|

메뉴 각종 우동 630엔~1,200엔, 크림계열 우동 900엔~1,200엔,
　　　각종 카레우동 900엔~1,500엔, 각종 토핑 150엔~600엔
주소 도쿄도 미나토쿠 롯폰기 3-14-12 (東京都 港区 六本木 3-14-12)
영업시간 11：00~08：00
휴무 연중무휴
전화 03-5786-2626
가까운 역 지하철롯본기역 (地下鉄 六本木駅)에서 5분
홈페이지 http://www.tsurutontan.co.jp/

낮에는 우동집, 밤에는 우동 이자카야

잇데키핫센야 에비스점 滴八銭屋 惠比寿店

신주쿠(新宿)에 자리한 본 점은 도쿄에 사누키우동 붐이 일기 전인 1999년 오픈하였다. 이 집의 오너는 사누키우동이 인기를 얻기 전부터 차별화를 고민하여 창작 사누키우동을 내놓았고 거기에 이자카야 형태를 가미하였다. 대부분 바(bar)가 매장 입구에 있고 테이블이 안에 있는 것이 보편적인 것에 반해, 이곳은 반대로 입구의 밝은 쪽에 테이블이 있고 안으로 들어가야 바가 나온다. 테이블 쪽은 자연광을 받을 수 있는 큰 창으로 되어 있고 등받이 없는 의자로 구성되어 있으며, 안쪽은 나무테이블에 나무 톤의 벽으로 되어 있다.

메뉴특성

차가운 우동 중에서 인상적인 것이 많다. 흰 된장 국물에 구운 돼지고기를 얹은 우동 등 어울리지 않을 것 같은 배합을 어울리게 잘 구현하고 있다. 밤에 가면 미니 우동이 있고 안주는 여느 이자카야보다 더 다채롭다. 사누키우동의 본고장인 시코쿠(四国)에서 넘어왔다는 다양한 구로오뎅(黑おでん, 달고 매콤하며 진한 간장빛깔의 오뎅 국물이 특징)과 짭짤하고 자극적인 닭 날개 안주, 값싸고 푸짐한 삶은 우동 튀김 등 흥미로운 것이 많다. 하지만 음식 맛이 전반적으로 꽤 짠 편이니 감안하여 맛보시길. 우동은 전형적인 사누키우동의 질김이 있어 씹는 맛이 충분하다.

| 기 | 본 | 정 | 보 |

메뉴 각종 우동 530엔부터, 도리테바사키 구이 600엔(3봉) / 950엔(5봉) / 1,300엔(7봉), 구로오뎅 모둠 1,100엔, 우동튀김 250엔, 런치 우동 세트 780엔부터

주소 도쿄도 시부야쿠 에비스미나미 2-1-1 2층(東京都 渋谷区 惠比寿南 2-1-1 荻原ビル2F)

영업시간 [월·화·토] 런치 11:30~14:30, 디너 18:00~23:00
[수·목] 18:00~24:00, [금] 18:00~01:00

휴무 일요일

전화 03-5723-8868

가까운 역 JR 에비스역(JR 惠比寿駅), 지하철 에비스역(地下鉄 惠比寿駅)에서 4분

홈페이지 http://www.itteki.com/

우동튀김

구로오뎅

흰된장우동

| 평 | 가 | 점 | 수 |

맛 ★★★☆☆
분위기 ★★★☆☆
서비스 ★★★★☆
벤치포인트 ★★★★★

● **추천대상**
다양한 이자카야나 주점 콘셉트 개발, 응용 우동 개발에 관심 있는 분

● **포인트** ●
☑ 사누키우동
☑ 우동이자카야
☑ 창작우동 ☑ 응용우동

카레우동 하나로 승부를 건다

콘삐라차야　こんぴら茶屋

성인이 되어 처음으로 뚝배기불고기를 먹었을 때의 감동을 잊을 수가 없다. 불고기 양념장은 고기를 자박자박 버무리는 것이라고만 생각했는데 국물이 충분한 불고기라니……. 한국인이 좋아하는 뜨거운 국물도 있고 불고기에 밥을 말아 먹듯 비빌 수 있어 감동적이었다. 그런데 카레우동 또한 그랬다. 카레는 밥만을 빡빡하게 비벼먹어야 된다는 고정관념을 깨고 충분한 양의 연한 카레국물에 퉁퉁한 우동을 넣어 주는 것이 카레우동이다. 일본에서는 카레가 흔한 음식이라 카레우동 또한 흔한 음식이지만 카레우동이 대표메뉴인 집은 그리 흔하지 않다. 이 집은 '우동'이라는 현수막이 펄럭이는 흔한 우동집인데 안에 들어가면 테이블마다 종이 앞치마를 두르고 진한 노란 빛깔의 우동을 후루룩거리는 광경을 볼 수 있다. 우동 면발의 굵기는 우동전문점처럼 굵으나 쫄깃함은 다른 수제 우동집에 비해 다소 부족한 편이다. 때문에 우동의 본고장인 관서(関西)출신의 우동 마니아에게는 다소 아쉬움이 있을 수도 있으나 우리로서는 꽤 만족스럽다. 시간이 흘러도 이곳의 카레 맛이 문득문득 생각날 정도이다. 단,

|평|가|점|수|

맛　★★★★☆

분위기　★★★☆☆

서비스　★★★☆☆

벤치포인트　★★★★★

카레우동

● 추천대상 ●

단일메뉴 성공 점포, 카레우동 등 응용 면요리 개발에 관심 있는 분

● 포인트 ●

☑ 카레우동

☑ 타키코미고향

'우동집치고는 가격이 비싸다' 는 근처 샐러리맨들의 목소리도 만만치 않다. 20명 정도가 들어가는 규모로 점심 피크타임에는 줄을 서기도 한다.

메뉴특성

달걀, 치즈, 떡 등 고명을 달리한 다양한 종류의 카레우동이 있지만 기본은 역시 가장 심플한 소고기카레우동이다. 어떤 카레우동을 시켜도

'레귤러' 나 '핫스파이스' 중 하나를 선택하라고 하는데, 핫스파이스를 주문해도 크게 맵지 않으니 한국인은 마음 놓고 주문해도 된다. 거기에 '시치미(7가지 향신료를 섞어 만든 조미료)' 나 '이치미(매운 가루)' 를 살짝 뿌려도 잘 어울린다. 카레우동은 농도가 진하므로 밥을 주문하여 카레에 비벼 먹어도 잘 어울린다. 어떤 사람들은 일반 카레보다 우동이 들어있는 카레에 밥을 비벼먹는 것이 더 맛있다고도 한다. 물론 흰밥이 카레에 비벼먹기 좋지만 이 집의 '타키코미고항(여러 야채를 넣어 지은 밥)' 도 별미다. 이 밥은 저녁이면 다 팔려서 못 먹을 수도 있다.
푸짐한 우동을 원한다면 나베야키우동을 주문해 보자. 여성 혼자 다 먹기에는 좀 많아 보이는 큰 냄비에 우동, 떡, 반숙달걀, 새우튀김 등이 푸짐히 들어 있고 국물이 시원하다. 여기에 테이블 위에 있는 '도로로곤부(다시마를 실같이 썰어서 만든 식품)' 를 넣으면 잘 어울린다. 소고기카레우동은 테이크아웃도 된다. 참고로 테이크아웃을 하면 종이앞치마도 함께 넣어준다.

| 기 | 본 | 정 | 보 |

메뉴 소고기카레우동 1,050엔, 나베야키우동 1,500엔, 덴푸라우동 1,200엔
타키코미고항 270엔
주소 도쿄도 시나가와쿠 카미오오사키 3-3-1 (東京都 品川区 上大崎 3-3-1 坂上ビル 1F)
영업시간 [월-금] 11 : 00~24 : 00, [일요일 · 공휴일] 11 : 00~23 : 00
휴무 연중무휴 (정초연휴 휴무)
전화 03-3441-2491
가까운 역 JR 메구로역 (JR 目黑駅)에서 2분

멸치국물로 맛을 내는 대중적인 수제 우동집
사누키야 さぬきや

런치우동정식

붓가케우동과 이나리즈시

● 추천대상
우동이나 면요리 개발자, 오너셰프 경영에 관심 있는 분

● 포인트
☑ 수타 우동　☑ 우동국물
☑ 세트구성

여러 번 먹어도 속이 편하다는 근처 직장인의 추천으로 가게 된 곳이다. 작은 오피스들이 모인 평범한 뒷골목에 있어 그 동네 사람 아니면 한 번에 찾기란 쉽지 않은 위치다. 나는 식당에 들어서 제일 먼저 식당의 공기를 들이마시는 버릇이 있다. 일단 밝으면 기본 점수를 주고 간다. 뛰어난 실내 포인트는 없지만 무엇이든 반들반들 닦아 놓아 어떤 음식이든 엄마가 만들어 내주는 것처럼 정직할 것 같다. 이곳에 들어서면 카운터가 있고 카운터 옆에 면 만드는 것을 볼 수 있는 유리창 쇼윈도가 보인다. 그러나 직접 만드는 것을 보기란 쉽지 않다. 식사 때는 주인장이 면을 삶고 곁들이 음식을 준비해야 되기 때문이다. 성격 깔끔한 주인장의 성격이 맛과 분위기 모두에서 느껴진다.

메뉴특성

점심과 저녁 같은 메뉴를 먹을 수 있으나 점심에는 실속 세트메뉴를 즐길 수 있다. 쫀득쫀득한 우동 면은 우동이 면 자체의 씹는 맛에 집중하는 음식이라는 것을 잘 보여준다. 특히 우동국물 맛이 시원한데 가츠오부시(가다랑어포)보다는 멸치 국물로 잡고 있어 다른 우동에 비해 달지 않고 개운하다. 한국인의 입맛에 더욱 잘 맞는다.
특히 점심의 우동정식은 '타누키우동(작은 튀김 부스러기, 파, 오이 등이 얹어져 있는 우동)', 가야쿠고항(우엉, 당근 등 야채를 넣어 지은 밥), 멸치조림이 나온다. 특히 한국의 도시락 반찬속에 들어 있을 법한 멸치조림이 세트 속에 나오는 것이 재미있다.

'카키아게돈 세트'는 한 공기의 카키아게돈(여러 가지 야채로 만든 튀김이 얹어진 덮밥)과 타누키우동이 세트로 나와 푸짐하다. 차가운 우동 중 '붓카게우동'은 우동 위에 오이, 레몬, 가츠오부시 등이 얹어져 나오고 옆에 우동 츠유(소스)가 따로 나오는데, 레몬 한 쪽을 우동에 짜서 뿌린 뒤 우동 츠유를 듬뿍 얹어 섞어 먹는 차가운 우동이다.

즉 국물이 반쯤 있는 일본식 비빔우동인 셈이다. 무를 갈아 얹은 '오로시붓카게우동', 간 마를 얹은 '토로로붓카케우동' 등 차가운 우동의 질감과 츠유의 맛을 함께 즐길 수 있어, 특히 여름 우동으로 제격이다. 우동 한 그릇으로 섭섭할 때는 이나리즈시(유부초밥)를 곁들이면 되는데 이나리즈시의 한 개 사이즈가 꽤 큰 편이다.

| 기 | 본 | 정 | 보 |

메뉴 런치 우동 정식 700엔, 런치 카키아게돈 세트 800엔, 타누키우동 · 붓카게우동 530엔, 오로시붓카게우동 680엔, 토로로붓카케우동 840엔, 이나리즈시(1개) 120엔

주소 도쿄도 신주쿠쿠 신주쿠 1-30-12 1층 (東京都 新宿区 新宿 1-30-12ニューホワイトビル1F)

영업시간 [월~금] 런치 11 : 00~15 : 30, 디너 17 : 30~21 : 30 [토] 11 : 00~15 : 00

휴무 일요일, 공휴일

전화 03-3352-5036

가까운 역 마루노우치선 (丸ノ内線) 신주쿠코엔마에역 (新宿御苑前駅)에서 5분, 신주쿠역 (新宿駅)에서 15분 이상

소바 전문가가 인정하는 최고의 면발

혼무라앙 本むら庵 荻窪本店

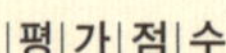

|평|가|점|수|

맛 ★★★★☆
분위기 ★★★★☆
서비스 ★★★☆☆
벤치포인트 ★★★★☆

다마고야기

자루소바

● 추천대상 ●

일본의 정통 소바, 노포의
성공사례에 관심 있는 분

● 포인트 ●

☑ 정통소바 ☑ 유명소바
☑ 소바가키

가이세키전문점에서 손님들에게 마지막 식사로 제공되는 소바 한 그릇을 위해 매일 소바 반죽을 하는 셰프를 알게 되었다. 우리로 말하면 한정식 집이나 고급 고깃집에서 마지막 식사용 냉면을 위해 냉면의 면발을 손반죽한다는 것과 다름없는 말이다. 그는 수제 소바를 며칠 만들지 않으면 손이 굳을까 걱정되어 아는 소바집에 가서라도 자청하여 연습을 할 정도였다. 얘기가 길어졌는데 이 집의 소바는 도쿄 소바 집을 벤치마킹하며 노트에 꼼꼼히 메모하는 소바 셰프 에가와(江川ひろし)씨가 최고로 추천하는 면발이다. 그가 추천했기에 더욱 설레며 찾아갔다.

오기쿠보역(荻窪駅)에서 10분은 걸어가야 하는데, 대로가 아닌 주택가에 이렇게 큰 소바집이 있다는 것이 믿기지 않았다. 1924년부터 이어오는 전통의 소바집이란 명성에 걸맞게 그 옛날 세력가인 사무라이의 집 한 채 같은 분위기다. 보통 수제 소바집은 소규모 가족경영이 많은 데 이곳은 규모도 크고 품위도 있어, 마치 서울의 대표 냉면집인 주교동 우래옥 본점에 들어온 기분이다.

메뉴특성

바쁜 점심이라면 후다닥 소바 한 그릇을 비워도 좋지만 저녁에 방문했다면 소바를 맛보기 전에 생맥주에 안주거리로 간단한 요기를 하며 숨을 돌려보자. 언제부터인지 소바집 정방메뉴로 정착한 부드러운 타마코야키(일식

달걀말이), 이타와사(와사비와 함께 먹는 찬 어묵), 유바사시미, 아게다시도후(연두부 튀김과 간장소스) 등이 가격도 저렴하면서 먹기 편한 것들이다. 술과 안주로 워밍업을 했다면 이제부터 본격적으로 소바를 주문하자. 기본 면발을 보려면 세이로소바가 제격이다. 약간 가뭇가뭇한 빛깔의 면발에 약간 거친 촉감 등 여느 소바집과 느낌도 향도 다르다. 소바라는 것에 대해 잘 모르는 사람도 약간만 신경 쓰면 그 차이를 느낄 수 있을 정도다. 그리고 신기한 메뉴 하나가 '소바가키' 이다. 소바 반죽 덩어리가 따뜻한 물 속에 담겨 나온다. 그 반죽을 젓가락으로 조금씩 떼어, 무를 갈아 넣은 폰즈에 찍어 먹는 것인데, 단순한 소바 반죽 자체의 향을 물씬 맛볼 수 있다. 따뜻한 소바는 카케소바나 여러 가지 고명이 정성껏 얹어진 오카메소바를 먹어본다면 후회

가 없을 듯하다. 소바가 정통인데도 우동까지 파는 것이 특이하다. 예약은 코스메뉴를 먹을 때만 가능하다. 서너 명 정도라면 예약 없이 가도 된다. 홈페이지(http://www.honmura-an.com)가 상세한 편이고 영어메뉴판도 나와 있다.

| 기 | 본 | 정 | 보 |

메뉴 세이로소바 735엔, 자루소바 798엔, 가케소바 735엔, 오카메소바 1,050엔, 소바가키 1,050엔, 타마코야키 703엔, 이타와사703엔, 유바사시미 703엔, 아게다시도후 840엔
주소 도쿄도 스기나미쿠 카미오기 2-7-11(東京都 杉並区 上荻 2-7-11)
영업시간 11 : 00~21 : 30(21 : 00 L.O)
휴무 화요일(공휴일인 경우 수요일 휴무)
전화 03-3390-0325
가까운 역 JR오기쿠보역 (JR 荻窪駅)역에서 10분

어려운 입지도 극복한 최상품 카케소바

상고우앙 三合庵

세이로소바

카케소바(물소바)

덴푸라

● **추천대상** ●

좋지 않은 입지에서의 성공 사례, 수제 소바, 전통음식상품에 관심 있는 분

● **포인트** ●

☑ 최상품 카케소바
☑ 차가운소바 ☑ 소바코스

음식을 논할 때 평양냉면은 '우래옥', 콩국수는 '진주회관' 처럼 기준을 가지고 이야기를 하면 맛을 논하기가 편해진다. 내가 '상고우앙'을 가기 전까지는 불어터진 싼 소바인지 비싼 소바인지는 가려내도 맛의 우열을 말할 자신은 없었다. 하지만 상고우앙만큼 가케소바(かけそば)의 국물과 면이 잘 어울리는 곳을 아직까지 찾지 못했다. 이 집은 역에서 15분을 걸어야 되는 불편한 입지에도 불구하고 맛과 품질 면에서 어떤 불만도 찾아내기 어렵다. 30석 규모의 단순하고 정갈한 분위기이다. 소바 가격은 보통 수준이나 양이 적기 때문에 비싼 편이다.

메뉴특성

세이로소바(차가운 소바)는 소바면의 색이 진하면서 가늘며 고소한 향이 난다. 카케소바(따뜻한 소바)는 깔끔한 간장 맛이 도는 국물이 속을 후련히 풀어준다. 처음엔 차가운 소바로 시작해서 따뜻한 소바로 마무리한다. 튀김을 좋아한다면 덴푸라소바를 주문하면 되는데, 덴츠유(덴푸라소스)보다는 소금에 살짝 찍어서 먹은 뒤 찬 소바를 즐기는 방법이 좋다. 이 집의 덴푸라는 수수하며 담백한 편이다. 차가운 소바의 마무리인 소바유(소바 삶은 물)는 진하여 제대로 속이 풀린다. 저녁엔 코스요리가 있는데, 소바집 코스로는 다소 비싼 감이 있지만 요리 구성에 손색이 없어 단 한 번밖에 갈 수 없는 고객이라면 절대 추천이다. 마무리 식사로는 따뜻한 소바와 차가운 소바 중에 선택하여 먹는다.

|기|본|정|보|

메뉴 세이로소바·가케소바 730엔, 덴푸라소바 1,780엔, 타마고야키 730엔, 디너코스 6,500엔
주소 도쿄도 미나토쿠 시로가네 5-10-10 시로가네 510 (東京都 港区 白金 5-10-10 白金 510 1F)
영업시간 11 : 30～14 : 30, 17 : 30～21 : 00
휴무 수요일, 셋째 주 목요일
전화 03-3444-3570
가까운 역 히비야선(日比谷線) 히로오역(広尾駅)에서 12분, 남북선(南北線) 또는 미타선(三田線) 시로가네다카나와역(白金高輪駅)에서 3분

이타소바 가오리야 板蕎麦 香り家

전통을 현대적으로 잘 구현한 인테리어, 소바가 나오는 눈에 띄는 용기, 소바 하나로 새벽 4시까지 영업하는 노하우, '소바집은 올드하다'는 이미지를 벗어던진 물 좋은

고객층, 에비스(恵比寿)라는 젊은 지역에 맞는 가격대, 내부에 여러 명의 손님이 함께 앉을 수 있는 나무로 된 큰 테이블(커뮤니케이션 테이블이라고도 불림) 두 개와 그에 맞는 작은 의자들과 돌로 된 벽……. 외식업계 손님들과 함께 이 집에 갈 때 설명하는 수식어들이다. 전통의 소바집도 아니고 역 앞의 흔한 소바집도 아닌, 중간의 개념을 세련되게 구현한 소바집이다. 맛을 떠나 분위기와 인테리어만 보더라고 신사동 가로수길 그 어딘가에 들고 와서 오픈하고 싶은 소바집이다.

메뉴특성

30㎝는 되어 보이는 나무 판에 굵은 소바가 흩뿌린 것처럼 담겨져 나온다. 도쿄에서 먹어본 소바 중에서 가장 두툼하다. 소바 씨와 껍질을 같이 맷돌에 갈아 씹을수록 맛있다는 것이 이 집의 자랑이다. 특히 오리육수 소바나 닭육수 소바는 차가운 소바를 따뜻한 육류 소스에 찍어 먹게 나온다.

오리육수소바

● 추천대상 ●

세련된 응용 소바, 현대적 인테리어, 심야영업 성공사례에 관심 있는 분

● 포인트 ●

☑ 굵은 소바 ☑ 인테리어
☑ 심야영업 ☑ 고객층

| 기 | 본 | 정 | 보 |

메뉴 소바 830엔, 깨소스소바 850엔, 오리육수소바 1,080엔, 오로시소바 930엔
덴푸라소바 (한정품목) 1,330엔, 카레소바 1,000엔, 가케소바 680엔,
붓가게소바 1,050엔, 다시마키타마고 680엔, 소주 (글라스) 480엔부터

주소 도쿄도 시부야쿠 에비스 4-3-10 (東京都 渋谷区 恵比寿4-3-10 中出センチュリーパーク 1F)

영업시간 11 : 30~16 : 00, 17 : 00~28 : 30

휴무 연중무휴

전화 03-3449-8498

가까운 역 JR 에비스역(JR 恵比寿駅), 지하철 에비스역(地下鉄 恵比寿駅)에서 2분

홈 페이지 http://r.gnavi.co.jp/a020701/

80% 함량 소바를 맛볼 수 있는 곳

데우치소바 아시야테이 手打そば 芦屋亭

단품 메뉴로 승부할 때는 그 요리의 재료 하나부터 시작해 모든 것을 알고 있다는 자부심이 고객에게 전해져야 영업 수명이 길어진다. 마치 자식의 성장 과정을 알고 있는 부모처럼 말이다. 냉면집에 갔을 때 주인이 '우리 집 냉면은 메일 함량이 70%인데 좋은 메밀가루가 있는 날에는 100% 순 메밀로 만듭니다' 라고 말한다면 바로 신뢰가 가지 않는가? 아시야테이는 주인장이 후쿠시마(福島) 출신이라는 자부심을 가지고 소바를 손수 깨끗하게 만들고 메뉴판에 메밀의 비율을 솔직히 기재하고 있다. 햇메밀이 아직 많이 나오기 전인 9월초에 방문했는데, 가장 발 빠르게 신소바를 구해왔다고 입에 침이 마르도록 자랑을 했다. 그 자랑만으로 나는 이 집 소바가 더 맛있고 향이 그윽해진 것 같은 느낌을 갖게 되었다. 펄펄 넘치는 주인장의 열정으로 나무소재의 따뜻한 실내 분위기를 만들었고 점포 홈페이지 (http://www.ashiya-tei.com)도 잘 만들어서 운영하고 있다.

메뉴특성

이 집은, '소바'를 자연식용법인 매크로바이오틱(macrobiotic)의 대표라고 말할 정도이다. 대표소바는 니하치세이로(二八せいろ)로, 맷돌로 간 소바분이 80%가 들어가 기본 맛을 테스트하기에 적합하다. 그리고 메밀 100% 함량 소바는 소바분이 종종 떨어지곤 한다. 이곳도 여러 안주거리가 있으나 안주보다는 소바 자체에 충실한 곳이다.

|평|가|점|수|

맛 ★★★☆☆
분위기 ★★★☆☆
서비스 ★★★★☆
벤치포인트 ★★★☆☆

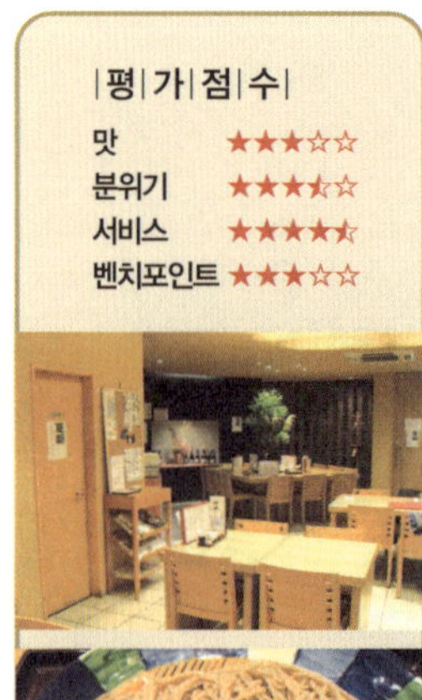

니하치세이로소바

● **추천대상** ●
단품 취급 오너셰프 점포나 소바 메뉴개발에 관심 있는 분

● **포인트** ●
☑ 메밀 비율 ☑ 수제소바
☑ 오너셰프

|기|본|정|보|

메뉴 니하치세이로 750엔, 아라비키이나카세이로 850엔, 가케소바 750엔
덴푸라소바 1,800엔, 유바사시미 800엔

주소 치바현 신우라야스시 이리후내 4-9-8 B1 (千葉県浦安市入船4-9-8 グリーンランド B1)

영업시간 11 : 00～15 : 00, 17 : 00～22 : 00

휴무 화요일

전화 047-355-2211

가까운 역 JR 케이요센신우라야스역 (JR 京葉線新浦安駅)에서 10분

무서운 사감의 지도하에 라멘 먹는 기분

라멘지로 ラーメン二郎 小岩店

도쿄 미타(三田)지역에서 시작하여 지금은 도쿄와 그 주변에 30개 이상 가게를 가지고 있는 라멘집이다. 남성적인 라멘으로 손님을 압도하는 것이 이 집의 콘셉트다. 손님의 95%가 20-40대 남성층이다. 라멘을 만드는 일은 생각보다 힘이 많이 들어가는 일이기 때문에 이 집 역시 수건을 질끈 동여맨 젊은 청년들이 주방에서 일하고 있다. 이곳은 입구에서부터 카리스마가 넘친다. 손님들은 푯말에 쓰여 있는 대로 문 앞에서 기다리는데, 어찌나 말을 잘 듣는지 라멘집 종업원은 한마디도 말할 필요 없다. 고객들이 알아서 조용이 들어와 티켓발매기에서 표를 끊고 살그머니 자기 라멘 티켓을 제출한 뒤 기다렸다 먹고, 먹은 그릇은 카운터 선반 위에 사뿐히 얹고 나간다. 이 집은 그 흔한 인사 한마디도 없다. 양에 비해 가격이 무척 저렴한 것이 인기몰이의 큰 이유기도 하다. 카운터 좌석만 13석이다.

메뉴특성

라멘지로는 면발이 매우 굵은 라멘 중 하나다. 양도 일반 라멘집의 1.5배는 족히 된다. 국물이 아주 탁하진 않으나 매우 기름지고 배가 불러올수록 그릇 속의 기름이 점점 눈에 들어오기 시작한다. 라멘이 완성되면 마늘을 넣을 것인지 물어본다. 느끼한 것을 싫어하는 사람은 다진 마늘을 많이 넣어달라고 하는 것이 좋다. 기사식당용 라멘이라는 표현이 어울리지 않을까 싶다.

|평|가|점|수|

맛 ★★★☆☆
분위기 ★★☆☆☆
서비스 ★★☆☆☆
벤치포인트 ★★★☆☆

● 추천대상 ●

성공한 단일메뉴 체인 브랜드, 라멘메뉴 개발자, 남성 취향 면요리에 관심 있는 분

● 포인트 ●

☑ 굵은 면발
☑ 남성고객용 라멘

|기|본|정|보|

메뉴 라멘 550엔(일반) / 650엔(대), 챠슈(양념하여 삶은 돼지고기) 한 개 추가 시 100엔 추가
주소 도쿄도 에도가와쿠 니시고이와 3-31-13 (東京都 江戸川区 西小岩 3-31-13)
영업시간 [월-금] 런치 11 : 00〜14 : 00, 디너 18 : 00〜21 : 30, [토] 11 : 00〜15 : 00
휴무 일요일, 공휴일
전화 비공개
가까운 역 소부선(総武線) 코이와역(小岩駅)에서 5분

소바처럼 진한 국물에 적셔 먹는 라멘

쥬루멘 이케다 づゅる麺 池田

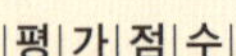

다마고차슈츠케멘

● 추천대상 ●

라멘메뉴 개발자, 남성 취향
의 면요리 개발에 관심 있는
분

● 포인트 ●

☑ 츠케멘　☑ 남성취향
☑ 굵은 면　☑ 인기절정

점심시간에 라멘집이 밀집해 있는 메구
로역(目黒駅) 주변을 지나가게 되었는데,
유독 줄이 끊이지 않는 라멘집 하나가 있
었다. 주변 라멘집에 비해 변변한 간판도
없고 작아서 라멘 티켓도 점포 밖에서 뽑
아 들고 기다려야 될 정도였다. 우리가
흔히 보는 원조집의 광경과 유사하다.
'원조' 라고 해서 찾다보면 진짜 원조는
꾸밈없이 구석진 곳에 홀로서기를 하고
있는 경우가 종종 있지 않던가. 어쨌든

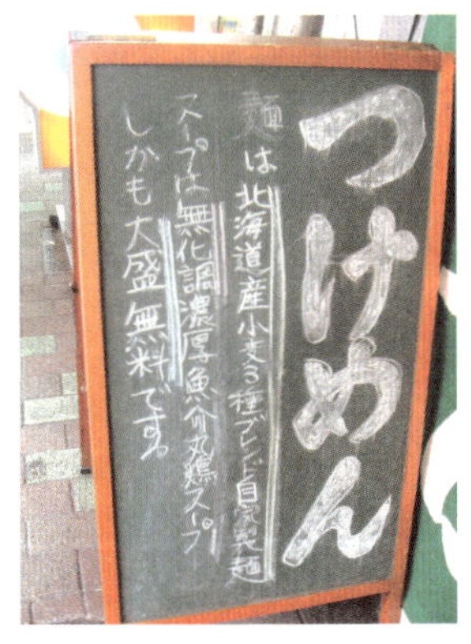

나도 그냥 지나칠 수가 없어서 손님 대열에 끼어 티켓을 끊고 기다렸다. 기
다리다 보면 융통성이라고는 눈곱만큼도 없을 것 같은 인상의 아줌마가 가
끔씩 손님을 몇 명단위로 인솔하여 안으로 들어간다. 10좌석이 전부인 카
운터에는 먼저 들어온 손님들이 '쭈룩쭈룩' 하는 소리를 내며 조용히 라멘
먹기에 열중하고 있다.

메뉴특성

이 집의 인기메뉴는 츠케멘. 삶은 라멘을 진한 맛의 국물에 적셔 먹는 형태
의 라멘이다. 면을 삶아 헹궈 놓았으니 차가운 편인데 국물은 미지근하다.

츠케멘 국물은 적셔먹는 용도기 때문에 진하고 짜며 돼지 뼈 국물이 많다. 그런데 이 집의 국물 엔 닭육수, 생선류, 된장이 들어가 있어 다른 츠 케멘 국물보다 뒷맛이 개운한 편이다. 그리고 면은 홋카이도(北海道) 밀가루 세 가지를 섞었 다는데 무지 굵고 부드럽지 않아 씹는데 약간 힘 이 들어간다.

또한 양도 꽤 많다. 이 집에서는 오오모리(곱빼 기)를 무료로 주문할 수도 있으나 속이 깊은 대 접에 가득할 정도의 많은 양이니 자신이 없는 사 람은 '보통' 으로 주문하라고 문 앞에 '무섭게' 적혀 있다. 그냥 '츠케멘' 도 좋지만 간장 맛이 밴 반숙 달걀이 얹어진 '다마고츠케멘' 이나 큼 직한 챠슈(양념하여 삶은 돼지고기) 두 쪽까지 들어 있는 '다마고차슈츠케멘' 을 선택해도 좋 다. 츠케멘을 다 먹은 후에는 그릇을 카운터에 올려놓고 '스프와리(スープ割)' 라고 말하면 따 뜻한 육수를 부어 희석해준다. 솔직히 육수는

희석을 해도 짜다. 그런데 이 집의 남성 팬들은 대부분 라멘도, 국물도 모두 깨끗이 비운다.

츠케멘은 면이 굵어 삶는 시간 7분이나 소요된다. 가는 면이 보통 3분 걸리 는 것에 비해 7분이면 매우 긴 시간이기 때문에 회전율에 막대한 지장을 주 지만 이 집은 이 굵은 면이 효자임에 틀림이 없다.

| 기 | 본 | 정 | 보 |

메뉴 츠케멘 750엔, 다마고츠케멘 850엔, 다마고차슈츠케멘 1,000엔
　　　라멘 (일반 스프형) 750엔
주소 도쿄도 메구로쿠 메구로 1-6-12 (東京都 目黑区 目黑 1-6-12)
영업시간 11 : 30~15 : 00, 18 : 00~23 : 00 (라멘 스프가 떨어지면 폐점)
휴무 연말연시, 여름휴가
전화 03-5740-6554
가까운 역 JR 메구로역 (JR 目黑駅)에서 7분
홈 페이지 http://bar-ikeda.seesaa.net/

따뜻한 스토리가 있는 돈코츠라멘집

큐슈 장가라 九州じゃんがら 原宿店

이 라멘집의 오너인 시타가와다카시(下川高士) 씨는 아이들을 좋아해 도쿄에서 학원을 운영했는데, 가정형편이 어려운 아이들의 수업료를 면제해주다 보니 학원 영업이 어려워지게 되었다. 그래서 학원 운영에 보태기 위해 라멘집을 열었는데, 이제는 이 라멘집이 든든한 보배가 되었다. 도쿄에서 태어났으나 큐슈(九州)지방에서 자란 오너는 돈코츠라멘(돼지 뼈 국물로 만든 라멘) 본고장의 맛을 잘 살리고 있다. 장가라는 현재 7개 이상의 매장을 운영하고 있다. 점포마다 메뉴가 야간 다르며 영어메뉴판도 준비되어 있다.

메뉴특성

한국인이 먹기엔 진하고 짠데도 일본인들은 예전보다 농도가 약해졌다고 불평하기도 한다. 면발은 중간 정도의 굵기인데, 양과 국물도 직접 선택하고 고명도 종류별로 추가할 수 있다. 국물이 부드러운 봉샹(ぼんしゃん), 시원하고 가벼운 큐슈장가라(九州じゃんがら), 마늘 풍미가 있는 코봉샹(こぼんしゃん)등 6종류가 있다. 처음 방문하는 사람들에게는 모든 고명이 들어있는 큐슈장가라를 권한다. 그 뒤부터는 자기가 원하는 고명을 선택하면 되는데 고명을 다 넣으면 가격이 1,000엔에 육박한다. 또한 명란과 장조림 같은 차슈가 들어 있는 밥도 먹어보길 권한다. 따뜻한 밥과 명란의 어울림이 특색 있다. 홈페이지(http://www.kyusyujangara.co.jp)도 좋다.

|평|가|점|수|

맛	★★★☆☆
분위기	★★★☆☆
서비스	★★★★☆
벤치포인트	★★★★★

고명이 모두 들어간 라멘

● 추천대상 ●
캐릭터 강한 메뉴 구성, 활기찬 점포관리 방식에 관심 있는 분

● 포인트 ●
✓ 돈코츠라멘
✓ 큐슈장가라 ✓ 스토리

|기|본|정|보|

메뉴 큐슈장가라 600엔(기본) / 980엔(고명이 전부 들어간 라멘)
주소 도쿄도 시부야쿠 진구마에 1-13-21 1~2층 (東京都 渋谷区 神宮前 1-13-21 シャンゼール原宿2号館 1~2F)
영업시간 [월-목] 10 : 45~02 : 00, [금] 10 : 45~03 : 00
　　　　　[토] 10 : 00~03 : 00, [일 · 공휴일] 10 : 00~01 : 00
휴무 연중무휴
전화 03-3779-3660
가까운 역 JR 하라주쿠역 (JR 原宿駅)의 오모테산도입구에서 1분,
　　　　　치요다선 (千代田線) 메이지진구마에역 (明治神宮前駅)에서 1분

토우소바 唐そば 公園通り店

원래 큐슈(北九州市)에서 1959년부터 영업한 명물라멘이었다. 그런데 주인장이 나이가 들어 가게를 그만둔다는 말을 듣고 도쿄에서 무난하게 직장생활하던 아들이 라멘을 전수받은 뒤 1999년 도쿄에 가게를 냈다고 한다. 이런 토우소바의 오픈 배경이 매스컴을 타면서 인기를 더욱 부추겼다. 도쿄인들은 이곳의 라멘 맛을 매우 높게 평가하지만, 정작 큐슈사람들은 진정한 큐슈의 맛이 아니라며 따끔하게 비평하곤 한다. 카운터 7석 포함 16석 정도며, 시부야에 매장이 하나 더 있다.

메뉴특성

면의 굵기나 국물의 탁한 정도는 중간 정도로, 큐슈라멘이니만큼 돼지 뼈 국물이 진하다. 적셔먹는 츠케멘도 꽤 팔리는 품목이다.

|기|본|정|보|

메뉴 라멘 600엔(곱빼기 150엔 추가), 츠케멘 700엔
주소 도쿄도 시부야쿠 우타가와초 14-14 B1F(東京都 渋谷区 宇田川町 14-14 K ビル B1F)
영업시간 11：00~23：00
휴무 연중무휴
전화 03-3461-9591
가까운 역 JR 시부야역(渋谷駅)에서 5분

|평|가|점|수|

맛 ★★★☆☆
분위기 ★★★☆☆
서비스 ★★★★☆
벤치포인트 ★★★☆☆

라멘

● **추천대상** ●
지역 명물의 대도시 진출 사례를 보고 싶은 분, 라멘 개발자

● **포인트** ●
☑ 큐슈라멘 ☑ 츠케멘

느끼함이 없는 여성 취향의 깔끔한 라멘 맛

쿠지라켄 くじら軒

본라멘

● 추천대상 ●

응용 라멘, 쇼핑몰 안의 단품메뉴 숍과 인테리어에 관심 있는 분

● 포인트 ●

☑ 여성적인 맛 ☑ 인테리어
☑ 슬림한 라멘

라멘을 즐겨먹는 일본인이지만 '참 니글거리는 음식을 즐겨먹는구나' 라는 생각을 지울 수가 없다. 한국에서는 인스턴트 라면을 끓일 때도 뜨는 기름을 어떻게 제거할까 고민하곤 했는데 일본의 라멘에 비하면 우리의 라면 기름은 귀여울 정도다. 그러던 중 기름을 쫙 뺀 슬림한 라멘집이라고 소개 받은 곳이 쿠지라켄이다. 요코하마에서 인기 있었던 가게가 신주쿠 쇼핑몰에 들어온 케이스로 생선류의 다시 국물에 소금을 넣은 여성취향적인 깔끔한 맛으로 일본 라멘에서는 느끼기 어려운 청량감을 맛볼 수 있다. 일본에서 이 집 라멘을 처음 접한다면 라멘 맛에 대해 혼란을 느낄 수 있으므로, 이곳은 일반적인 일본 라멘을 한두 곳 경험한 다음에 먹어보고 비교해 보는 것이 좋겠다.

메뉴특성

라멘의 고명은 차슈(돼지고기), 시금치, 김, 파 등. 양이 적은 편이다.

|기|본|정|보|

메뉴 본라멘 700엔. 시나타케고항(밥) 400엔
주소 쿄도 신주쿠쿠 신주쿠 3-38-1 루미네에스토신주쿠 7층 (東京都 新宿区 新宿 3-38-1 ルミネエスト新宿 SHUN/KAN 7F)
영업시간 11 : 00~15 : 30, 17 : 00~21 : 30
휴무 부정기적 (루미네 쇼핑몰 휴일에 준함)
전화 03-5366-9266
가까운 역 신주쿠역(新宿駅)에서 연결되어 있음

홍대 앞에 옮겨와 오픈하고 싶은 라멘집

아푸리 阿夫利 / AFURI

언젠가 홍대 앞에 라멘집을 낸다면 '아푸리'를 그대로 옮기고 싶다고 생각한 적이 있었다. 1차 식사하고 2차로 노래방에서 신나게 놀다 나온 젊은이들이 밤참으로 무언가 먹고 싶을 때 제격이라고 생각했다. 아푸리의 라멘은 면발이 가늘어 빨리 삶아지기 때문에 기다리지 않아도 되고 국물이 걸쭉하지 않아 여성들도 다이어트 때

문에 야식을 먹지 말아야 한다는 고민을 덜 느끼게 될 것이다.

일본의 라멘집은 대개 카운터 형으로 되어 있지만 이 집의 카운터는 유독 길다. 점포의 2/3에 해당되는 넓은 오픈 주방이 있고 '아푸리'라고 쓰여 있는 티셔츠를 입은 젊은 스태프들이 활기차게 다닌다. 입구의 자판기에서 원하는 라멘티켓을 뽑은 뒤, 라멘이 만들어지는 최종 과정을 보고 싶다면 가게 안쪽에 자리 잡는 것이 좋다. 그러면 라멘 면발을 삶아 예술적으로(?) 국물을 털어내는 노련한 주방 스태프의 동작을 흥미롭게 볼 수 있다.

메뉴특성

진한 고기국물 대신 가벼운 국물에 꼬불거리지 않는 가는 라멘은 굵은 면에 비해 더 빨리 불기 때문에 빨리 먹어야 최상의 맛을 즐길 수 있다.

일본라멘하면 볼륨감이 있어야 제격이라고 생각하는 사람이나 진한 라멘 맛에 익숙한 사람이라면 별로라고 느낄 수도 있겠지만, 파스타 중에서 가는 면발을 좋아하고 맑은 국물을 좋아하는 사람이라면 아푸리의 맛에 매료될 것이다. 그리고 유자향을 느낄 수 있는 유자라멘도 즐길 만하다.

| 평 | 가 | 점 | 수 |

맛 ★★★★☆
분위기 ★★★☆☆
서비스 ★★★☆☆
벤치포인트 ★★★★☆

시오라멘

● **추천대상**
슬림한 콘셉트의 라멘집, 성공적 심야영업 업소를 둘러보고 싶은 분

● **포인트** ●
☑ 깔끔한 국물
☑ 가는 면발 ☑ 심야영업

| 기 | 본 | 정 | 보 |

메뉴 시오라멘 750엔, 소유라멘 750엔, 유즈시오라멘 · 유즈소유라멘 850엔
주소 도쿄도 시부야쿠 에비스 1-1-7 117빌딩 1층(東京都 渋谷区 恵比寿 1-1-7 117ビル1F)
영업시간 11：00~28：00
휴무 수요일
전화 03-5795-0750
가까운 역 JR 에비스역(JR 恵比寿駅), 지하철 에비스역(地下鉄 恵比寿駅)에서 3분

단골 요청으로 다시 연 원테이블 돈가스집

혼고우쇼텐 오우세츠시츠 本郷商店 応接室

몇 년 전 서울 신사동에 원 테이블 레스토랑 〈인 뉴욕〉이 오픈하면서 화제가 되었던 적이 있다. 단 하나의 테이블로 디너 2회전을 하는 곳이었다. 원 테이블 하면 연인들의 프러포즈 등 특별한 이벤트에 활용되

는 멋진 공간이라고 생각되는 것이 보통이다. 간다역의 좁은 골목 안에 있는 이 돈가스 집도 원 테이블이다. 하지만 '원 테이블=낭만, 프러포즈?' 이런 단어를 떠올리기에는 너무 민망하다. 돈가스 주문이 떨어지자마자 할머니는 냉동실에서 커다란 고기 덩어리를 꺼내 무서운 칼로 큼직하게 잘라 그 때부터 고기를 두들겨서 튀기기까지의 일련의 돈가스 작업에 들어간다. 할머니의 조리대 앞에는 손님용으로 테이블이 딱 하나뿐이다. 원 테이블이다. 지금까지 내가 본 원 테이블 식당 중 가장 소박한 맛집이다. 이 집은 전쟁 전에는 정육점을 하다 전쟁 후 지금의 간다역으로 와서 돈가스집으로 자리 잡게 되었단다. '응접실' 이라는 상호는 돌아가신 할아버지의 뜻이었다는데, 값싸고 푸짐하고 푸근한 식탁으로 근처 샐러리맨들의 쉼터가 되고 싶은 바람을 담고 있다. 테이블에 최고 6명까지 앉을 수 있다.

메뉴특성

매우 볼륨감이 있는 양이다. 눈앞에서 잘라 조리하니 신선한 튀김정식을 먹는 셈이다. 전통 돈가스나 멘치가츠(돼지고기와 소고기를 갈아 만든 돈가스 모양의 음식), 마요네즈샐러드 등 소박한 요리 형태를 보기에 적합하다.

|평|가|점|수|

맛	★★★☆☆
분위기	★★☆☆☆
서비스	★★★☆☆
벤치포인트	★★★☆☆

돈가스

● **추천대상**

전통의 대중식사에 관심 있는 분, 돈가스 등의 기본기를 보고 싶은 분, 소박한 원 테이블 식당을 보고 싶은 분

● **포인트**

☑ 가정식 돈가스
☑ 원 테이블 ☑ 생산 방식

|기|본|정|보|

메뉴 돈가스 정식 600엔, 히레가스 정식 750엔, 고로케, 멘치가츠 정식 550엔
주소 도쿄도 치요다쿠 우치간다 3-8-10 (東京都 千代田区 内神田 3-8-10)
영업시간 [평일] 런치 11 : 00~13 : 30, 디너 16 : 00~21 : 00
　　　　　 [토요일] 런치 11 : 00~13 : 30
휴무 일요일, 공휴일
전화 03-3256-1732
가까운 역 JR 칸다역 (神田駅)에서 1분

동네 밥집에서 먹는 푸근한 돈가스 정식

가스젠 かつ膳

우리나라의 백반집처럼 일본에도 동네 곳곳에 밥집이 있다. 가츠젠은 돈가스 정식을 중심으로 여러 메뉴를 더한, 15개 정도의 좌석을 갖춘 동네 밥집이다. 인심 좋아 보이는 40대 아줌마 마츠다테(松館

かおる) 오너는 오픈된 작은 주방에서 들어오는 손님과 이런저런 얘기까지 해가며 음식을 만든다. 혼자 가서 맥주라도 한잔 하면서 식사를 한다면, 이곳의 단골들과 어느덧 친구가 되어 수다를 떨고 있는 자신을 발견하게 될 것이다. 소박한 식당으로 푸짐한 서민의 맛을 만끽할 수 있는 곳이다.

메뉴특성

돈가스도, 함박스테이크도, 크로켓도 모두 처음부터 끝까지 직접 만든다. 돈가스가 무척 실하다. 두툼한 살코기에 바삭한 빵가루를 입혀 튀겨낸 솜씨도 뛰어나지만 그녀가 직접 만든 달지 않은 순한 맛의 돈가스소스가 명물이다. 여기에 시판용 우스타소스를 반반씩 섞어 먹으면 더 맛있다고 하는데 나는 몇 번의 배합을 시도한 결과 이집의 소스와 우스타소스를 2;1로 하니 내 입맛에 맞는 맛이 나왔다. 돈가스뿐만 아니라 모츠니코미(곱창으로 만든 일본 미소조림) 등 미니 술안주에서 그녀의 손맛을 또 한 번 느낄 수 있다. 특히 누가츠케(쌀겨에 넣어 발효시킨 짱아찌)는 오너의 어머니가 직접 만들어서 가져오는데 요즘 같은 인스턴트 시대에 먹어보기 쉽지 않은 귀한 가정식 맛이다.

| 평 | 가 | 점 | 수 |

맛 ★★★☆☆
분위기 ★★☆☆☆
서비스 ★★☆☆☆
벤치포인트 ★★★☆☆

돈가스정식

● 추천대상 ●

가정식 일본 밥집 요리, 수제 돈가스에 관심 있는 분

● 포인트 ●

☑ 돈가스 정식 ☑ 가정식
☑ 동네밥집

| 기 | 본 | 정 | 보 |

메뉴 로스가스 정식 1,200엔, 히레가스 정식 1,500엔 돼지고기 생강구이 정식 1,000엔, 함박스테이크 정식 1,000엔 미니안주류 500엔 내외
주소 도쿄도 시부야쿠 히로오 5-16-1 (東京都 渋谷区 広尾 5−16−1)
영업시간 11 : 00~21 : 00
휴무 부정기적
전화 03-3441-3343
가까운 역 히비야선(日比谷線) 히로오역(広尾駅) 3분

비프스튜 속에 빠진 촉촉한 함박스테이크

츠바메그리루 시나가와에키마에점

つばめグリル 品川駅前店

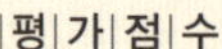

|평|가|점|수|

맛　　　　★★★☆☆
분위기　　★★★☆☆
서비스　　★★★☆☆
벤치포인트 ★★★★☆

자만함박스테이크

츠바메풍함박스테이크

● 추천대상 ●

함박스테이크 점포 성공 사례, 메뉴 개발에 관심 있는 분

● 포인트 ●

☑ 촉촉한 함박스테이크
☑ 단품 대형점포
☑ 체인점포

'함바그'는 함박스테이크, '함바가'는 햄버거를 말한다. 츠바메그리루는 함박스테이크전문점으로 다수의 체인점은 물론 백화점 지하에 도시락점도 많이 진출한 유명한 가게다. 일본인에게 함박스테이크는 우리의 동그랑땡 이상으로 친숙한 음

식이다. 때문에 누구나 하는 음식에 고객의 평가는 당연히 엄격할 수밖에 없다. 패밀리레스토랑이 유행하기 전 양식집의 대표선수는 함박스테이크였기 때문에 나이든 사람에게는 향수의 음식이기도 하다. 그런데 점차 함박스테이크가 패밀리레스토랑의 기본 요리로 자리 잡으면서 공장에서 만들어진 정형화된 고기와 소스에 점점 질리게 되었다. 직접 만들어 촉촉한 기름이 배어 나오는 함박스테이크에 대한 갈망이 커질 수밖에 없었는데, 그런 고객의 욕구에 부합하는 대형 대표 체인점이 바로 이곳이다. 시나가와역점은 단독 건물 1·2층을 사용하고 있다. 일단 들어가면 주방 안에서 여러 가지 함박스테이크를 만드는 모습을 내려다 볼 수 있고 양 옆의 다이

닝 공간으로 고개를 돌리면 함박
스테이크를 열심히 먹고 있는 진
풍경을 볼 수 있다.

메뉴특성

대표메뉴 '츠바메풍 함박스테이
크'는 다진 고기 위에 비프스튜를
듬뿍 넣어 알루미늄 호일에 싼 채
오븐에 익히고, 그 알루미늄 호일
채로 테이블에 서빙한다. 뜨거운
호일을 조심스럽게 열어보면 비

프스튜 속에 빠져 있는 촉촉한 함박스테이크를 만날 수 있다. 스튜는 오븐
속에서 고기의 기름까지 먹어 더욱 진한 맛이다. 시원한 생맥주나 카베르
네소비뇽 같이 진한 레드 와인 한 잔이 있으면 더욱 훌륭한 만찬이 된다. 가
장 전형적인 일본의 함박스테이크를 원한다면 '자만(German)함박스테이
크'를 주문해 보자. 스테이크용 철판 위 함박스테이크에 달걀프라이가 얹
어져 나오고 그 옆에 구운 감자와 소스 그릇이 곁들여진다. '와후(和風)함
박스테이크'에는 깔끔한 일식 간장소스가 나오는데 주로 여성고객들이 애
용하곤 한다. 그러나 모든 메뉴 중에서 '츠바메풍 함박스테이크'의 맛과 노
하우가 월등하다. 일본산 쇠고기와 돼지고기를 쓰는데 칠판에 산지가 명시
되어 있다. 이것을 7:3으로 섞은 함박스테이크가 바로 '츠바메풍 함박스테
이크'의 맛이다. 각 점포마다 메인 메뉴 외의 서브 메뉴는 약간 차이가 있
고 가격도 조금씩 다르다.

| 기 | 본 | 정 | 보 |

메뉴 츠바메풍 함박스테이크 1,260엔, 자만 함박스테이크 1,155엔, 라이스 210엔,
　　　생맥주(中) 524엔부터, 와인(글라스) 683엔, 런치세트(빵 또는 라이스 포함) 998엔부터
주소 도쿄도 미나토쿠 다카나와 4-10-26(東京都 港区 高輪 4-10-26)
영업시간 11 : 30~22 : 30, 런치 타임 11 : 30~17 : 00(월-토 : 단, 공휴일 제외)
휴무 연말연시
전화 03-3441-0121
가까운 역 JR 시나가와역(JR 品川駅)에서 1분
홈 페이지 http://www.tsubame-grill.co.jp/

불을 잘 쓰는 대중적인 일본 양식집

기라쿠 洋食 キラク

닌쿄쵸역(人形町駅) 앞에 있는 카운터만으로 구성된 작은 일본식 양식집이다. 외관을 봐도 메뉴를 봐도 '옛날부터~' 라는 느낌이 절로 난다. 흰색 조리복에 흰색 앞치마를 두르고 흰색 삼각머리 수건을 야무지게 묶은 채, 도톰하게 튀겨낸 포크가스(돈가스)나 비프가스를 도마에 놓고 싹둑싹둑 자르는데, 소리까지 들리는 것 같다. 튀겨진 품새나 자른 품새나 한 치의 서투름이 없다. 저녁 폐점이 가까워져도 작은 카운터는 계속 회전이 되면서 자리가 채워진다. 2008년 말에 내부 스태프가 바뀌었다고 하는데 메뉴는 동일하다.

메뉴특성

이 집에서 가장 인상 깊었던 메뉴는 '포크소테' 였다. 두툼한 돼지고기 덩어리는 아주 높은 온도에서 프라이팬에 지져낸다. 그리고 돼지고기를 접시에 담고 프라이팬에 남은 기름에 소스를 만들어 졸인 뒤 접시 위의 돼지고기에 한 번에 부어버린다. 이런 일련의 과정이 매우 빠른데다 그렇게 나온 음식의 맛이 참 깊다. 한번은 소박하고 푸짐하게 굽는 단품요리를 궁금해 하는 외식업 관련자에게 프렌치나 이탈리안 그릴이 아닌 이 집의 포크소테를 소개해 주었었는데 매우 만족해했다. 옛날부터 대중과 호흡해온 일본식 소테라고 말할 수 있다. 화력조절에 워낙 능숙하니 각종 튀김요리의 식감도 한수 위이다.

|평|가|점|수|

맛	★★★★☆
분위기	★★☆☆☆
서비스	★★☆☆☆
벤치포인트	★★★★☆

비프가스

● 추천대상 ●

현지화 된 양식 사례에 관심 있는 분, 불 조절이 중요한 대중 단품메뉴에 관심 있는 분, 오랜 전통을 살린 영업방식을 벤치마킹하고자 하는 분

● 포인트 ●

☑ 일본식 양식 ☑ 단품요리
☑ 카운터 ☑ 포크소테

|기|본|정|보|

메뉴 포크소테 1,550엔, 비프가스 1,550엔, 포크가스 1,500엔, 함박스테이크 1,050엔
주소 도쿄도 주오쿠 니혼바시 닌초교 2-6-6(東京都 中央区 日本橋 人形町 2-6-6)
영업시간 11：00~15：00, 17：00~20：15
휴무 일요일, 둘째 · 셋째 주 월요일 (단 공휴일인 경우 영업 함)
전화 03-3666-6555
가까운 역 히비야선(日比谷線) 닌교쵸역(人形町駅) 3번출구 에서 1번
홈 페이지 http://www.uni-town.com/kiraku/

오레노 함바그 야마모토   俺のハンバーグ 山本

함박스테이크 하나로 새벽 4시까지 영업하는 곳으로 밤 12시가 넘어서도 줄을 서야 하는 경우가 있다. 식당 밖에서 기다리는 사람들을 위해 차도 준비하고, 추운 날이나 한밤중에는 히터와 의자도

갖춰놓는다. 점포명의 의미는 '나의 함박스테이크 야마모토' 라는 뜻이다. 오너인 야마모토(山本昇平) 씨는 어릴 때 어머니가 만들어준 함박스테이크를 생각하며 음식을 만든단다.

메뉴특성

일본산 쇠고기를 사용하고 있으며, 생 햄에 말은 콘크림스프가 고기반죽 안에 들어간 '오레노함박스테이크' 가 간판메뉴이다. 콘크림은 크림크로켓 안에 들어갈 정도의 걸쭉한 농도고, 소스는 직접 만든 데미글라스소스다. 뜨거운 철판에 나오는데 촉촉한 고기와 뜨겁고 농후한 소스, 함께 나온 반숙 달걀까지 조화가 혼연일체를 이룬다. 기본 함박스테이크로는 '지카세(自家)함박스테이크' 를 먹어보면 된다. 소스도 매우 익숙한 데미글라스소스가 나오며 함박스테이크, 삶은 스파게티, 포테이토샐러드로 볼륨감 있게 나온다. '함박스테이크그라탕' 은 미니 함박스테이크, 파스타, 시금치, 버섯, 토마토 위에 화이트소스와 데미글라스소스를 어울리게 담고 치즈를 얹은 그라탕으로 뜨거운 치즈맛과 함박스테이크의 맛이 상상했던 것보다 잘 어울린다.

|기|본|정|보|

메뉴 오레노함박스테이크 1,600엔, 자가제 함박스테이크 1,000엔, 함박스테이크그라탕 1,100엔, 비프스튜 1,300엔

주소 도쿄도 시부야쿠 에비스 4-23-12 1층 (東京都 渋谷区 恵比寿 4-23-12 茗荷原ビル 1F)

영업시간 11 : 00~15 : 00, 17 : 00~28 : 00

휴무 연중무휴

전화 03-5475-5701

가까운 역 JR 에비스역(JR 恵比寿駅), 지하철 에비스역(地下鉄 恵比寿駅)에서 10분

홈 페이지 http://orenohamburg-yamamoto.com/

|평|가|점|수|

맛 ★★★★☆
분위기 ★★★☆☆
서비스 ★★★★☆
벤치포인트 ★★★★☆

자가제함박스테이크

오레노함박스테이크

● 추천대상 ●

함박스테이크를 메뉴 개발자, 심야 식사메뉴, 단품메뉴 벤치마킹에 관심 있는 분

● 포인트 ●

☑ 촉촉한 함박스테이크
☑ 심야영업

역사를 자랑하는 고급 수제 버거집

화이야 하우스

ファイヤーハウス / FIRE HOUSE

1986년 도쿄에서도 오래되고 한적한 동네인 '혼고(本鄉)'에 오픈했다. 고급 수제 버거로 출발한 햄버거집으로 전통 있는 역사를 자랑하고 있는 곳이다. 근처 파출소에서 '화이야 하우스'란 이름만 말해도 바로 찾아줄 정도로 명물이다. 클래식한 미국점포를 연상시키는 외관에 내부는 앤티크 소품들이 놓여 있는 편한 햄버거집이어서 식당 한 구석에 파묻혀 쉬어가고 싶게 만든다. 오너인 요시다(吉田大門)씨는 8년간 미국에 살면서 일상적인 햄버거를 많이 접했단다. 그런데 햄버거를 일본에 가져가면 본고장 맛이 안 나는 것에 착안하여, 여러 번의 시도 끝에 결국 거칠게 다진 소고기를 숯불에 굽게 되었다고 한다. 햄버거 팬들은 미국의 맛을 뛰어넘는 햄버거라고 찬사를 보낸다.

메뉴특성

천연효모를 사용하여 단단하지도 너무 부드럽지도 않으며 약간 찰진 느낌도 남는 번(buns)에 살코기와 지방부분을 7:3의 비율로 만든 두꺼운 패티가 들어간 햄버거는 와일드한 모양이다. 특히 머시룸버거는 그 높이가 꽤 높아 한 입에 베어 물기엔 용기가 필요하다. 시저샐러드도 치즈를 아낌없이 사용하여 푸짐하게 나온다. 소스는 머스터드, 마요네즈만 사용한다. 토마토케첩의 단맛은 햄버거의 맛을 없앤다고 보기에 사용하지 않는다. 이곳은 제대로 된 버거 맛집으로 주저 없이 추천한다.

|평|가|점|수|

맛	★★★★☆
분위기	★★★☆☆
서비스	★★★☆☆
벤치포인트	★★★★★

시저샐러드

햄버거

● 추천대상 ●

고급 수제 햄버거, 클래식한 미국식 인테리어에 관심 있는 분

● 포인트 ●

☑ 수제 햄버거
☑ 미국식 인테리어

|기|본|정|보|

메뉴 햄버거 998엔, 치즈버거 1,103엔, 모차렐라머시룸버거 1,313엔 시저 샐러드(小) 550엔
주소 도쿄도 분쿄쿠 혼고 4-5-10 (東京都 文京区 本鄉 4-5-10)
영업시간 [월-금]11 : 00~23 : 30 (런치타임 11 : 00~16 : 00)
　　　　　　 [토 · 일 · 공휴일] 11 : 00~23 : 30
휴무 연중무휴
전화 03-3815-6044
가까운 역 마루노우치선 (丸の内線) 혼고산초메역 (本鄉 3 丁目駅)에서 3분, 미타선 (三田線)또는
　　　　　　 오오에도선 (大江戸線) 카스가역 (春日駅)에서 5분
홈 페이지 http://www.firehouse.co.jp/

베카 바운스 ベーカー·バウンス / BAKER BOUNCE

2007년 3월 미드타운(MIDTOWN) 지하에 생긴 베카바운스 카운터에 앉아 햄버거를 기다리다가 주방 안의 그릴 열기에 지쳐서 돌아왔던 기억이 있다. 그 정도로 강한 직화로 패티를 굽는다. 주방 밖의 손님이 더울 정도니 그 안에서 패티를 굽는 스태프의 얼굴은 보기에도 안쓰러울 정도다. 베카바운스 본점은 2002년 세타가야구(世田谷区)에 오픈했는데 눈 깜짝할 사이에 고급 버거로 인기를 얻어 롯폰기(六本木)까지 진출하게 되었다.

메뉴특성

이 집의 햄버거는 임팩트 강한 볼륨감은 물론, 직화 맛이 나는 터프한 그릴 패티와 수제 칠리소스가 특징이다. 모든 햄버거에는 프렌치프라이와 미니 샐러드가 함께 나온다. 고기패티를 얹은 번과 양상추와 양파를 얹은 번이 펼쳐져 나오기 때문에 취향에 따라 소스를 가미한 뒤 위아래를 덮어서 한 입에 덥석 베어 먹어야 모든 재료를 한 번에 즐길 수 있다. 이 집은 그릴 수준이 높기 때문에 꼭 빠짐없이 주문하는 것이 '스테이크샌드위치' 다. 잘 구워진 스테이크를 살짝 구워진 빵과 함께 먹는 것이므로 일반적인 스테이크보다 더 맛있게 먹을 수 있었다.

|평|가|점|수|

맛	★★★★☆
분위기	★★★☆☆
서비스	★★★☆☆
벤치포인트	★★★★★

프레인버거

스테이크샌드위치

호두머쉬룸샌드위치

● 추천대상 ●

고급 수제 햄버거나 미국식 햄버거에 관심 있는 분, 그릴 이용 카페요리에 관심 있는 분, 테이크아웃 음식 개발 및 판매자

● 포인트 ●

☑ 스테이크샌드위치
☑ 즉석 그릴
☑ 수제 햄버거

|기|본|정|보|

메뉴 프레인버거 945엔, 베이컨치즈버거 1,102엔, 스모크사몬 아보카도샌드위치 1,102엔
주소 도쿄 미나토구 아카사카 9-7-4 미드타운 D-B113
영업시간 11 : 00~22 : 30 (L.O)
휴무 연중무휴
전화 03-5647-8311
가까운 역 지하철 롯본기역(地下鉄 六本木駅)에서 바로
홈 페이지 http://bakerbounce.com/

카페메뉴로 추천하고 싶은 스프 카레

옐로우 컴퍼니

イエロー カンパニー 恵比寿店 / YELLOW COMPANY

|평|가|점|수|

맛　　　★★★★☆
분위기　★★★☆☆
서비스　★★★★☆
벤치포인트 ★★★★★

치킨카레와 샤프란 밥

부타카쿠니

● 추천대상 ●
카레메뉴 개발자, 카페의 식
사 메뉴에 관심 있는 분,

● 포인트 ●
☑ 국물 카레　☑ 샤프란 밥
☑ 카페분위기

스프카레를 들어보았는지? '스프카레' 라는 말을 처음 들었을 때 묽은 카레를 말만 살짝 바꾸어놓은 것이라고 생각했다. 그런데 옐로우 컴퍼니에서 스프카레를 먹고 나니, 지금까지 먹던 카레와는 다른 접근방식으로 만들어졌음을 인정하게 되었고, 나도 모르는 사이에 이곳 카레에 점점 익숙해지기 시작했다. 이 집은 역에서 인적이 드문 방향으로 10분은 걸어야 되는 불리한 상권에 위치하고 있다. 그럼에도 불구하고 오로지 맛으로 고객의 방문을 이끌어내고 있는 곳이다. 카페 내부는 천정이 높고 노랑 의자, 흰색 테이블의 밝은 분위기다. 정면에는 '카레공작소' 라고 불리는 주방이 있고 왼편으로 몇 계단 올라가면 복층의 별실분위기 홀도 있다. 그리고 홀 스태프도 젊은 남성이다.

카페의 식사메뉴를 고민하고 있는 분들에게 여러 번 '스프카레' 를 추천하기도 했었다. 그 이유는 다른 카레에 비해 국물이 많아 한국인에게 잘 맞고, 이국적인 향신료가 들어가 젊은 층을 흡인할 수 있다고 판단했기 때문이다. 스프카레는 홋카이도(北海道)에서 시작하여 도쿄로 진출한 단품요리다. 카레의 마케팅 포인트가 '건강' 이듯, 스프카레도 여러 가지 허브의 효능과 여성을 위하는 헬시푸드라는 점에 포인트를 맞춘 홍보에 주력하고 있다.

스프카레를 먹고 난 소감은 '건더기가 컸다,
매웠다, 국물로 속을 풀었다, 밥을 말아 먹을
수 있다' 등이다. 스프카레의 국물은 한국의
양지육수를 뽑듯이 오랜 시간 가열한 엑기스
다.

주재료는 닭고기와 야채를 사용한다. 건더기
는 프랑스의 가정요리 '포토푀(potaufeu:고
기, 야채가 들어간 가정요리 스프)' 또는 한
국의 감자탕의 감자 같이 큼직하게 들어가며
감자, 당근, 치킨, 돼지고기 등이 다양하게
쓰인다. 스프카레는 국물과 건더기를 각각
조리하여 최종적으로 합치는 방식으로 만든
다. 그리고 건더기에 따라 여러 형태의 이름
이 붙여지게 된다. 내가 가장 필이 꽂힌 메뉴
는 조미된 두툼한 돼지고기 덩어리가 들어
있는 '부타카쿠니(豚角煮)' 였다.

볼륨감이나 맛에서 상품력이 아주 뛰어난 메
뉴였다. 이 집의 밥은 사프란(saffron)이 들
어가 엷은 노란빛을 띠고 있는 것이 특징이다. 각각의 추가요금으로 삶은
달걀, 치즈 등의 토핑이 가능하고 매운맛도 10단계까지 선택할 수 있다. 보
통은 3–4번 정도의 매운맛이 적당하다.

| 기 | 본 | 정 | 보 |

메뉴 치킨카레 980엔, 부타카쿠니카레 1,100엔, 베지터블카레 980엔, 치킨&베이터블 1,280엔
　　　런치 타임 치킨카레 900엔, 베지터블카레 900엔, 부타카쿠니카레 980엔
주소 도쿄도 시부야쿠 히가시 3-14-19 (東京都 渋谷区 東 3-14-19 オークヒルズ 1F)
영업시간 [화–금] 11 : 30∼15 : 00 (L.O), 17 : 00∼22 : 00 (L.O)
　　　　　 [토] 11 : 30∼22 : 00 (L.O) [일요일 · 공휴일] 11 : 30∼21 : 00
휴무 월요일
전화 03-5485-2723
가까운 역 JR 에비스역(JR 恵比寿駅) 또는 지하철 에비스역(地下鉄 恵比寿駅)에서 7분
홈 페이지 http://www.yellowcompany.jp/

50여 종의 향신료를 사용하는 카레와 스튜

토마토 トマト

비프스트로가노프

시푸드카레

● 추천대상 ●
일본식 카레&스튜 메뉴 개
발자, 단품 성공사례에 관심
있는 분

● 포인트 ●
☑ 카레베리에이션
☑ 고가 단품　☑ 최고인기점

일본에서 먹는 것을 좋아하고 카레에 관심이 있는 사람 중 오기쿠보(荻窪)에 있는 토마토를 모르는 사람은 거의 없을 것이다. 4인 테이블 3개와 카운터 좌석 3개뿐인 이 작은 식당의 영업시간은 오후 8시 반까지임에도 불구하고, 8시 넘어서까지 문 앞에 줄이 그칠 줄 모른다. 한국은 곰탕 같이 오래 푹 고은 음식이 발달한 반면, 일본은 조리시간이 짧은 즉석 음식이 많다. 그래도 오랜 시간 열을 가해 은근한 정성이 가해진 음식을 찾으라면 스튜, 그 다음이 카레라고 말할 수 있다. 모두 서양음식이지만 각종 스타일로 일본 땅에서 발전한 스튜와 카레는 그 종류와 맛 또한 여러 가지다. 특히 카레의 베리에이션은 한국의 가정식 된 장찌개 스타일만큼이나 가지가지다. 토마토는 다른 전문점에 비해 매우 많은 향신료를 사용하여 한 그릇의 카레를 만든다. 입구에 들어서면 40-50

여 개의 향신료 병이 즐비하게 쌓여
있다. '저 모든 향신료가 들어가는 구
나' 라는 느낌은 한 그릇의 카레를 먹
고 난 후에 느끼게 된다. 일본에 와서
일본인들이 맛있다고 느끼는 카레와
스튜의 맛이 무엇인지 궁금하다면 그
해답을 토마토에서 확인할 수 있다.
카드는 사용할 수 없으며, 평일만 예
약이 가능하다.

메뉴특성

카레 종류가 다양하나 비프카레가 대표적이며 맛도 제일 무난하다. 시푸드
카레를 주문하면 큼직한 게 다리와 홍합 등 박력이 넘치는 해산물이 들어
있고 진하고 걸쭉하면서 거친 감촉의 카레 맛을 볼 수 있다. 스튜는 각종 쇠
고기스튜, 소 혀 스튜, 비프 스트로가노프 등이 있다. 제대로 고아 만든 곰
탕은 한 숟가락만 먹어도 그 진가를 바로 느끼듯, 이 집의 스튜 맛은 화학조
미료를 사용하지 않고 좋은 재료를 써서 정석으로 끓여졌음이 전해지는 부
드러운 맛이다. 그러나 한국인의 입맛에는 달다고 느껴질 수 있다. 카레와
함께 나오는 간장양파절임과 달콤한 간장 맛의 무절임도 직접 만든 것이라
별미다. 한 그릇에 2,000엔 가까이하는 카레와 4,000엔에 근접하는 스튜
가격은 결코 만만치 않다. 카레는 보통 중간의 매운맛(中辛)이 보편적이나
일반 매운맛(辛口)을 주문해도 크게 맵지는 않다. 보통 매운맛은 무료 선택
이나 매우 매운맛은 250엔이 추가된다.

| 기 | 본 | 정 | 보 |

메뉴 와규비프카레 1,785엔, 시푸드카레 2,310엔, 비프탄시츄 3,990엔
　　　비프 스트로가노프 3,360엔
주소 도쿄도 스기나미쿠 오기쿠보 5-20-7 (東京都 杉並区 荻窪 5-20-7 吉田ビル 1F)
영업시간 11 : 30~13 : 30, 18 : 00~20 : 30 (다 팔리면 종료)
휴무 목요일
전화 03-3393-3262
가까운 역 JR 오기쿠보역 (JR 荻窪駅)에서 5분

3일간 고아 만든 진하고 부드러운 스튜
긴노토우 銀之塔

1955년에 문을 연 이곳은 오랜 역사를 가진 스튜와 그라탕 식당으로 알려져 있다. 입구에서부터 오래된 기(氣)가 풍겨 나온다. 양식의 기본 음식 중 하나인 '스튜'를 일본식으로 변형해 노하우의 일관성을 지키고 있는 곳이다. 카레가 인도카레와 일본카레로 장르가 달라졌듯 스튜도 양식 본연의 스튜와 일식스튜로 다르게 발전했다는 것을 느낄 수 있다. 마치 한국에서 태어나도 어릴 적 미국에서 자라면 아이의 외모와 가치관이 달라지는 것과 같다고나 할까? 스튜 가격이 비싼 탓인지 옛날부터 스튜를 즐긴 어르신이 많이 찾는다. 메뉴가 단출하고 식사중심의 메뉴여서 가게 안에 머무는 시간이 적다. 따라서 가격대비 회전율이 높다. 긴노토우는 '라 투르 다르장(La Tour d'Argent)' 이라는 프랑스의 유명한 레스토랑 이름을 일본어로 표기한 것이다. 긴자의 명소인 가부키 전용극장 '가부키자(歌舞伎座)' 가 바로 근처에 있으니 함께 방문해도 좋을 듯하다. 일본어 발음으로는 스튜를 '시츄' 라고 발음하니 참고하기 바란다.

메뉴특성

'믹스스튜' 는 쇠고기, 소 혀, 감자, 당근, 양파 등이 들어 있다. 스튜를 주문하면 히지키(톳)무침, 무말랭이반찬, 고비나물, 츠케모노가 작은 종지에 담겨져 나온다. 즉 일식 백반처럼 나오는 스튜정식이다. 3일간 고아서 만든다는 스튜는 매우 맛이 진하고 어찌나 부드러운지 모른다.

|기|본|정|보|

메뉴 비프스튜 2,500엔, 믹스스튜 (비프+소 혀) 2,500엔, 야채스튜 2,500엔
그라탕 1,800엔, 스튜&그라탕 세트 3,700엔

주소 도쿄도 주오쿠 긴자 4-13-6 (東京都 中央区 銀座 4-13-6)

영업시간 11 : 30~21 : 00

휴무 연중무휴

전화 03-3541-6395

가까운 역 히비야선 (日比谷線) 히가지긴자역 (東銀座駅)에서 2분,
각선 긴자역 (銀座駅)에서 10분

|평|가|점|수|

맛	★★★★☆
분위기	★★☆☆☆
서비스	★★★☆☆
벤치포인트	★★★★☆

믹스스튜

믹스스튜

● 추천대상 ●

일식 스튜나 관련메뉴 개발자, 단품메뉴 점포 운영에 관심 있는 분

● 포인트 ●

☑ 일식스튜 ☑ 고가단품
☑ 높은 회전율 ☑ 노포

살아있는 밥맛, 전문가도 인정하는 오니기리
오니기리 덴덴 　おにぎり 田田

삼각으로 뭉친 주먹밥인 '오니기리'의 제 맛을 알기까지는 꽤 오랜 시간이 걸렸다. 오니기리는 밥 자체의 맛을 느껴야 되는데, 흔히 만나는 편의점 오니기리나 도시락집 오니기리는 차갑고 뭉쳐진 밥으로 그저 한 끼를 때우는 용도라고 밖에는 생각되지 않았다. 그런데 덴덴의 오니기리를 먹고 난 뒤로는 '뭉친 밥에도 이렇게 내공이 있구나!' 라는 것을 느끼게 되었다. 주문을 하면 큰 나무 밥통에서 밥을 덜어 내어 소금이나 깨 등을 넣고 비빈 후 오니기리 모양을 빚는다. 덴덴은 일본의 대형 편의점 회사(세븐일레븐 등) 오니기리 개발 담당자들도 인정하는 점포라고 한다.

메뉴특성

미소시루도 일반점포보다 맛이 깊어 시골 된장 맛이 난다. 나가노현(長野県)의 키지마다이라(木島平)산 쌀로 솥밥을 지어 사용하고 모든 속 재료는 직접 양념해 만든다. 무엇보다 오니기리의 종류가 무척 많고 아이디어가 돋보인다. 덴덴치즈오니기리는 밥 전체에 파르메산 치즈와 흰깨를 섞은 후 김을 두르지 않은 채 빚는 오니기리로, 밥과 치즈, 깨 맛이 조화를 이룬다. 밥알이 쉽게 떨어질 거라고 생각했었는데 프로가 만들어서 그런지 쉽게 부서지지 않는다. 그러면서도 무겁지 않은 밥맛이다. 런치타임에는 좋아하는 오니기리 가격에 500엔을 더하면 작은 종지에 두 가지 종류의 반찬과 미소시루, 츠케모노와 디저트가 나오니 실속 있게 여러 가지를 즐길 수 있다.

|평|가|점|수|

맛	★★★★☆
분위기	★★★☆☆
서비스	★★☆☆☆
벤치포인트	★★★★★

오니기리정식

● 추천대상 ●

밥 응용 메뉴, 테이크아웃 도시락 메뉴 및 운영에 관심 있는 분

● 포인트 ●

☑ 즉석오니기리
☑ 다양한 메뉴
☑ 테이크아웃

|기|본|정|보|

메뉴 덴덴니기리 (유부&가츠오부시) 198엔, 덴덴치즈 (파르메산 치즈&흰깨) 198엔
　　　쟈코마요네즈 (잡어&마요네즈) 210엔, 김치 189엔, 타라코 (명란젓) 210엔
주소 도쿄도 시부야쿠 사루가쿠초 23-4 (東京都 渋谷区 猿楽町 23-4)
영업시간 [화-금] 10 : 30~20 : 00 [토 · 일 · 공휴일] 10 : 30~21 : 00
휴무 월요일
전화 03-3462-0398
가까운 역 토요코선 (東横線) 다이칸야마역 (代官山駅)에서 3분
홈 페이지 http://dendenstyle.blog97.fc2.com/blog-category-2.html

건강을 생각하는 즉석 오니기리전문점

엔락쿠 緣楽

오니기리세트

테이크아웃용 오니기리세트

● 추천대상 ●
밥 메뉴 개발자, 즉석 오니기리의 테이크아웃 매장에 관심 있는 분

● 포인트 ●
✓ 즉석 오니기리
✓ 테이크아웃

정부청사와 관련된 기관이 많은 도라노몬역(虎ノ門駅) 근처의 이면도로에 위치해 있다. 규모는 작지만 깔끔하게 단장된 테이크아웃 중심의 오니기리 전문점이다. 소풍날 엄마가 만들어 주었던 김밥이 추억인 것처럼 일본인에게 도시락의 추억은 단연 오니기리다. 우리의 김밥 정서와 맞먹는 대중품목이 일본의 오니기리라고 할 수 있다. 동네 편의점마다 오니기리는 별

도의 단독 코너에 자리 잡고 있다. 우리가 삼각김밥이라 부르는 오니기리나 김밥은 모두 밥을 뭉친 것이니만큼 시간이 지남에 따라 맛이 떨어지는 것은 어쩔 수 없다. 그런데 이곳은 우리의 즉석 김밥처럼 깨끗한 주방에서 즉석에서 만드는 오니기리를 확인하면서 먹을 수 있는 곳이다. 때문에 진열장에는 늘 소량의 오니기리만 비치하고 있다. 매장 안에서 먹을 수 있는 좌석도 6개가 있다.

|기|본|정|보|

메뉴 각종 오니기리(1개) 136엔부터
　　　 오니기리 세트 (오니기라+닭튀김+미소시루) 350엔부터
주소 도쿄도 미나토쿠 니시신바시 1-8-7 (東京都 港区 西新橋 1-8-7 藤野ビル 1階)
영업시간 [월-금] 08 : 00~20 : 00　　[토] 9 : 00~15 : 00
휴무 일요일, 공휴일
전화 03-3591-5505
가까운 역 긴자선(銀座線) 토라노몬역(虎ノ門駅) 3분, JR 신바시역 (JR 新橋駅)에서 7분,
　　　　　 미타선(三田線) 우찌사이와이쵸역(内幸町駅)에서 2분

일본 오므라이스의 랜드마크
그리루 만텐보시 グリル満点星

일본 전통 양식의 대표 메뉴 중 하나가 밥을 볶을 때 토마토케첩을 넣고 그 위에 부드러운 달걀을 얹는 오므라이스다. 한국에서는 경양식 레스토랑에서 파는 음식 또는 아이들이 좋아하는 음식이라는 이미지가 강한데, 일본에서는 대중 깊숙이 파고든 메뉴 중 하나기 때문에 그에 대한 맛가림도 심하다. 볶음밥식 오므라이스냐 밥 위에 얹는 달걀이 오믈렛에 가까운 부드러움을 가지고 있느냐에 따라 구분하는

데, 전반적으로 인기 있는 스타일은 부들부들한 반숙 달걀이 밥 위에 얹어져 있어 툭 치면 스르르 움직일 정도의 느낌이다. 양식의 거장이라며 매스컴에 종종 나오는 집이지만 가격의 거품은 꽤 있어 보인다. 오랜 양식집이기에 서빙하는 분들도 나이 지긋하고 분위기도 중년의 느낌이다.

메뉴특성

만텐보시의 오므라이스는 푸딩처럼 부드러운 정도는 아니나 폭신폭신한 스크램블드에그가 얹어진 정도의 감촉이다. 거기에 너무 멋 부리지도, 너무 강하지도 않은 표준 맛 같은 데미글라스소스가 얹어져 있어 흔히 상상하던 맛의 오므라이스다. 양은 풍족하지만 가격을 보면 깜짝 놀라게 된다. 일본 오므라이스의 기본 맛이 궁금하다면 가볼 만하다.

|기|본|정|보|

메뉴 오므라이스 · 하이라이스 1,890엔
주소 도쿄도 미나토쿠 아자부주방 1-3-1 (東京都 港区 麻布十番 1-3-1 아포리아빌 B1F)
영업시간 11：30〜15：00, 17：30〜22：00 (21：30 L.O)
휴무 월요일
전화 03-3582-4324
가까운 역 남북선 (南北線)또는 오오에도선 (大江戸線) 아자부주방역 (麻布十番駅)에서 3분

|평|가|점|수|

맛　　　　★★★☆☆
분위기　　★★★☆☆
서비스　　★★★☆☆
벤치포인트 ★★★☆☆

● **추천대상** ●
일본 오므라이스의 기본 맛이 궁금하신 분

● **포인트** ●
✓ 명물 오므라이스
✓ 부드러운 오믈렛

셰프가 직접 고기를 구워주는 야키니쿠집

탄야 丹屋 たんや

|평|가|점|수|

맛　　　★★★★☆
분위기　★★★☆☆
서비스　★★★★☆
벤치포인트　★★★★☆

바사시모둠

와규히레

● 추천대상

고기 메뉴 개발, 데판야키
방식의 고깃집 운영에 관심
있는 분

● 포인트

✓ 말고기사시미
✓ 데판야키식 고깃집
✓ 꼬치구이

고기를 직접 굽는 걸 재미있는 이벤트라며 즐기는 사람도 있지만 나는 고기 굽기에 재주가 없다보니 좋은 생고기를 질기게 만들거나 육즙을 쫙 빼버리기 일쑤다. 그래서 고기를 직접 굽는 것은 되도록 피하고 있다. 그렇다고 셰프가 완벽히 챙겨주는 데판야키에 가자니 분위기도 너무 거하고 가격도 비싸 부담스럽다. 이런 면에서 탄야는 고기를 좋아하나 굽는 것은 자신 없는 나 같은 고객이 가기에 적합한 곳이 아닐 수 없다. 거창한 데판야키 분위기는 아니지만 고기가 데판야키처럼 정성을 들인 최상의 상태로 구워져 나온다. 이곳의 음식은 젊은 하라타(原田奉典) 셰프가 맡고 있다. 야키니쿠의 본고장인 한국에서 3년간 다양한 음식을 경험한 후 도쿄와 고향인 큐슈에서 본격적으로 음식을 배웠다고 한다. 그리고 일반 야키니쿠와 차별화한 데판야키 방식을 도입하였다. 점포 내부는 아주 깔끔한 카운터와 테이블로 구성되어 있다.

메뉴특성

소 · 돼지 · 닭 · 말 등 다양한 고기를 사용하고 주문 단위는 작은 양부터 가

능하여 적은 인원이 가도 걱정 없다. 육류 사시미도 구비되어 있는데, 쿠마모토(態本)에서 가져오는 바사시(馬刺し :말고기사사미)모둠은 걸작이다. 다른 전문점보다 다소 두껍게 썰어 나오는데, 마블링이 그림 같이 고루 잘 분포된 부위(시모후리霜降り)나 말의 갈퀴 부분인 흰색의 다테가미(タテガミ)는 고급스런 감칠맛이 있다. 바사시는 곱게 다진 마늘, 생강, 파를 얹어 연한 간장이나 약간 단맛이 나는 타래(소스)에 찍어 먹는다.

참고로 일본에서 말고기는 대중적이진 않지만 육류나 전통 있는 이자카야 등에서 종종 볼 수 있다. 안심과 등심 등 쇠고기를 주문하면 사진 속의 고기처럼 뚝 떨어지게 구워져 나온다. 가운데는 붉은빛이 충분히 남아 있고 겉은 먹음직스러운 갈색이다. 규탄(소 혀) 또한 도톰하면서도 부드러워, '이것이야말로 상품이구나' 라고 느끼게 된다.

고기를 적당히 잘라 꼬치에 끼워 구운 후 접시에 가지런히 나오는 쿠시야키(꼬치류)의 종류도 다양하다. 너무 깔끔하게 나와 꼬치요리의 감상이 덜할 수도 있지만, 고기를 토막토막 잘라 꼬치에 끼워 구워 불 맛까지 즐길 수 있다.

여러 가지 야키니쿠를 맛본 후 마지막 피날레는 모츠나베(내장전골)가 장식한다. 연한 육수에 모츠(내장)를 넣고 양배추와 우엉, 순두부를 넣어 끓인 즉석 전골이다. 한국의 진한 곱창전골과 다르게 엷은 육수에 끓인 내장의 감칠맛이 은은히 퍼진다.

쿠시야끼

모츠나베

쿠시야끼

| 기 | 본 | 정 | 보 |

메뉴 바사시 2,400엔 (1-2인분), 3,800엔 (3-4인분), 닭다리꼬치구이 600엔, 와규 (서로인) 1,300엔, 와규 (히레) 1,500엔, 규탄 (소 혀) 1,800엔, 모츠나베 (내장 전골) 1,350엔, 코스 4,500엔부터 (2인 이상 주문 가능)

주소 카나가와현 요코하마시 나카구 아이오이초 4-69-1 (神奈川県 横浜市 中区 相生町 4-69-1 トーカン馬車道キャステール 2F)

영업시간 11 : 30〜14 : 00, 17 : 00〜23 : 00

휴무 연중무휴

전화 045-309-6662

가까운 역 JR 칸나이역 (JR 根岸線 関内駅)에서 5분, 미라토미라이선 (みなとみらい線) 바샤미치역 (馬車道駅)에서 2분

홈 페이지 http://www.tanya.jp

최상의 서비스를 제공하는 데판야키의 지존

긴자 우카이데이   銀座 うかい亭

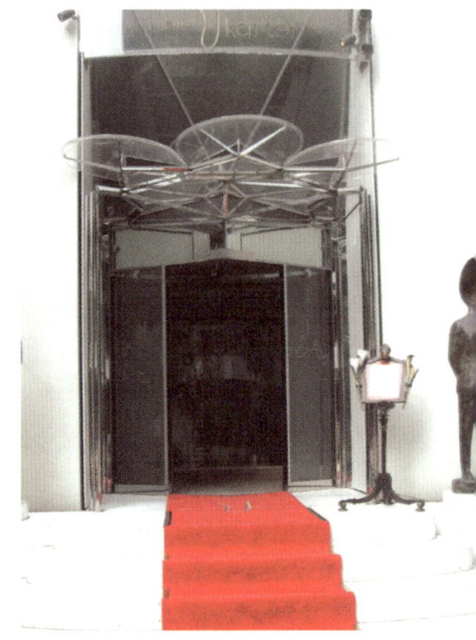

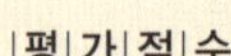

|평|가|점|수|

맛	★★★★☆
분위기	★★★★☆
서비스	★★★★☆
벤치포인트	★★★★★

설로인스테이크

밥볶음

● 추천대상 ●

데판야키 오픈 예정자, 대형 고급버전 인테리어에 관심 있는 분

● 포인트 ●

☑ 대형&고급 데판야키
☑ 퍼포먼스   ☑ 전복구이

일본의 많은 음식 종류 중에서 데판야키는 한동안 나의 호기심을 끌지 못했었고 싱싱한 재료를 모아 철판에서 구워주는 것이 왜 손꼽히는 장르일까를 이해하기 어려웠다. 우카이데이를 가기 전까지는 말이다. 그러나 단순한 것 같은 스시 기술이 세계 미식가들의 입맛을 사로잡았듯 우카이데이의 철판 앞에서 셰프의 시연을 본 뒤 데판야키라는 장르를 마음으로부터 인정하게 되었다. 단순한 구이를 최상의 수준에서 먹을 수 있다는 것과 하나부터 열까지 고객의 눈 앞에서 완성시키는 셰프의 손놀림에 감동을 받은 것이다. 재료를 손님에게 확인시킨 뒤 끊임없는 시선 속에서 요리를 하는 셰프. 완성된 요리를 접시에 담고, 다음 요리를 위해 철판의 청소까지도 고객 앞에서 해야 하니 긴장감이 흐른다.

우카이데이는 셰프와 스태프들의 고급 서비스가 확실히 보장되고 안정감 있는 별실이 갖춰진 곳이다. 물론 식대도 그에 걸맞게 높다. 고기를 좋아하는 어른을 각별히 모셔야 되거나 고급 접대라면 안성맞춤이다. 이곳은 대기실에서 차 한 잔을 하고 아방궁처럼 미로로 이어진 데판야키 별실에서 본격적인 식사를 한 후 마지막으로 디저트 별실로 옮기게 되는데 이렇게 3개의 공간을 거치는 구성도 볼 만하다.

메뉴특성

단품과 코스로 구성되어 있으나 가격적 구성이나 여러 음식을 맛보기에는 코스가 무난하다. 코스 시식의 예를 들면 다음과 같다. 처음엔 싱싱한 성게로 입맛을 돋우고 부드러운 호박스프(스프는 매일 바뀜)를 먹고 나면 담당 셰프가 들어와서 요리를 시작한다. 스테이크 못지않게 유명한 스타가 전복이다. 20cm 정도 길이의 살아있는 전복을 뜨거운 철판에 올려놓은 뒤, 다시마를 얹고 그 위에 소금을 듬뿍 올리고 화이트와인을 붓고 뚜껑을 잠시 덮어둔다. 아오모리산 전복이라는데 그 야들야들함은 지금까지 먹어본 어떤 전복과도 달랐다. 그리고 싱싱한 전복의 내장은 부용(bouillon 고기, 야채를 넣어 끓인 프랑스요리의 기본 육수)에 살짝 익혀 미니 스프로 서빙된다. 그 뒤 고베의 타지마소고기 '설로인스테이크' 가 눈앞에서 구워진다. 한두 번 뒤집으며 구운 뒤 서빙되는데, 입안에서 녹을 정도로 부드럽다. 코스의 마지막은 감동적인 하얀 밥 볶음. 흔한 밥을 그렇게 정성 들여 볶을 수가 없다. 스크래퍼로 밥알 하나하나를 펼쳐가며 이리저리 섞은 뒤 마지막에 약간의 간

전복요리

장을 철판에 깔아 간장의 향까지 밥에 더한다. 볶은 밥은 얇게 썬 묘가양하(Japanese jinger라고 하며 가늘게 채 썰어 각종 일식요리에 쓰는 향신료)가 들어간 적된장국과 함께 먹는다. 디저트는 디저트 별실에 가서 과일 위주의 셔벗이나 컴포트 등을 먹으며 차를 곁들인다. 점심에는 디너보다 합리적인 가격의 런치코스를 먹을 수 있지만 원하면 디너코스도 즐길 수 있다. 생선보다는 고기를, 단품으로는 전복을 추천한다.

| 기 | 본 | 정 | 보 |

메뉴 런치코스 6,380엔부터, 스페셜 런치코스 9,450엔. 디너코스 16,800엔부터,
단품 전복(1마리) 12,600엔, 우가이 쇠고기 스테이크(300g) 15,750엔,
생맥주 950엔, 와인(병) 7,350엔부터
주소 도쿄도 주오쿠 긴자 5-15-8 시사통신빌딩 1층 (東京都 中央区 銀座 5-15-8 時事通信ビル 1F)
영업시간 12 : 00~21 : 30 (L.O)
휴무 연중무휴
전화 03-3544-5252
가까운 역 히가시긴자역 (東銀座駅) 2분 거리, 긴자역 (銀座駅) 7분 거리
홈페이지 http://www.ukai.co.jp/

하네다 공항의 인기 만점 뷔페

키하치 エアターミナルグリル・キハチ / AIR TERMINAL GRILL KIHACHI

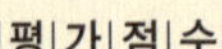

|평|가|점|수|

맛	★★★★☆
분위기	★★★☆☆
서비스	★★★☆☆
벤치포인트	★★★★★

● **추천대상**

캐이터링 운영자, 고급& 실속
형 뷔페 창업자. 포션 음식 및
디저트에 관심 있는 분

● **포인트**

☑ 깔끔한 뷔페 ☑ 포션음식
☑ 응용파티음식

나에게 뷔페는 무서
운 장르 중 하나다.
가격을 떠나서 열 곳
을 가도 만족할 만한
곳은 2할이 넘지 않
으니 말이다. 그런데
키하치는 배만 부르
게 하는 다른 뷔페와
는 진정 다르다. 뜨내

기손님이 대부분인 공항과 터미널에서 맛있는 음식이나 맘에 드는 레스토
랑을 찾는다는 것은 쉬운 일이 아닌데, 하네다 공항을 이용할 때면 키하치
의 뷔페를 가기 위해서 시간을 따로 조절하고 싶을 정도의 유혹을 강하게
느낀다.

키하치는 2004년 공항을 리뉴얼하면서 입점한 곳으로 공항임에도 불구하
고 피크타임에 가면 간혹 줄을 설 수도 있다. 이곳은 1987년 쿠마가이키하
치(熊谷喜八) 오너셰프가 지분을 가지고 출범한 '㈜키하치안도에스
(http://www.kihachi.co.jp/)'에서 운영하는 곳으로 양식당과 디저트 숍
등 다수의 유명점포를 가지고 있다.

메뉴특성

작지만 깔끔한 일인용 용기에 담겨 있는 20여 가지의 요리와 10여 가지의 디저트는 고급 호텔 뷔페에 준하는 수준으로 준비되어 있다. 보는 것보다 먹었을 때 느낌이 더 좋아 식사 후 평가가 매우 높은 곳이다. 재미있는 아이디어의 퓨전음식도 있는데 야키오니기리처럼 약간 바삭한 느낌이 나게 구운 밥 위에 콩나물, 로스트비프가 얹어진 형상은 비빔밥에서 힌트를 얻은 핑거푸드 스타일이다. 그리고 멘치가스(쇠고기와 돼지고기를 갈아 만든 돈가스 모양의 음식)를 작은 크기로 얹은 샌드위치도 인기다. 또한 음식이 나올 때마다 종업원이 나온 음식의 이름을 외쳐주어 계속 따뜻한 음식을 즐길 수 있다. 키하치 본

사는 여러 곳에 케이크와 아이스크림 디저트 숍을 가지고 있는 회사로, 이곳의 디저트는 아이스크림, 푸딩, 케이크 등이 귀여운 원 디시 용기에 들어있어 편리하다.

| 기 | 본 | 정 | 보 |

메뉴 런치 2,300엔, 디너 2,800엔 (성인 기준 90인 한정)
주소 도쿄도 오타쿠 하네다 공항 3-3-2 도쿄국제공항제1여객터미널빌딩 5층
　　　 (東京都 大田区 羽田空港 3-3-2 東京国 際空港第一旅客ターミナルビル 5F)
영업시간 [월-금] 11 : 30~14 : 30 (최종입장), 17 : 30~20 : 30 (최종입장)
　　　　　 [토·일·공휴일] 12 : 00~14 : 00 (최종입장), 17 : 30~20 : 30 (최종입장)
휴무 연중무휴
전화 03-5757-8848
가까운 역 케이큐쿠우코우선 (京急空港線)하네다공항역 (羽田空港駅) 제1터미날출구에서 5분
　　　　　 도쿄모노레일 (東京モノレール)하네다공항제1빌딩역 (羽田空港第1ビル駅)에서 연결됨
홈 페이지 http://www.kihachi.co.jp/rest/atg_p/rest018.html

고급 버전의 긴자 꼬치 튀김집

모가미 긴자점 最上 銀座店

야채, 생선, 고기 등 제철에 맛있는 재료를 즐기는 방법에는 여러 가지가 있지만 이집은 수많은 재료를 모두 꼬치에 끼워서 튀겨낸다. 간단한 튀김옷을 입혀서 튀겨내는데 종류는 36가지. 꼬치 튀김인 구시아게전문점이다. 구시아게는 원래 관서지방의 서민들이 애용하는 포장마차식의 저렴한 음식이다. 그러나 모가미는 긴자(銀座)에 위치하고 있을 뿐 아니라 최상의 재료를 사용하기 때문에 어떤 종류를 시켜도 실망시키지 않는다. 긴자의 멋진 BAR에서처럼 손님을 접대해도 손색없는 분위기인 만큼 구시아게의 가격도 긴자답다. 런치는 별도의 마감시간 없이 영업한다. 홈페이지(www.kushi-mogami.co.jp)에 이미지를 이용한 설명이 자세하게 나와 있다.

메뉴특성

자리에 앉으면 싱싱한 양배추, 당근, 오이 등을 담은 접시가 네 종류의 소스와 함께 서브된다. 소스 구성은 간장, 참기름, 머스터드소스, 소금으로 원하는 대로 찍어 먹게 되어 있다. 한 쪽에는 각종 구시아게를 놓을 수 있는 접시도 나온다. 구시아게 재료는 새우, 쇠고기, 양파, 아스파라거스, 게 다리, 크림크로켓 등 다양하다. 가격도 재미있다. 구시아게를 한 개 한 개 먹는 대로 가격이 추가되는 방식이다. 새우는 500엔부터 시작하는데 각종 구시아게를 10개쯤 먹으면 3,500엔, 36가지를 모두 먹게 되면 9,700엔이 된다. 맥주는 물론 와인리스트도 충실하다.

맛 ★★★☆☆
분위기 ★★★★☆
서비스 ★★★★☆
벤치포인트 ★★★★☆

쇠고기와 키스꼬치

연근꼬치

● 추천대상

구시아게 메뉴, 대중음식을 버전업시킨 사례에 관심 있는 분

● 포인트

☑ 고급 꼬치튀김
☑ 소스그릇 ☑ 인테리어

|기|본|정|보|

메뉴 런치코스 3,500엔 (12개의 구시아게, 밥, 미소시루, 츠케모노, 야채, 디저트), 꼬치는 500엔부터
주소 도쿄도 주오쿠 긴자 7-6-9 (東京都 中央区 銀座 7-6-9 銀座誠和ビル 1F)
영업시간 11 : 30~23 : 30
휴무 연중무휴
전화 03-6251-9436
가까운 역 긴자선 긴자역 (地下鉄 銀座駅)에서 7분, JR신바시역 (JR 新橋駅)에서 5분, JR 유락초역 (JR 有楽町駅)에서 10분

한국의 '누룽지정식' 같은 오차즈케
다시차즈케 엔 도쿄시부야점 だし茶漬け えん

우리의 누룽지정식 같은 음식
이 '오차즈케' 가 아닐까 싶다.
밥 위에 약간의 고명을 얹고 녹
찻물을 부어 먹는 심플한 음식
이다. 그런데 이곳은 '오차즈
케' 의 녹차를 다양한 다시물로
바꾸어 그것을 정식화 해놓은

곳이다. 평소 남들보다 많이 먹는 나에게 조그마한 밥공기에 나오는 일본
의 '오차즈케' 는 코스 끝을 마무리하는 간단한 식사지 그 자체로 식사가 된
다고는 생각지 못했는데 '다시차즈케 엔' 에 가서는 고정관념이 바뀌게 되
었다. 향도 맛도 좋은 다시물, 다양한 각양각색의 고명, 함께 나오는 곁들
이 음식, 한 끼로서 주는 포만감 등 이 집의 상품력에 반해버려 어느새 이집
의 입소문 영업사원이 되어버렸다. 이곳은 '엔(えん)' 이라는 유명한 외식
회사에서 운영하고 있으며 현재 다시차즈케 점포는 도쿄 내 9개가 있다. 특
히 '시부야 도큐백화점(東急百貨店)' 내의 점포는 바로 옆에 '엔' 에서 운영
하는 반찬가게가 있어 본사의 상품 개발 방향을 확인할 수 있다.

메뉴특성

밥과 고명이 얹어진 대접, 다시물 주전자, 세 가지의 반찬으로 구성된 트레
이가 나온다. 밥 위에 다시물을 부어서 먹으면 된다. 개인적으로 가장 인상
깊었던 메뉴는 오이, 가지, 마, 여러 가지 콩류 등 야채가 잘게 썰어져 올라
간 '기자미사이즈케노 부부다시차즈케(刻み菜漬けのぶぶだし茶漬け)' 였
다. 스프는 다시마, 멸치, 가츠오부시(가다랑어포), 말린 고등어포, 닭 뼈 등
여러 가지가 들어간 맑은 국물이다.

| 평 | 가 | 점 | 수 |

맛	★★★★☆
분위기	★★★☆☆
서비스	★★★☆☆
벤치포인트	★★★★★

가자미사이즈케노부부다시차즈케

냉다시차즈케

● 추천대상 ●

누룽지정식의 응용메뉴 개발,
반찬회사에서 운영하는 건강
식 브랜드에 관심 있는 분

● 포인트 ●

☑ 응용 오차즈케
☑ 세트구성 ☑ 건강식

| 기 | 본 | 정 | 보 |

메뉴 각종 다시차즈케 650엔~900엔, 두 종류를 즐기는 다시차즈케 980엔
주소 도쿄도 시부야쿠 시부야 2-24-1 도큐백화점 지하 1층 도쿄 푸드쇼 내
영업시간 10 : 00~21 : 00
휴무 연중무휴 (도쿄 백화점 휴일에 준함)
전화 03-3477-4484
가까운 역 JR 시부야역(渋谷駅)과 연결되어 있음
홈 페이지 http://www.dashichazuke-en.com/

전형적인 스키야키 간장 소스를 맛볼 수 있는 집

규우앙 牛庵 ギュウアン

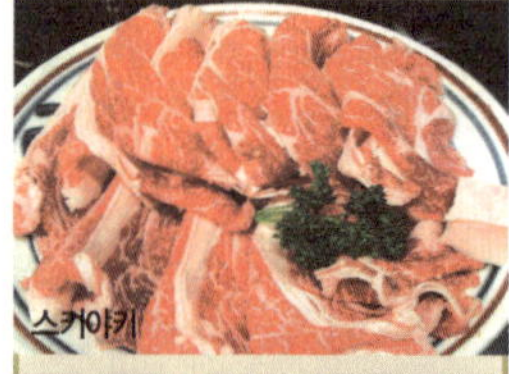

● 추천대상 ●
일본 전통음식, 쇠고기 메뉴
개발에 관심 있는 분

● 포인트 ●
☑ 고베와규(神?和牛)
☑ 일식 스테이크
☑ 전통분위기

친한 일본친구에게 '오늘은 스키야키나 먹을까?' 라고 했더니 대뜸 특별한 날도 아닌데 왜 그렇게 비싼 걸 먹느냐는 대답이 돌아왔다. 스키야키는 가족들이 기운이 없거나 모처럼 비싼 걸 먹자고 마음먹은 날 먹는 특별한 음식이란다. 우리도 지금은 흔하게 먹는 게 불고기이지만 옛날에는 특별한 날 별식이었던 것을 생각하니 이해가 갔다. 물론 요즘은 저렴한 스키야키전문점도 있고 스키야키를 흉내낸 도시락까지도 나온다. 하지만 제대로 된 스키야키전문점이라면 가격이 강남의 한우 고깃집 이상 나가기 때문에 마음의 준비를 해야 된다. 그런데 감사하게도 '규우앙' 은 수입 쇠고기 먹을 돈으로 일본산 쇠고기를 푸짐하게 먹을 수 있는 식당이다.

합리적인 가격에 고베와규(神戸和牛)를 먹을 수 있는 곳으로 일본 전통의 분위기까지 물씬 풍긴다. 와규로 유명한 고베지역의 계약 농장에서 고기를 공급받아 영업하고 있는 곳이다.

아마 긴자(銀座)에서 일하는 일본인들이 비싸지 않은 가격에 일본적인 분위기에서 외국인을 접대하고 싶다면 적당한 곳이 아닐까 싶다. 만석이 되면 방에 사람이 가득해 약간 왁자지껄해지곤 하는데 그 또한 나름대로 싫지 않은 분위기다.

한국에서 샤브샤브는 흔히
먹을 수 있는 반면 제대로
된 스키야키를 먹을 수 있
는 곳은 별로 없다. 잘 달구
어진 두꺼운 팬에 쇠기름을
잘 문질러 고소한 향을 풍
긴 뒤 양파와 대파를 얹어
살짝 구워지기 시작하면 마
블링이 잘된 고기를 얹어
굽는다. 그리고 단 스키야
키 간장을 듬뿍 넣어 지글
지글 끓으면 고기를 건져

날달걀 푼 것에 찍어먹는다. 달큰하고 짠 소스 때문에 한국인들은 종국에
가서는 불고기를 못 따라온다고 말하곤 하지만, 일본인들은 '양념장에 재
운다' 는 의미를 잘 이해하지 못해 불고기를 달지 않은 스키야키라고 표현
하곤 한다.
어쨌든 이곳에서는 전형적인 스키야키 간장소스 맛을 볼 수 있다. 그리고
스테이크도 꼭 맛보길 바란다. 일본식 스테이크를 말하는 것이다. 잘 구워
진 스테이크가 따뜻한 팬의 양파채 위에 놓여나온다. 이 집의 런치 함박스
테이크정식은 가격 대비 만족도가 높아 늘 인기가 좋다.

| 기 | 본 | 정 | 보 |

메뉴 일반코스 (스키야키, 샤브샤브, 스테이크 중 택일) 6,825엔, 7,875엔
　　　특선코스 11,550엔부터, 스테이크 (단품) 4,200엔부터
　　　스키야키와 샤브샤브 (단품) 6,510엔, 런치 와규 함박스테이크 정식 990엔
주소 도쿄도 주오쿠 긴자 6-13-6 지하 1층 (東京都 中央区 銀座 6-13-6 華僑商工会ビル B1F)
영업시간 [월-토] 런치 11 : 30~14 : 00, 디너 17 : 30~22 : 00
　　　　　[공휴일] 17 : 00~21 : 30
휴무 일요일, 연말연시
전화 03-3542-0226
가까운 역 히비야선 (日比谷線) 히가시긴자역 (東銀座駅)에서 3분, 각선 긴자역 (銀座駅)에서 5분

문턱 낮은 우나기 선술집
아이노야 藍の家

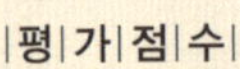

|평|가|점|수|

맛　　　★★★★☆
분위기　★★★☆☆
서비스　★★★☆☆
벤치포인트 ★★★★★

우나기간꼬치

우나기차즈케

● 추천대상 ●
장어요리 개발자, 노포 주점
에 관심 있는 분

● 포인트 ●
☑ 우나기꼬치　☑ 즉석조리
☑ 노포선술집

누군가 '편하고 맛있는 맛집'을 소개해 달라고 하면 어떤 집이 떠오를까? 일단 비싸지 않고, 내부는 적당히 손때가 묻어 있어 오랫동안 맛을 갈고 닦았을 것 같고, 주인장도 표정이 편해 내가 기죽지 않을 곳을 찾는다는 정도로 해석하면 되지 않을까?

아이노야는 그런 류의 우나기(장어)집이다. 좀 더 구체적으로 말하면 장어의 여러 부위를 골고루 맛볼 수 있는 문턱 낮은 오래된 선술집이다. 평범한 입구의 노렝(음식점 앞의 천)을 걷고 안으로 들어가면 입구에서 받은 인상 그대로, 그냥 '술 한 잔 하지?'라는 분위기가 계속된다.

그러나 카운터에 앉아 차곡차곡 나오는 안주거리를 맛보다 보면 주인장의 연륜이 느껴지고 마지막에 우나돈(장어덮밥)을 먹을 때 즈음이면 장어 맛의 절정을 느끼게 된다. 우나돈을 주문하면, 그때부터 거세게 용솟음치는 우나기를 잡아 뼈와 내장을 모두 해체하고 굽기 시작한다. 카운터에 앉으면 그 모든 작업을 볼 수 있으니, 우나기의 심층해부가 궁금하다면 셰프 앞 카운터가 일등석이다.

9석의 카운터와 안쪽에 신발을 벗고 들어가는 방이 하나 있다. 카운터 중 입구 쪽은 우나기나 닭꼬치를 소스에 발라 굽는 곳으로 유리 칸막이가 있다. 10월은 우나기 철이라 붐비기 때문에 예약은 필수다.

저녁 시간이 메인으로 다양한 우나기
요리와 각종 술안주, 그 외 야키도리가
있다. 뭐든 주문하면 제일 먼저 오토시
(おとうし 작은 그릇에 맨 처음 나오는
입맛 돋우는 음식. 요즘은 자릿세 같은
개념이기도 함)가 나오는데 주로 게맛
살, 미역 등에 새콤한 폰즈가 얹혀 나온
다. 장어요리가 나오기까지는 시간이
좀 걸리기 때문에 보통 야키도리를 먼

저 주문한다. 이곳에는 4종류의 야키도리가 있는데 특히, 닭껍질만 꽂아
구운 가와꼬치가 기름이 적절히 빠져 쫄깃바삭하다. 우나기꼬치도 종류가
많다. 우나기레바(장어의 간)는 3cm정도의 우나기 간이 줄줄이 꽂힌 꼬치
이다. 꼬치에 꽂힌 간을 세어보니 14개. 꼬치 하나로 14마리의 우나기를 한
번에 해치우는 셈이다. 이 때, 산초를 살짝 뿌려서 먹으면 더욱 고소하다.
우나기키모꼬치는 우나기의 간과 내장을 합쳐 꼬치에 구운 것인데 쌉쌀하
고 쓴맛이 뒤에 남아 독특하다. 식사로는 우나돈(장어덮밥)이 있다. 덮밥이
네모난 그릇에 나오면 '우나쥬우', 둥근 그릇에 나오면 '우나돈' 이라 부른
다. 맛은 같으나 우나쥬우 쪽이 우나기 양이 더 많고 좀 더 비싸다. 우나돈
에는 평범한 미소시루가 곁들여지고 우나쥬우에는 우나기 내장으로 끓인
맑은 장국이 나오는데 매우 깔끔한 국물이다. 식사로 간단히 요기만 원한
다면 우나기차즈케(우나기구이가 얹어진 오차즈케)가 제격이다.

| 기 | 본 | 정 | 보 |

메뉴 런치 우나쥬 1,200엔부터, 우나돈 1,000엔, 디너 식사와 술(1인) 3,000엔 정도,
야키도리(1꼬치) 140엔, 우나기꼬치(1꼬치) 110엔–220엔, 우나기차즈케 750엔
주소 도쿄도 시나가와쿠 후타바 1-17-2(東京都 品川区 二葉 1丁目17-2)
영업시간 [월–금] 런치 11 : 30~13 : 30, 디너 17 : 30~22 : 00
[토·일·공휴일] 17 : 00~22 : 00
휴무 수요일
전화 03-3784-4277
가까운 역 토큐오오이마치선(東急大井町線) 또는 토큐토요코선(東急東横線)
오오이마치역(大井町駅)에서 약 8분

故 정주영 회장이 즐겨 찾던 복요리전문점

후쿠지 福治 ふくじ

|평|가|점|수|
맛	★★★★☆
분위기	★★★☆☆
서비스	★★★★☆
벤치포인트	★★★★☆

숫폰나베

자라의 간과 내장

● **추천대상**

복, 자라 등 특수재료, 별실이 있는 고급접대 맛집에 관심 있는 분

● **포인트**

☑ 특수재료 ☑ 고급접대
☑ 중년남성타깃

후쿠지의 명함엔 '겨울엔 산지 직송 후쿠(복), 여름엔 하모(갯장어)와 우나기(뱀장어), 숫폰나베(자라탕)는 연중' 이라고 쓰여 있다. 제철 재료로 요리하는 전문점이라는 게 확연히 드러난다. 단골손님이 가장 많은 때는 11월부터 다음해 3월까지인데 이 시기는 복이 제철이다. 이 시기를 놓쳤다면 대신 제대로 된 천연 자라탕를 경험할 수 있다. 오너셰프인 야수게(矢菅)씨는 몇십 년을 생선 하나만 보며 살아왔기 때문

농어사시미

에 물 좋은 사시미를 내놓는 것부터가 예사롭지 않다. 이 집은 故 정주영 회장이 생전까지 겨울이면 여러 번씩 즐겨 찾던 복집이기도 하다. 야수게 씨는 아사쿠사(淺草)에서 시작해 1976년 지금의 긴자로 옮겨와 영업하고 있다. 주방은 남편이, 홀은 부인이 맡고 있는 가족형 식당이며 별실이 있어 접대에도 적당하다. 복, 자라 등 귀한 재료를 취급하는 곳이니 예약을 해야 안심할 수 있다. 재료가 재료니만큼 남성적인 식당이다.

메뉴특성

여름에는 자라탕이 나오기 전에 농어사시미를 맛볼 수 있다. 스다치(라임처럼 생긴 일본산 작은 귤)를 뿌리고 가는 파를 사시미에 얹은 후 젓가락으

로 말아 폰즈(감귤류
의 과즙으로 만든 소
스)를 찍어 먹는데
농어사시미가 복사
시미처럼 나오는 게
특이하다. 자라요리
는 다소 역한 냄새
때문에 꺼리는 사람
이 종종 있지만, 좋
은 천연자라를 사용
한 요리라면 비위 상
하는 냄새 따윈 절대
없다. 인원에 따라

농어사시미

자라 크기가 달라지는데 2.5kg정도라면 4명 이상이 족히 먹을 수 있는 크
기다. 큰 흙냄비에 큼직큼직 토막 낸 자라와 크게 썰어 구운 파를 넣고 끓이
는데 손님상에 나올 때쯤이면 이미 색이 진하게 들어 있다. 그 순간을 위해
4-5시간 동안 끓인 것이다. 국물 맛을 보니 깨끗하면서도 매우 진하다. 술
과 물만으로 이 맛을 냈다고 하니 자라가 얼마나 좋은 상태였는지 상상이
간다. 자라의 간, 내장은 다진 마늘과 함께 간장에 찍어 먹도록 따로 나온
다. 토종닭같이 쫄깃한 느낌의 고기와 육수를 거의 먹을 때쯤이면 남은 국
물에 밥을 넣어 자라죽을 만드는데, 이 죽은 40년 동안 사용하고 있는 누가
츠케(쌀겨에 넣어 발효시킨 장아찌)로 만든 츠케모노와 함께 먹게 된다.

| 기 | 본 | 정 | 보 |

메뉴 계절 오마카세코스 12,000엔부터 자라나베(1인) 15,000엔부터
　　　후쿠코스(1인) 22,000엔 (시가에 따라 달라질 수 있음)
주소 도쿄도 주오쿠 긴자 5-11-13 幸田빌딩 3층 (東京都 中央区 銀座 5-11-13 幸田ビル 3F)
영업시간 17 : 00~23 : 00
휴무 4월~10월 토요일, 일요일, 공휴일 11월~3월 일요일
전화 03-5148-2922
가까운 역 히비야선 (日比谷線) 히가시긴자역 (東銀座駅)에서 2분, 각선 긴자역 (銀座駅)에서 5분
홈 페이지 http://www.fukuji.jp/

100년이 넘은 전통 닭집
토리메시 鳥めし 鳥藤分店 とりめし とりとうぶんてん

츠키지시장(築地市場)에서 1907년부터 영업한 '토리토우(鳥藤)' 라는 닭전문점에서 운영하는 밥집이다. 한때, 닭고기의 누린내도 나지 않으면서 달걀이 실크처럼 부드럽게 풀린 돈부리는 없을까하고 찾아 헤매던 중, 시장 통에서 발견한 것이 토리메시의 돈부리였다. 100년 넘게 닭을 취급하는 곳이니 원재료에 대한 시비는 논할 필요도 없다.

메뉴특성

오야코돈부리의 주요 포인트는, 닭고기의 누린내가 나지 않으면서 나중에 없는 달걀을 적당히 익혀 (너무 익으면 부드러운 맛이 없어지므로) 그 정점을 잘 살리는 것이다. 함께 나오는 스프는 미소시루가 아니라 닭고기를 푹 끓여낸 국물이라는 것도 특이하다. 그리고 '미즈타키' 는 어린 닭을 토막 내어 푹 끓인 뒤 소금으로 간을 해서 먹는 심플한 음식이다. 우리나라의 백숙과 유사한 요리인데 일본에서 그리 흔한 요리는 아니다. 이집 단골들은 요리에 콜라겐이 많다며 즐겨 찾곤 한다. 오야코돈부리와 카레라이스가 반반씩 나오는 오야코카레도 있다.

|평|가|점|수|

맛	★★★★☆
분위기	★★☆☆☆
서비스	★★☆☆☆
벤치포인트	★★★☆☆

오야코돈부리

● **추천대상** ●
일본식 닭고기 요리, 한 가지 재료로 특화된 대중음식점에 관심 있는 분

● **포인트** ●
✓ 닭요리밥집
✓ 오야코돈부리
✓ 미즈타키

| 기 | 본 | 정 | 보 |

메뉴 미즈타키 850엔(기간 한정품)
　　　오야코돈부리 850엔, 야키도리돈부리 850엔, 오야코카레 850엔
주소 도쿄도 주오쿠 츠키지 4-8-6(東京都 中央区 築地 4-8-6)
영업시간 17 : 30부터 공연시간까지 / 19 : 30부터 공연시간까지
휴무 일요일, 부정기적 휴일(츠키지 시장 휴일에 준함)
전화 03-3543-6525
가까운 역 오오에도선(大江戸線) 쯔키지시장역(築地市場駅)에서 2분,
　　　　　히비야선(日比谷線)쯔키지역(築地駅)2분
홈 페이지 http://toritoh.com/

만만한 무도 주연이 되는 무요리전문점

마스모토　升本 亀戸 ますもと

'마수모토'가 있는 '가메이도(亀戸)' 지방은 무가 유명한데, 줄기가 희고 이파리가 크면서도 풍성하고 부드러운 것이 특징이다. 무 자체는 당근처럼 작고 늘씬하다. 이 지역에선 '무 축제'도 있고 초등학교에서 무를 심어 지역 심벌로 삼고 있을 정도이다. '마수모토'는 가메이도 무를 메인 재료로 하는 무요리전문점이다. 이 집에서 정식코스를 먹으면 스테이크부터 디저트까지 무가 중심이 되어 나온다. 단독 건물로 된 음식점인데 흰 벽 앞에 늘씬한 가메이도 무 한 개가 멋지게 그려져 있어 사거리에서 금방 눈에 띈다.

메뉴특성

'무 조개 나베'를 시키면 조개국물과 된장국물에 넓게 슬라이스된 무가 들어간 요리가 토기냄비에 나오는데 일본요리답지 않다고 느낄 만큼 푸짐하다. 그리고 보리와 작은 야채가 들어간 밥이 나무 밥통에 나와 양껏 덜어먹을 수 있다. 그러면 개인 공기에 밥을 적당히 먼저 덜고 거기에 냄비의 국물을 담은 뒤 기호에 따라 매운 조미료를 가미해 먹으면 된다. 먹는 방법이 그리 어렵지 않으나 친절하게도 테이블 위에 그림으로 그려 자세히 설명하고 있다. 코스 이외에도 단품으로 무 스시, 무 만주, 무 스테이크, 무 조림, 무와 새우, 굴튀김, 무 스프 등이 있다.

|기|본|정|보|

메뉴 가이세키 2,940엔, 무와 조개나베 세트 1,380엔, 무와 조개밥 세트 1,380엔
　　　 디너 4,750엔부터

주소 도쿄도 고토쿠 가메이도 4-18-9 (東京都 江東区 亀戸 4-18-9)

영업시간 [월-금] 런치 11 : 30-14 : 00 (L.O), 디너 17 : 00-21 : 30 (21 : 00 L.O)
　　　　　 [토·일·공휴일] 런치 11 : 00-14 : 30 (L.O), 디너 17 : 00-21 : 00 (20 : 30 L.O)

휴무 셋째 주 월요일 (8월, 12월 제외)

전화 03-3637-1533

가까운 역 JR 카메이도역 (亀戸駅)에서 8분

홈 페이지 http://www.masumoto.co.jp

|평|가|점|수|

맛	★★★★☆
분위기	★★★☆☆
서비스	★★★★☆
벤치포인트	★★★★☆

무와 조개나베

무와 조개밥 세트

● 추천대상

야채 메뉴개발, 단일 재료로 승부하는 외식업에 관심 있는 사람

● 포인트

☑ 무와 야채 요리
☑ 가메이도 무
☑ 무 나베요리

야채 소믈리에의 베트남풍 요리
베지 ベジ− / Veggie

긴자 뒷골목을 지나다가 문 앞 상호 위에 '야채 소믈리에' 라고 쓰여 있는 것이 눈에 띄었다. 잡식인 나는 '풀로만 구성된 밥상이라면 건강에는 좋겠지만 얼마나 맛이 있을까?' 라고 의아해가며 들어갔다. 13개의 좌석이 전부인 작은

식당에 오너 겸 셰프 아주머니는 '완벽! 깔끔!' 이라고 얼굴에 쓰여 있는 것 같았다. 52세에 가이세키를 4년간 공부하고 60세에 베트남요리를 공부한 뒤 61세인 2006년에 가게를 오픈했다고 한다. 야채를 단지 '곁들이' 라고만 생각하는 사람, 고기를 더 맛있게 먹기 위한 보조수단이라고만 여겼던 사람은 이곳에서 고기나 기타재료가 야채를 더욱 돋보이게 한다는 것을 확인할 수 있을 것이다. 일본에는 야채 소믈리에 자격증(정식명: 베지터블&프루츠 마이스터)이 있고 이곳 오너도 그 자격증을 취득하고 있다.

메뉴특성

이곳은 저농약 또는 유기농 야채를 사용한다. 내가 인상 깊었던 요리는 제철 채소를 작은 나무 찜기에 찐 요리였다. 흔히 먹던 호박, 양배추, 버섯 등이 소박하게 들어 있고 그것을 소금, 된장 등에 찍어 먹는데 평소 야채에서 느끼지 못하던 천연의 단맛을 느끼게 된다. 전채로는 야채가 듬뿍 들어간 베트남 춘권이 인기다. 식사로 먹는 '핫바고항' 은 밥위에 야채를 듬뿍 얹고 그린카레에 맛을 들인 고기를 더해 먹는 베트남풍 비빔밥인데 별미이다.

|기|본|정|보|

메뉴 나마하루마키(생춘권) 1봉 400엔, 샐러드 900엔, 계절야채 모둠찜 1,200엔 핫바고항 900엔, 코스 3,200엔부터
주소 도쿄도 주오쿠 긴자 1-23-2(東京都 中央区 銀座 1-23-2)
영업시간 17 : 30~22 : 00(21 : 00 L.O)
휴무 일요일, 공휴일
전화 03-3563-8310
가까운 역 히비야선(日比谷線)히가시긴자역(東銀座?)에서 10분, 긴자선(銀座線) 긴자일초메역(銀座 1丁目駅)에서 10분, 각선 긴자역(銀座駅)에서 15분
홈 페이지 http://www.go-veggie.net/

|평|가|점|수|

맛 ★★★☆☆
분위기 ★★★☆☆
서비스 ★★★☆☆
벤치포인트 ★★★★☆

계절야채모둠찜

핫바고항

계절스프

● **추천대상**
야채 응용 메뉴, 베트남풍 요리, 20석 미만의 식사 위주 맛집에 관심 있는 분

● **포인트**
☑ 야채 소믈리에
☑ 베트남요리 ☑ 핫바고항

건강을 추구하는 매크로바이오틱 카페

제이스 키친 ジェイズ キッチン / J's-KITCHEN

고기와 생선이 없으면 푸짐하지 않다고 생각하고, 달착지근한 베이스가 없으면 맛의 밸런스가 없다고 느끼는 분이라면 꼭 한번쯤 이곳 음식을 먹어보며 본인의 식습관을 다시 돌아보도록 권하고 싶다. 히로역(広

尾?) 가까이에 있는 2층으로 된 카페다. 흰색의 높은 천장과 2층의 넓은 창은 따뜻한 캘리포니안 카페를 연상시킨다. 밝은 색의 나무 테이블과 의자, 모두 환하다. 알고 보니 오너 유에키쿠미코(植木薫美子)씨는 LA에서 있을 때 오거닉, 매크로바이오틱(Macrobiotic, 장수법을 의미하며 간단히 자연식요법이라고도 표현한다)에 관심을 갖게 되어 건강한 외식을 실현시키고자 이 카페를 오픈하게 되었단다.

미국식 베지테리언 음식을 베이스에 두고 일본 현지식으로 풀어낸 좋은 예라고 볼 수 있다. 2008년 가을에는 미츠코시백화점 지하까지 진출한 것을 보면 건강한 음식에 대한 대중의 사랑도 점점 커져가는 것을 확인할 수 있다. 이 카페에서는 엄마와 아이들이 함께 오는 것도 심심치 않게 보인다. 건강카페인 만큼 스태프들의 메뉴상품에 대한 설명이 친절하고 뛰어나다.

메뉴특성

고기, 생선, 우유, 달걀, 물론 화학조미료, 인공설탕, 보존료 등을 일체 사용하지 않고 대신 두유, 콩, 야채 등이 사용된다. 몇 가지의 예를 든다면 낫또를 사용한 샌드위치, 야채 콩소메스프, 소이미트(SOYMEAT)햄버거, 현미밥과 야채로 이루어진 세트메뉴, 아몬드두부치즈타르트 등이다.

| 평 | 가 | 점 | 수 |

맛	★★★☆☆
분위기	★★★★☆
서비스	★★★★⯪
벤치포인트	★★★★★

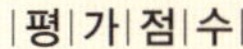

소이미트햄버거

● 추천대상 ●

건강식 카페 운영 및 창업 예정자, 건강 메뉴 개발에 관심 있는 분

● 포인트 ●

☑ 밝은 카페 ☑ 건강 메뉴

| 기 | 본 | 정 | 보 |

메뉴 런치 세트 1,575엔–1,890엔 디너세트 2,310엔, 4,200엔,
　　　스프 735엔, 파스타 1,575엔
주소 도쿄도 미나토쿠 미나미아자부 5-15-22(東京都 港区 南麻布 5-15-22)
영업시간 [월-토] 11 : 00~21 : 00, [일·공휴일] 11 : 00~17 : 00
휴무 연중무휴
전화 03-5475-2727
가까운 역 히비야선(日比谷線) 히로오역(広尾駅)에서 1분
홈 페이지 http://www.js-kitchen.com/

아만디누

벤치마킹 추천 1순위 카페

アマンディーヌ / AMANDINE

클럽하우스샌드

고향플레이트

팬케이크

● 추천대상 ●

카페 창업 예정자, 카페 메뉴 개발자, 인테리어와 콘셉트에 관심 있는 분

● 포인트 ●

☑ 카페 메뉴 응용
☑ 고향플레이트
☑ 인테리어

카페 오픈을 준비 중인 분은 물론이고 외식업에 종사하는 분들 중에도 유독 카페에 관심을 가지고 카페순례를 원하는 분들이 많다. 대부분은 그저 막연히 볼만한 카페로 안내해달라고 한다. 그런데 카페야 말로 맥카페(맥도날드의 업그레이드버전)부터 호텔 내 카페까지, 그 폭이 다양해 막연히 카페를 돌아보고 싶은 고객에게 어디를 먼저 소개해야 할 지 고민이 되곤 했다. 하지만 '아만디누'를 알게 된 후로는 그런 고민을 해결할 수 있었다. 상대방이 어떤 카페에 관심이 있는지 정확히 몰라도 어쨌든 아만디누로 데려가면 대부분 자기가 원하는 한두 가지는 벤치마킹 해가지고 만족해하며 돌아가곤 했다. 메뉴특성, 음식을 담아오는 프리젠테이션, 캘리포니아 콘셉트, 편안하고 적당히 고급스러운 분위기, 다양한 팬케이크 등 이것저것 챙겨볼 수 있는 게 많아 여기만 데리고 가면 어느 누구도 불만이 없었다. 캘리포니안카페를 내세우고 있는 만큼, 푸른 녹색의 화분과 통유리를 통해 들어오는 밝은 빛, 높은 천정 등으로 특색을 살리고 있다.

메뉴특성

메뉴는 샌드위치, 파스타, 밥과 음
료, 팬케이크 등이 있다. 이렇게 메
뉴명만 들으면 여느 카페와 다름이
없지만 막상 음식을 주문해 보면 생
각이 달라진다. 내가 여러 번의 시도
끝에 항상 주문하는 3가지 메뉴는
'샌드위치', '고향플레이트', '팬케
이크' 이다. '샌드위치' 는 나무바구
니에 나무색 종이를 깔고 삼등분한
샌드위치의 속이 보이도록 놓은 다
음 옆에 그린샐러드로 풍성히 장식
된다. 그리고 투명한 작은 볼에는 플
레인요구르트가 담겨져 나온다. 그

리고 '고향플레이트' 는 접시에 밥을 담고 그 위에 양념에 재워 구운 닭가슴
살, 다진 고기볶음, 야채샐러드, 호박샐러드 그리고 마지막 피날레는 달걀
프라이가 위에 떡하니 올라간다. 너무 강한 맛도 아니고 먹기도 편해 카페
밥 메뉴 응용으로 강추!하는 구성이다. 이 집의 팬케이크는 10여 종류가 있
다. 물론 토핑에 따른 차이일 뿐이다. 가벼우면서 뒷맛의 여운이 좋아 평소
팬케이크를 즐기지 않았던 나도 이 정도 팬케이크라면 고객에게 어필할 수
있겠다라는 확신이 든다.

| 기 | 본 | 정 | 보 |

메뉴 고향플레이트 1,000엔, 클럽하우스샌드 (샌드위치) 1,000엔,
　　　 팬케이크 (大 · 小) 1,000엔 내외
주소 도쿄도 시부야쿠 에비스니시 2-10-10 1층 (東京都 渋谷区 恵比寿西 2-10-10 1F)
영업시간 [월-목 · 토] 11 : 30〜24 : 00 (Food L.O 23 : 00/Drink L.O 23 : 30)
　　　　　 [금] 11 : 30〜02 : 00 (Food L.O 24 : 00/Drink L.O 01 : 00)
　　　　　 [일 · 공휴일] 11 : 30〜23 : 00 (Food & Drink L.O 22 : 00)
휴무 연중무휴
전화 03-5728-4551
가까운 역 JR 에비스역 (JR 恵比寿駅), 지하철 에비스역 (地下鉄 恵比寿駅)에서 5분
홈 페이지 http://www.elegantevita.co.jp/1f/

스완카페

장애인 고용으로 더 유명한 아름다운 카페

スワンカフェ / SWAN CAFÉ

'구로네코(クロネコ검은고양이)'로 유명한 택배회사가 장애인의 고용을 위해 1998년 시작한 카페로, 전국적으로는 베이커리로 더 잘 알려져 있다. 취지만 좋은 것이 아니라 상품력도 있고 카페의 쾌적성, 즐거운 서비스, 깔끔한 맛 등도 모두 일품이다. 카페 요리라고 하지만 너무 가볍지도 않고 노력이 들어간 요리들이 많은데다 가격이 꽤 합리적이다.

왜 이름이 '스완'일까 했는데, 알고 보니 덴마크의 안데르센동화' 미운오리새끼' 내용에 착안하여 야마토운수㈜의 전 회장(小倉理事長)이 지었다고 한다. 낮 시간에 가면 장애가 있는 홀 서비스맨들을 볼 수 있다. 바로 옆에는 스완베이커리가 있는데, 그 집 빵에는 귀여운 백조 마크가 찍혀 있다.

메뉴특성

'니스풍샐러드'는 양상추, 삶은 달걀, 정어리가 들어간 깨끗한 느낌의 애피타이저이다. 하마구리사케무시(백합조개에 술을 넣어 찐 요리)'는 싱싱한 백합조개에 사케 맛이 물씬 배어 '이런 음식도 카페에서 먹을 수 있다니!' 하는 감탄을 자아내게 한다. 고르곤졸라치즈가 들어간 피자는 스낵피자풍으로 가벼운 와인안주로 제격이다. 버섯 향과 치즈 맛이 어우러진 이탈리안리조토도 먹어볼 만하다. 가볍게 차만 즐겨도 되고 런치 또는 비즈니스디너도 가능하고 밤에는 와인이나 맥주에 가벼운 안주도 되는 밝은 카페임에 틀림없다.

|평|가|점|수|

맛 ★★★☆☆
분위기 ★★★☆☆
서비스 ★★★☆☆
벤치포인트 ★★★★☆

니스풍샐러드

하마구리사케무시

● **추천대상** ●

다용도의 카페 운영에 관심이 있는 분, 카페 메뉴 개발자

● **포인트** ●

☑ 카페 메뉴
☑ 비즈니스 디너 ☑ 쾌적성

|기|본|정|보|

메뉴 하마구리사케무시 750엔, 니스풍샐러드750엔(half 450엔), 고르곤졸라피자 800엔
주소 도쿄도 주오쿠 긴자 2-12-16(東京都 中央区 銀座 2-12-16)
영업시간 [월-목] 7 : 30∼23 : 00, [금] 7:30∼24:00, [토] 11 : 00∼18 : 00
휴무 일요일, 공휴일
전화 03-5148-5860
가까운 역 히비야선(日比谷線)긴자역(東銀座駅)에서 3분, 각선 긴자역(銀座駅)에서 7분
홈 페이지 https://www.swanbakery.jp/shop/ginza.html

모든 장르를 넘나드는 셰프의 창작 요리

히로타 廣田

'이런 식당도 있구나!' 싶어 소개한
다. 일본에서만 가능한 걸까? 홍보
도, 예약도, 음식도, 서빙도, 계산도
혼자 하는 곳이다. 입구는 일식풍 작
은 선술집 분위기의 노랭(식당 앞에
내린 천)이 쳐져 있다. 들어가면 너무
좁고 여기저기 쌓여 있는 장식들이
언밸런스하여 또 한 번 깜짝 놀라게
된다. 정식 좌석은 5개이고 한 명 정
도 무리하게 앉으면 6명까지 가능하

다. 이곳은 '엔도 히로유키(猿渡治之)' 오너셰프가 혼자 운영하는 곳이다.
완전예약제로 디너만 영업한다. 그것도 PC나 핸드폰 이메일로만 예약을
받는다. 접시에 나온 음식을 손님 스스로 일행과 함께 개인접시에 나눠 먹
는 방식이다. 접시도 아주 평범한 스테인리스 접시가 나와 처음엔 웃음이
나올 정도였다. 완전예약제인 만큼 가격이 높다.

메뉴특성

프랑스요리를 베이스로 하고 있다고는 하나, 프렌치 뿐 아니라 일식, 중식
까지 모두 넘나드는 것을 보면 셰프의 창작요리라고 하는 편이 더 적합해
보인다. 드럼 치는 것이 개인적인 취미일 정도로 끼가 넘치고 이벤트를 좋
아해, 어떤 달은 중식 이벤트도 열고 어떤 달은 트뤼플 (truffle 송로버섯)
이 메인이 될 수도 있고, 혹은 일식 가정요리를 재현할 때도 있다. 고객 맘
대로가 아니라 셰프 맘대로이다. 정해진 요리가 따로 없다.

|기|본|정|보|

메뉴 1인분 10,000엔(현금만 가능)
주소 도쿄도 시나가와쿠 히가시 오오이 5-23-22(東京都 品川区 東大井 5-23-22)
영업시간 19 : 00~(완전 예약이기 때문에 시간 변동 가능)
예약메일 hir0ta_66@bronet.jp, bronet@pp.iij4u.or.jp
전화
가까운 역 토큐오오이마치선(東急大井町線) 또는 토큐토요코선(東急東横線)
　　　　　오오이마치역(大井町駅)에서 약 8분
홈 페이지 http://www.bronet.jp/gypcy/hirota-ooimachi.html

|평|가|점|수|

맛	★★★★☆
분위기	★★☆☆☆
서비스	★★☆☆☆
벤치포인트	★★★★☆

바지락볶음

오리훈제구이

● **추천대상** ●

소규모 개인기 영업장에 관
심 있는 분, 창작 응용요리
개발자

● **포인트** ●

☑ 1인 셰프　☑ 창작 요리
☑ 다국적요리
☑ 완전예약제

일본의 '마샤 스튜어트' 가 운영하는 숍&다이닝 공간

구리하라 하루미의 유토리노 쿠칸 에비스본점

栗原 はるみ ゆとりの空間 恵比寿本店

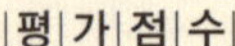

|평|가|점|수|

맛	★★☆☆☆
분위기	★★★★☆
서비스	★★★★☆
벤치포인트	★★★★☆

계절샐러드

그 밖의 반찬

● 추천대상 ●

요리연구가의 브랜드 외식공간에 관심 있는 분, 숍&델리&식당 등 복합 공간 연출에 관심 있는 분,
재료 및 기구 구입에 관심 있는 분

● 포인트 ●

☑ 요리연구가의 외식공간
☑ 가정요리 ☑ 복합공간
☑ 아늑함
☑ 여성취향

'유토리의 쿠우칸' 은 '여유의 공간' 이란 의미로, 일본의 '마샤 스튜어트(Martha Stewart 미국의 유명 요리연구가)' 라고 불리는 유명한 요리연구가 '구리하라하루미(栗原はるみ)' 가 운영하는 숍&다이닝 공간이다. 초록의 나무로 둘러싸인 입구부터 범상치 않아 발길을 머물게 한다. 델리 코너, 식재료를 파는 숍, 레스토랑으로 구성되어 있다.

식사도 하고, 생활 잡화나 책도 사고, 차도 한잔 마실 수 있는 복합 이용 공간을 만들어 놓은 것이다. 요리선생님이라면 '아, 나도 나의 이름을 내건 브랜드 공간을 갖고 싶다.' 라는 꿈을 갖진 분들이 많을 텐데, 여기가 그 모델숍이 되지 않을까 싶다.

한국에서 오신 요리선생님이
나 가정요리연구가들에게 이
곳을 소개하면 모두 시간 가는
줄 모르고 구경하며 좋은 샘플
숍이라고 호응을 보인다. 반지
하에 자리하고 있으나 반지하
의 핸디캡을 충분히 극복한 높
은 천정과 넓게 펼쳐진 구조로
만들어졌다. 나무소재의 정갈
한 테이블이 가지런히 놓여 있
어 여성들의 안식처 같은 인상

이 물씬 난다. 에비스본점을 포함해 이런 복합숍이 전국에 8곳이나 있다.

메뉴특성

유명 요리선생님의 이름을 내걸었으니 몸에 좋은 음식을 기본으로 메뉴특
성을 하고 있다. 식재료 선정에 신경을 썼고 쿠리하라 선생님의 레시피로
음식을 만들고 있어서인지 쿠리하라의 이름이 명기된 메뉴도 있다. 일식이
면 일식, 프렌치면 프렌치, 어느 장르의 음식이라기보다는 일상의 가정식
을 좀 더 세련되게 상품화한 요리선생님의 음식이라고 보면 된다. 세트의
구성이나 재료사용 등은 눈여겨 볼만한 가치가 있다. 하지만 맛의 강약이
약해서 맛이 별로라는 평도 있다. 음식에 비해 가격은 높은 편이다.

| 기 | 본 | 정 | 보 |

메뉴 디너의 구리하라상방고향(반찬 3개, 메인, 밥, 미소시루, 츠케모노) 1,800엔,
　　　에비스런치(원플레이트) 1,575엔, 오늘의 반찬 600엔, 돼지고기흑식초조림 840엔
주소 도쿄도 시부야쿠 에비스 니시 1-21-15(東京都 渋谷区 惠比寿西 1-21-15
　　　コンフォリア代官山Tower B1F)
영업시간 [런치] 11 : 00~15 : 00(L.O 14 : 30) [티타임] 15 : 00~18 : 00(L.O 17 : 30)
　　　　[디너] 18 : 00~22 : 00(L.O 21 : 00, 숍은 19 : 00까지)
휴무 연중무휴
전화 03-3770-6800
가까운 역 JR 에비스역(JR 惠比寿駅), 지하철 에비스역(地下鉄 惠比寿駅)에서 5분
홈 페이지 http://www.yutori.co.jp/brands/yutori.html

도쿄의 세계요리

도쿄의 이탈리안

일본에서의 이탈리안! 어디서부터 이야기해야 할 지 고민이 될 정도로 방대하다. 한국도 이미 파스타가 일상적인 음식으로 패밀리레스토랑과 대학가를 중심으로 대중 음식화가 된 지 오래 되었지만, 일본 이탈리안 음식의 대중성은 역사가 길고 그 깊이도 깊다. 젊은이들 사이에서는, '이탈리아'와 '메시(일본어로 밥의 의미)'를 합쳐서 '이타메시'라는 편한 단어까지 쓰일 정도로 일상적인 밥 종류의 하나가 되었다. 더 이상 레스토랑에서도 붉은 체크클로스와 나무테이블, 이탈리아 삼색기를 내걸면서, '이탈리안 식당이에요' 라는 것을 굳이 강조하지 않아도 되는 시대가 된 것이다. 예를 들어 변두리 전철역 앞에 있는 '포포라마마' 같은 이탈리안 대중 레스토랑에서는 400엔 대부터 즉석 파스타를 먹을 수 있다. 이런 일상의 파스타도 생각했던 것보다 가격 대비 만족도가 꽤 높아 깜

짝 놀랄 때가 한두 번이 아니다. 도쿄엔 이런 대중 이탈리안부터 고급 레스토랑까지 이탈리안 레스토랑이 무척 다양하다. 이탈리안 레스토랑은 리스토란테(ristorante 파인다이닝, 고급레스토랑), 트라토리아(trattoria, 편안하고 캐주얼한 레스토랑), 오스테리아(osteria, 프랑스의 비스트로에 준

하는 밥과 술을 즐기는 편한 식당), 피저리아(pizzeria, 피자전문점) 등으로 구분할 수 있으며, 그 외 파스타만 수십 종류 파는 파스타전문점도 외식업계에서는 따로 분리하여 보고 있다. 도쿄에서 이 탈리안 레스토랑의 벤치마킹은 그 구분을 확실히 해 놓고 시작하는 것이 좋다. 이 책의 맛집을 예로 든다면, 파인다이닝을 구현하고자 할 때는 '아르젠토아소'를, 고급주택가나 그에 준하는 고객을 타깃으로 한 레스토랑을 보고 싶다면 '보스켓타'를, 일본 식재료의 편안한 응용을 보고자 한다면 '굿토 도루 앗키아노'나 '피아토스즈키'를, 오스테리아로 캐주얼하면서 퀄리티가 높은 곳을 원한 다면 '소리아노'를, 파스타점 벤치마킹은 '고에몬' 등을 참고하면 좋겠다. 그리고 2008년 9월에 다이칸야마에 오픈한 '이타리(eataly)'는 eat과 italy를 합성한 이름으로, 요리와 파스타, 잼, 치 즈, 와인 등 이탈리아의 식음료에 관한 미니 박물관 숍처럼 생겼으니 참고해서 보길 권한다. 그리고 우리나라도 점점 이탈리아 중에서도 어떤 지역의 요리를 공부한 셰프냐에 따라 현지 지방색을 독 특하게 띠곤 하는데 일본은 그 색깔이 더욱 농후하다. 이탈리아 북부는 비옥한 평야에 경제적인 발 달 수준이 높다. 양질의 버터나 치즈가 생산되고 파르메산(파르메잔노레자노)치즈, 생 햄 가공품도 발달되었고 리조토 등 쌀요리와 폴렌타(polenta 옥수수가루로 만든 죽 같은 가정요리) 요리도 빠질 수 없다. 중부지방은 수제파스타가 유명하다. 남부는 지중해기후로 토마토를 사용한 요리가 많고 건면 파스타를 많이 먹는다. 다시 정리하면 북쪽은 진하고 농후한 맛이라면 흔히 이탈리아의 심플 한 맛은 남부의 맛이라고 보면 된다. 이 책에서 '엘리오 로칸다 이탈리아나'는 남이탈리아 음식을, '보카디레오네'는 북이탈리아 맛을 선보이고 있다.

도쿄의 프렌치

역사적으로는 1872년은 천황이 육류 시식을
허용한 해로, 그로 인한 양식의 보급이 확대
되었을 것으로 추측된다. 그리고 일본의 양
식(돈가스, 함박스택 등의 양식)이 본격적으
로 프렌치로 가게 된 시점은 1950년대부터
라고 볼 수 있다. 그리고 60년대 '막심 드 파
리'가 오픈하면서 프렌치의 발달에 더욱 박
차는 가하는 계기가 되었다. 그리고 본격적
인 활약은 70년대 후반으로, 프랑스에서 요
리공부를 하고 돌아온 셰프들이 각지의 레스
토랑에서 활동하기 시작하면서 부터이다.

그리고 80년대에 들어와서는 오너셰프가 증가했으며 90년대에 들어서는 해외의 고급 프렌치레스
토랑의 지점이 들어오는 것과 동시에 도쿄에 캐주얼레스토랑 또는 비스트로가 증가하기 시작했다.
2000년에 들어서는 점점 일본인의 개성이 녹아난 레스토랑이 빛을 발하며 나타나기 시작했다. 그
리고 2008년은 프랑스와 일본의 교류가 시작된 지 150년이 되는 해로 프랑스 관련 산업에 각별한
의미가 부여되게 되었다.

프렌치레스토랑은 차치하고 다른 종류의 음식을 파는 식당에 가면 정말 일본의 식생활에 프랑스
음식 문화가 많이 퍼져 있음을 실감하게 된다. 음식이 서비스되는 방식이나 이름에서 프랑스 식문
화의 저변 확대를 느낄 수 있다. 이자카야에서는 패주를 에스카르고 요리처럼 만들어 나오는가 하
면 데판야키집에서는 전복을 구운 뒤 그 내장은 부용(bouillon 고기, 야채를 넣어 끓인 프랑스요리
의 기본 육수)으로 해서 나오는 등 다른 장르에 프랑스 조리방식이 많이 사용되고 있다.

뿐만 아니라 도쿄의 트렌드로 '파리화되어 가는 도쿄레스토랑'의 특징을 손꼽곤 한다. 유기농와인

이 늘어서 있는 와인이자카야. 메뉴는 파리의 비스트로 메뉴를 중심으로 하되 오키나와요리를 결합시키거나 시노와요리를 조합시키는 경우도 종종 있다. 그리고 80년대에 등장해서 90년대 일본 프렌치의 붐이 된 프리픽스(프랑스어:Prix Fixe) 메뉴. 프리픽스의 원래 의미는 '선택할 수 있는 코스요리'로, 예를 들어 전채, 메인, 디저트를 선택해 코스로 먹을 경우 이 요리를 각각 알라카르테(일품요리)로 먹을 때보다 가격 면에서 보다 합리적이고 거기에 선택하는 재미까지 더하는 것을 말한다. 지금은 이런 프리픽스가 프렌치뿐만 아니라 이탈리아 식당이나 일식, 중식에서도 다 쓰이고 한국에서도 코스요리가 대개 이런 방식을 취하고 있다. 이제 프리픽스는 외식업계 전반에서 일상적인 용어가 되었으며 3,000엔대 프리픽스냐, 5,000엔대의 프리픽스냐로 그 가격선의 코스를 나타내는 의미로도 쓰이고 있다.

프렌치레스토랑은 '고급레스토랑', '일반 레스토랑'으로, 조리법이나 분위기에 따라서는 대중적인 방식인 '비스트로(bistro)나 브라세리(brasserie)', '크레프전문점' 등으로 나뉠 수

있다. 고급레스토랑은 그랑메종(Grande Maison)이라고 불리며 요리뿐만 아니라 공간의 분위기, 서비스 등 모든 것이 일상적이지 않은, 고급스러운 느낌의 레스토랑을 말하며 객단가도 1인분에 2만 엔 이상(와인 제외)을 최소로 예상해야 된다. 여기서도 클래식한 타입으로 볼 때는 '로지에'를 예로 들 수 있고 모던한 타입으로는 '죠엘 로브숑', '피에르 가니에르' 등을 들 수 있다. 이런 레스토랑에는 남녀 정장의 드레스코드가 요구되게 된다. 그에 반해 일반 레스토랑은 보통 5천 엔-7천엔 대의 코스가 있고 셰프의 응축된 아이디어를 맛볼 수 있는 곳으로 서비스도 고급스럽다. 이 책에서는 '세토모', '알라딘' 등이 이에 속한다고 볼 수 있다. 그리고 코스보다는 알라카르테(일품요리)를 즐기는 비스트로. 이런 곳의 감초 같은 메뉴로는 파테드캄파뉴(시골풍파테), 포토푀(pot-au-feu, 고기, 야채가 들어간 스프식 가정요리) 등이 포함되며 '오자미듀방', '누가', '라피쵸리드루루' 등이 포함된다. 그리고 브라세리는 비스트로와 요리는 크게 다르지 않으나 보통 슈크르트(choucroute 소금에 절인 양배추)가 들어간다.

도쿄의 인도&태국&베트남

인도 카레는 이미 익숙한 음식이지만 남인도음식하면 이미지가 금방 떠오르지 않는다. 우리가 보는 대부분의 인도요리는 북인도 쪽이라 해도 과언이 아니다. 이는 도쿄도 마찬가지이다. 북쪽은 마일드하면서 진한 카레에 밀가루로 만든 '난'이란 빵을 함께 먹는다. 그에 반해 남쪽은 묽고 매운 카레가 많고 함께 먹는 것도 주로 밥이며 반드시 사용하는 향신료가 월계수 잎과 비슷하게 생긴 카레잎(Curry leaf)으로, 이것이 자극의 주역을 맡고 있다.

한국을 좋아한다며 "저 한국음식 너무 좋아해요. 떡볶이, 파전 너무 맛있어요."라고 말하는 일본인들을 종종 만난다. 그럼 난 속으로 '좀 더 비싼 것 좀 좋아하면 안 되나? 한국 음식 중에 고급스러운 것도 얼마나 많은데…'라며 속상해 했었는데, 결국 내가 가장 태국다운 맛을 느낀 것은 태국 길거리 분위기가 물씬 나는 태국국수집인 '게우차이 신주쿠점'이었다. 짧은 일정의 여행객들에게 남는

그 나라의 인상은 현지 대중들이 편하게 팔고 부담 없이 먹는 다소 진한 음식에서 그 향수를 느끼는 것 같다. 일본에서 태국의 지독히 짠 남프라의 맛과 레몬글라스의 향기를 즐길 수 있는 곳을 소개했다. 특히 여러 개의 타이식당과 타이식재료를 취급하고 있는 '게우차이'의 특색 있는 지점과 편한 밥집' 메야우'를 참고하길 바란다.

베트남요리하면 무엇이 떠오르는지? 쌀국수 아니면 춘권 정도가 아닐까? 우리나라 사람들은 국물을 좋아하기에 베트남요리 중에서도 대중적인 국물국수 '포'가 쉽게 정착했다고 본다. 베트남사람이 본다면 베트남의 수많은 요리 중에서 왜 하필 쌀국수만 팔고 있냐고 속상해 할 지 모르겠다만 말이다. 개인적으로, '미레이'에서 베트남요리의 다양성을 본 뒤, 베트남에 가보고 싶은 욕구에 불이 붙어 기어이 베트남의 호치민과 하노이 맛집을 헤매며 짠내 나는 늑맘에 빠지게 되었던 적이 있었다. '키친'은 틀에 박힌 베트남의 이미지를 벗어나 아기자기하게 카페로 꾸민 베트남요리집으로 카페 유형의 공부가 되었다.

차별적 분위기와 서비스, 최고란 칭호가 아깝지 않다

샤또레스토랑 죠엘 로부숑

ジョエル・ロブション / JOEL ROBUSHON

|평|가|점|수|

맛　　　　★★★★☆
분위기　　★★★★★
서비스　　★★★★★
벤치포인트　★★★★☆

에비스가든플레이스(恵比寿 ガーデンプレイス) 정면에 보이는 커다란 성은 박물관도 갤러리도 아니다. 다름 아닌 레스토랑. 위치도 위치지만 인기, 맛, 서비스 면에서도 끊임없는 주목을 받고 있다. 세계적인 셰프 '죠엘 로부숑' 이 파리에서 미슐랭 별 3개를 단기에 획득한 실력을 바탕으로 일본에 진출하여 86년, 88년 두 번에 걸쳐 도쿄에서 성공적인 시범 만찬을 선보이면서 서서히 그 명성을 확인시켰다. 그리고 94년 '샤또레스토랑 따유방 로브숑' 을 지금의

치즈왜건

푸아그라소테와 복숭아콩포트

● **추천대상**
최고급 프렌치, 고급 서비스 및 인테리어, 빵과 디저트 개발에 관심 있는 분

● **포인트**
✓ 최고급 프렌치
✓ 인테리어와 서비스
✓ 성곽외관

자리에 총괄 기획하여 오픈했다. 그 뒤 2004년에는 '샤또레스토랑 죠엘 로브숑' 으로 리뉴얼하면서 거듭났다. 물론 다른 고급레스토랑에 비해 몇 배의 비용을 지불하고 먹어야 되지만 확연히 차별화된 분위기와 서비스를 경험할 수 있어, '역시! 죠엘 르부숑' 이라는 말을 절로 하게 된다. 진곤색의 카펫 위에 빙 둘러선 벽면모서리에는 유리벽이 있다. '왜 유리를 벽에 둘러 놓은 걸까?' 라고 의아해 했는데, 다름 아닌 샴페인 병 또는 샴페인글라스 내부를 연상하도록 한 것이란다. 샴페인글라스 속에 앉아 천정을 보면 쏟아질 것 같은 바카라 샹들리에가 빛나고 있다. 이런 곳에서 식사를 하는 3-4시간은 어느 누구든 궁전의 공주가 될 수밖에 없다. 잠시 자리에 떠나 화장실에 다녀오면 어느새 풀 먹인 듯 빳빳한 새 냅킨이 테이블에 다시 깔려 있으며 의자를 꺼내주기 위해 나를 기다려주는 웨이터도 있다. 결혼기념일이나 젊은 커플의 프러포즈 등 이벤트가 열리는 테이블도 꽤 있다. 식사 후 나갈 때에는 조엘 로부숑 베이커리에서 만든 빵을 여성고객에게만 선물로

준다. 손님 수만큼 또는 그 이상으로 종업원이 많
다. 이런 고급 서비스는 무리해서라도 한 번쯤은
경험해볼 만한 가치가 있다고 생각한다. 연말에
는 스페셜코스(4만 엔 안팎)만 제공하나 최소 1달
전에는 예약을 해야 한다.

메뉴특성

식사 전에 빵 왜건이 등장하여 빵을 선택하는 것
부터 고민에 빠지게 한다. 가장 먼저 제공되는 미
니 바게트도 맛있지만, 안초비가 들어간 크루아

디저트왜건

상 같이 특이한 빵 하나 정도는 더 선택하는 것이 좋다. 코스는 고객이 메뉴
를 선택하는 방식이 아니라 아뮤즈부쉐(Amuse-bouche, '입안을 즐겁게
하는 요리' 라는 뜻으로 식전 주와 함께 하는 가벼운 요리)부터 디저트까지
셰프가 만든 구성에 모두 따르게 되어 있다. 코스 중에는 다양한 빵이 가득
한 왜건, 치즈 왜건, 디저트 왜건이 포함되어 있어 고객이 그 종류와 양을
선택할 수 있다. 예를 들어 복숭아가 맛있는 계절에는 푸아그라소테(소테:
버터를 녹인 프라이팬이나 철판에 굽는 방법)에 복숭아 콩포트(과일의 시
럽조림)를 곁들여서 그 절기의 맛을 즐기게 한다. 메인으로는 산지직송 도
미 뮤니에르(Meuniere 생선에 밀가루를 묻혀서 버터를 넣은 팬에 지진
것), 심플한 돼지고기의 구이 등으로 위장에서 느끼는 메인의 부담감을 줄
이려는 시도가 엿보인다. 디저트로는 일단 무화과 케이크에 카페크림이 얹
어져 나오고, 그 뒤 티타임에는 앙증맞은 디저트가 집합해 있는 왜건이 등
장한다. 특히 마카롱을 한 입 물었을 때 그 촉감과 세련되고 부드러운 단맛
은 감동적이었다. 도쿄 최고의 마카롱에 속한다고 봐도 과언이 아니다.

| 기 | 본 | 정 | 보 |

메뉴 런치코스 8,960엔부터, 디너코스 24,650엔 / 35,000엔(16plats)
주소 도쿄도 메구로쿠 미타 1-31-1에비스 가든 플레이스 내(東京都 目黑区 三田 1-31-1)
영업시간 11 : 30~14 : 30(L.O), 18 : 00~22 : 00(L.O.)
휴무 부정기적이나 거의 무휴
전화 03-5424-1347
가까운 역 JR 에비스역(JR 惠比寿駅), 지하철 에비스역(地下鉄 惠比寿駅)에서 7분
홈 페이지 www.robuchon.jp

미슐랭 스타의 고급 프렌치 레스토랑

피에르 가니에르

ピエール–ガニエール / PIERRE GAGNAIRE A TOKYO

| 평 | 가 | 점 | 수 |

맛 ★★★★☆
분위기 ★★★★★
서비스 ★★★★★
벤치포인트 ★★★★☆

푸아그라도가츠오치즈

뱅존

● **추천대상** ●
분자요리 프렌치, 세계적 유
명 셰프의 스타일을 보고 싶
은 분

● **포인트** ●
☑ 미슐랭스타　☑ 분자요리
☑ 고급 서비스와 인테리어

프라다 등 대형 명품숍이 경쟁을 펼치고 있는 미나미아오야마(南青山)에 위치하고 있다. 파리의 미슐랭 스타이자 분자요리(molecular cuisine)로 유명한 '피에르 가니에르' 셰프의 도쿄점이다. 파리와 같은 콘셉트이며 가니에르 셰프도 1년에 4회 도쿄를 방문한다. 따라서 이때는 예약이 더욱 밀린다. 가니에르 셰프는 실력도 실력이지만 외모도 인기에 한 몫 하는 터라 입구 벽면에

그의 이미지 사진이 걸려 있다. 전체 홀은 원형의 열린 공간으로 그 자체가 손님을 압도할 수도 있으나 서비스 스태프들의 노련함으로 금방 고객의 마음을 편하게 누그러뜨려 여러 번 왔던 공간처럼 빠져들게 만든다. 분자 요리의 깊은 이해까지는 무리라 하더라도 먹고 나면, 누구나 요리의 섬세함과 디스플레이의 뛰어남에 동감하게 된다. 디너코스 중 메인이 끝나고 디저트코스가 시작되면 디저트 냅킨으로 교체되면서 5가지의 디저트가 각 접시에 차례로 나오는 것이 인상적이다. 왜건으로 서비스되는 고급 프렌치와는 다른 방식이다. 프렌치 레스토랑의 고급 버전 디저트에 특히 관심이 있다면 피에르 가니에르가 많은 도움이 될 것이다. 런치라면 맑은 날 창가 자리를 만끽하는 것이 좋겠다. 예약 가능한 언어는 일어, 영어, 불어, 중국어이다.

| 기 | 본 | 정 | 보 |

메뉴 런치코스 6,000엔부터, 디너코스 19,000엔부터, 서비스료 12%
주소 도쿄도 미나토쿠 미나미 아오야마 5-3-2(東京都 港区 南青山 5-3-2 南青山スクウェア 4F
영업시간 11 : 30~14 : 00(L.O), 18 : 00~22 : 00(L.O)
휴무 일요일, 공휴일, 여름휴가 및 연말연시 1주일
전화 03-5466-6800
가까운 역 긴자선(銀座線) 또는 치요다선(千代田線) 또는 한죠몬선(半蔵門線)
　　　　　오모테산도역(表参道駅)에서 3분
홈 페이지 www.pierre-gagnaire.jp

로지에　ロオジエ / L'OSIER

1986년 시세이도 화장품이 일본 제1위 프렌치레스토랑을 목표로 오픈하여 초기 방향 그대로 부동의 그랑메종으로 자리 잡고 있다. 로지에는 일본 여성들이 백마 탄 왕자에게서 프러포즈를 받고

싶은 장소이다. 그런 상징적인 곳이기에 토요일 예약은 3개월 전에는 꼭 해야 할 정도로 인기가 있다. 몇 년 전에 비해 더욱 모던한 분위기로 변신한 이곳은 바닥은 진한 카펫, 중앙은 둥근 원탁의 테이블, 가장자리는 사각테이블로 구성되어 있다. 20세기 프랑스를 대표하는 화가 등 여러 아티스트의 작품들이 내부를 장식하고 있다. 디너는 고급 비즈니스 고객부터 연인 등 고객층이 다양한데 점심에는 중년의 여성고객이 많은 편이다. 특히, 시간적, 경제적으로 여유 있는 마담들의 런치 아지트로 유명하다.

메뉴특성

요리 하나하나가 섬세하고 데커레이션에 손색이 없다. 특히 트뤼플 향을 잘 간직한 메인요리의 뚜껑이 열릴 때가 클라이맥스다. 코스의 마지막에 20여종의 3단으로 구성된 디저트 왜건이 나올 때는 감탄의 탄성이 나오게 된다. 와인리스트의 탄탄함은 명성에 걸맞은데, 음식 가격이 고가인 것을 감안한다면 그에 비해 와인 가격은 적정하다는 평가도 있다. 홈페이지 내에 와인리스트가 있어 방문 전 검토를 하거나 와인리스트 구성에 관심 있다면 꼼꼼히 살펴볼만하다.

| 평 | 가 | 점 | 수 |

맛	★★★★☆
분위기	★★★★★
서비스	★★★★★
벤치포인트	★★★★☆

디저트왜건

● **추천대상** ●

고급 인테리어, 프렌치 메뉴 및 와인리스트, 디저트 구성 및 서빙에 관심 있는 분

● **포인트** ●

☑ 그랑메종　☑ 디저트 왜건
☑ 와인리스트

| 기 | 본 | 정 | 보 |

메뉴 런치코스 6,800엔 / 9,000엔 / 11,000엔, 디너코스 20,160~25,000엔
주소 도쿄도 주오쿠 긴자 7-5-5(東京都 中央区 銀座 7-5-5)
영업시간 12 : 00~14 : 30(L.O), 18 : 00~21 : 00(L.O)
휴무 일요일, 공휴일
전화 03-3571-6050
가까운 역 지하철 긴자역(地下鉄 銀座駅)에서 7분, JR 신바시역(JR 新橋駅)에서 7분
홈 페이지 www.shiseido.co.jp/losier

세계 20위에 선정된 아시아 최고의 레스토랑

레 크레아숀 드 나리사와

レ·クレアシヨン·ド·ナリサワ / LES CREATIONS DE NARISAWA

|평|가|점|수|
맛	★★★★☆
분위기	★★★★★
서비스	★★★★☆
벤치포인트	★★★☆☆

화이트아스파라거스

옥돔 & 랍스터 리조토

● 추천대상 ●

고급 프렌치 레스토랑의 인테리어, 메뉴구성, 서비스, 주방세팅 전반에 관심 있는 분

─────────

● 포인트 ●

☑ 파인다이닝 ☑ 오너셰프
☑ 이벤트 ☑ 예약응대

2003년에 오픈한 나리사와 레스토랑은 유명 패션업체 등의 프로모션을 진행한 경력이 많다. 그래서 이벤트에 집중하는 레스토랑이라고 생각해 처음엔 별 관심을 갖지 않았다. 그런데 알고 보니, 근래에 꼭 가봐야 될 파인다이닝으로 손꼽히는 곳이었다. 더군다나 기업에서 하는 곳이 아니라 개인 셰프의 개성을 확실히 담은 곳이니 말이다.

디저트왜건

외관과 내부 모두 모던한 공간 연출로, 처음에 들어가면 다소 주눅이 들 수도 있다. '내가 이 공간에 잘 어울리는 걸까? 오늘 내가 입은 옷이 너무 초라하지는 않나?' 짧게 나를 돌아보는 순간, 홀을 총지휘하고 있는 나리사와 셰프의 아내가 와서 자연스럽게 몇 마디를 건네며 손님의 긴장을 풀어주고 편안히 식사할 준비를 해준다. 오랜 시간 식사 끝에 남은 마지막 손님이 되어서, 나리사와 셰프의 설명

을 들어가며 업계에서 유명한 주방까
지 들어가 볼 수 있었다.
접이식 문을 활짝 열면 주방과 홀은
어떤 경계도 없이 하나가 되어버린다.
전쟁 같은 프렌치 코스를 마친 주방이
라고는 생각할 수 없을 정도로 물기
하나 없이 깔끔한 주방에 놀랐고 그것
을 유지하는 스태프들이 대단해 보였
다. 지하 2층에는 수족관도 있어 싱싱
한 활어 및 갑각류를 보유하고 있다.
예약이 어려운 편이고, 예약 시 비즈

주방내 모습

니스인지 개인 방문이지 세심하게 물어보는 것도 인상적이다.

메뉴특성

고급 레스토랑인 만큼 나리사와 셰프의 재료 수급과 그 요리 실력을 확인
할 수 있다. 봄에 갔을 때는 최상의 '화이트아스파라거스' 가 어떤 맛과 질
감을 가진 것인지 경험할 수 있었다. 그리고 자작나무수액으로 만든 오가
닉바게트부터 시작하여 한 가지 한 가지 음식 및 재료에 스토리를 담고 있
었다. 봄 양배추, 천연복 고니를 이용한 비취빛 스프, 메밀 씨를 이용한 리
조트와 옥돔, 심플한 오리스테이크와 허니 소스, 겨울의 지비에(gibier 사
슴, 멧돼지 등 야생동물) 등 요리 하나하나가 심플하면서 재료 선정의 세심
함이 감지된다. 마지막 디저트는 왜건 서비스로 10여 가지 이상의 케이크
와 과자 종류가 나온다.

| 기 | 본 | 정 | 보 |

메뉴 런치 4,725엔 / 7,350엔 / 12,600엔, 디너코스 21,000엔
주소 도쿄도 미나토쿠 미나미 아오야마 2-6-15(東京都 港区 南青山 2-6-15)
영업시간 12 : 00~13 : 30, 18 : 30~21 : 00
휴무 일요일, 월요일은 부정기적 휴일
전화 03-5785-0799
가까운 역 긴자선(銀座線) 또는 한조몬선(半蔵門線)또는 오오에도선(大江戸線)
　　　　　 아오야마잇쵸메역(青山一丁目駅)에서 4분
홈 페이지 http://www.narisawa-yoshihiro.com/

다시 한 번 먹어보고 싶은 프렌치 게스프

라비란토 시노하시점 ラビラント 四の橋店 / LABYRINTHE

게스프

브레스영계콩퍼

● **추천대상** ●

주택가에서 운영하는 클래식한 프렌치레스토랑에 관심 있는 분, 게 스프 등 깊은 맛 프렌치
메뉴 개발자, 알라카르테만으로 운영하는 방식에 관심 있는 분

● **포인트** ●

☑ 클래식 프렌치
☑ 가니스프 ☑ 알라카르테
☑ 어른식당

시로가네다이(白金台)의 오래된 상점가 초입에 있는 프렌치레스토랑. 어두운 조명 아래 오픈 키친 안에서 엄숙히 일에 열중하는 사카모토(坂本) 셰프의 모습, 촛농이 흘러 넘쳐 산을 이룬 촛대들, 낯선 레스토랑에 들어와 아직 적응하지 못하는 고객들을 편하게 해주는 홀 스태프의 노련한 센스 등, 이 모든 것들이 라비란토가 오래되었음을 입증하고 있다. 전체적인 분위기는 클래식하면서 약간 남성적이다. 중년을 타깃으로 하는 레스토랑이기 때문에, 프렌치레스토랑이 익숙지 않은 사람들은 처음엔 불편해 할 수도 있어 보인다. 메뉴북을 일어, 영어, 불어로 준비하고 있고 테이블의 주빈(물주?)인 남성에게는 가격이 표시된 메뉴를 주고, 즐기기만 하면 될 것 같은 여성에게는 가격 표시가 없는 메뉴를 주는 것도 클래식 스타일을 따른 흔적이다. 이 라비란토는 1997년에 오픈하였고 마루노우치(丸の内)지점도 있다.

메뉴특성

마침 방문했을 때가 10월말로 좋은 굴이 나오기 시작할 때였다. 시즌 메뉴로 싱싱한 석화를 추천하기에 두 번 생각할 것도 없이 굴과 화이트와인인 샤르도네를 주문하여 입맛을 돋운 뒤, 이 집의 명물로 자리 잡은 게 스프(쓰가니 스프)를 기다렸다. 와인을 마실 때 향부터 음미하듯, 스프의 향을 음미

한 뒤 먹으면 천연 게의 향과 맛을 두
배로 즐길 수 있다. 다소 무거운 느낌
의 자연곡물 빵을 걸쭉한 게 스프와 함
께 즐겨도 잘 맞는다. 메인은 생선보
다는 고기를 추천하고 싶은데, 심플한
요리인 '프랑스 브레스산(프랑스의 닭
으로 유명한 지역) 브레스 영계 콩피',
레드와인 소스의 안심 등을 시식해본
다면 셰프의 내공을 확인하게 된다.
뜨거운 메인은 모두 뚜껑이 덮어져 나
와, 음식의 향을 꼭 담은 채 선보이는
정성을 느끼게 한다. 디저트는 케이크
중심으로 카트에 나오는데, 롤케이크
등 평범하고 편안한 케이크 류가 많
다. 모양새는 평범하나 직접 먹어보면
크게 달지 않고 직접 만든 케이크의 촉
촉함이 전해진다. 와인은 5,600엔부
터 값비싼 와인까지 구성되어 있다.
런치, 디너 메뉴 모두 알라카르테(일
품요리)만 선택하는 방식인데, 양이

많아서 여성이라면 전채나 스프 하나에 메인만 주문해도 충분할 정도이다.
술을 못하는 분이라면 이 집에서 직접 만든 진저에일을 선택하면 맛과 향
이 좋아 후회가 없다.

| 기 | 본 | 정 | 보 |

메뉴 셰프 추천 샐러드 840엔, 게 스프 1,050엔
　　　 브레스산 영계콩피 2,835엔, 와규 뼈가 붙은 안심그릴 3,202엔
주소 도쿄도 미나토쿠 시로가네 3-2-7(東京都 港区 白金 3-2-7 CKI ハイム)
영업시간 12 : 00~24 : 00
휴무 연중무휴
전화 03-5420-3584
가까운 역 남북선(南北線) 또는 미타선(三田線) 시로가네다카나와역(白金高輪駅) 7분
홈 페이지 http://www.labyrinthe.co.jp/

기본기가 충실한 클래식 프렌치

레스토랑 알라딘 レストラン アラジン / RESTAURANT ALADDIN

카와사키(川崎誠也) 셰프의 얼굴을 보면 과연 정교한 프렌치요리가 나올까하는 염려(?)가 생길 정도로 터프한 외모인데, 의외로 요리 한 접시 한 접시는 기본에 무척 충실한 클래식한 요리들이다. 처음 간 날 먹은 포토푀 (pot-au-feu, 고기, 야채가 들어간 스프의 가정요리)와 애플파이에 반해서 그 뒤로 여러 번 반복해 갔다. 그리고 이곳의 맛을 프렌치의 기준으로 삼고 싶었다. 맛이 아주 세련된 것도 아니고 시대를 앞서는 요리도 아니지만 흔들림 없는 기본의 맛, 특히 클래식한 프렌치를 지키고 있기 때문이다. 와인은 프랑스의 부르고뉴 화이트와 레드의 선별이 음식과 잘 매치된다. 맛과 분위기에서 전통을 고수하는 까닭에 고객의 연령대는 높은 편이고 단골 손님을 중심으로 운영하는 앤티크 스타일의 분위기가 뚜렷한 레스토랑이다.

메뉴특성

식사는 따뜻한 하드롤이 바삭하게 부서지는 감촉과 잘 익은 올리브를 먹는 것으로 시작된다. 특히 푸아그라를 이용한 요리가 다양한데, 우엉, 닭, 마 등이 들어간 테린 형태의 가란티누(galantine)와 마데라소스를 넣어 만든 '푸아그라포와레'가 대표적이다. 생선요리는 큼직한 도미머리가 구워져 나올 때도 있을 만큼 과감성이 있고 육류는 겨울의 지비에(gibier 사슴, 멧돼지 등 야생동물)나 메추라기, 비둘기 등 여러 종류의 고기가 철마다 달리 요리된다.

|평|가|점|수|

맛	★★★★☆
분위기	★★★★☆
서비스	★★★★☆
벤치포인트	★★★★☆

푸아그라가란티누

도미머리그릴

● 추천대상 ●
클래식한 프렌치 레스토랑의 운영과 인테리어에 관심 있는 분

● 포인트 ●
☑ 클래식 프렌치
☑ 푸아그라
☑ 부르고뉴 와인

|기|본|정|보|

메뉴 디너 7,000엔 / 10,000엔, 런치 3,600엔 / 5,200엔 / 6,800엔, 서비스료 10%
주소 도쿄도 시부야쿠 에비스 2-22-10(東京都 渋谷区 恵比寿 2-22-10 広尾リバーサイドG1F)
영업시간 12 : 00~15 : 30(L.O 14 : 00), 18 : 00~23 : 30(L.O 21 : 30)
휴무 일요일
전화 03-5420-0038
가까운 역 히비야선(日比谷線) 히로오(広尾駅)역에서 12문, JR 에비스역(JR 恵比寿駅)에서 15문
홈 페이지 http://www.restaurant-aladdin.com/

프랑스 향토 요리를 세련되게 표현하는 곳

르 브르기니온 ル・ブルギニオン / LE BOURGUIGNON

번화한 롯폰기역(六本木駅)에서 십여 분 걸어 들어간 왕복 2차선의 도로변에 작은 주택을 개조한 아담사이즈의 레스토랑이다. 이곳은 2000년에 오픈한 이래 줄곧 프랑스 향토요리를 세련되게 표현하는 곳으로 유명하다. 브르기니온에 다녀온 이들의 비슷한 소감은, 유명 레스토랑임에도 불구하고 셰프나 스태프들이 너무 겸손하고 어떤 손님이든 문밖까지 나와서 손님이 안보일 때까지 배웅하는 것에 감동을 받았다고 한다. 식사 중 음식 서비스도 매우 섬세하며 빠르고 편안하다. 단, 테이블 간 간격이 좁은 편이라 다소 옆 테이블이 신경 쓰일 수도 있다. 최고급 버전의 인테리어 자재를 사용하여 고객을 사로잡은 파인다이닝도 있지만 이곳은 따뜻한 분위기의 연출만으로 여성 고객들을 유치하는 대표적인 곳이다. 파인다이닝과 비스트로의 중간 형태의 레스토랑이다.

메뉴특성

프랑스의 향토요리 중 내장요리가 특히 유명하다. 내장요리의 실력이 뛰어나니 겨울에 선보이는 지비에(gibier 사슴, 멧돼지 등 야생동물)요리도 수준급. 생선이나 육류의 로스트 실력이나 소스와의 어울림이 자연스러워 어느 것도 크게 빠지는 요리가 없다. 와인 마니아들은 이곳을 80년대 부르고뉴 와인을 적정 가격에 마실 수 있는 곳으로 추천한다. 저녁엔 5,500엔 코스만으로도 제대로 된 요리를 즐길 수 있다.

|평|가|점|수|

맛	★★★★☆
분위기	★★★★☆
서비스	★★★★☆
벤치포인트	★★★★☆

연어무스가채워진 슈

안심스테이크

● 추천대상 ●
주택가 양식당 운영 및 분위기에 관심 있는 분

● 포인트 ●
☑ 프랑스 향토요리
☑ 부르고뉴와인 ☑ 따뜻함

|기|본|정|보|

메뉴 런치 2,500엔 / 4,500엔, 디너 5,500엔 / 7,000엔 / 10,000엔, 서비스료 10%
주소 도쿄도 미나토쿠 니시아자부 3-3-1(東京都 港区 西麻布 3-3-1)
영업시간 11 : 30~15 : 00, 18 : 00~23 : 30
휴무 수요일, 둘째 주 화요일
전화 03-5772-6244
가까운 역 지하철 롯본기역(地下鉄 六本木駅)에서 10분

한 가지 코스만 가능한 모던 프렌치 레스토랑

셰토모 シェトモ / CHEZ TOMO

'나는 요리사가 되기 위해서 태어난 사람이다. 요리 이외에는 어떤 것도 할 수 없다' 라고 말하는 이치가와 코모지(市川知志) 씨가 '토모' 의 오너이자 셰프이다. 테라스를 포함한 30석 정도의 테라스 좌석이 있고 흰색 톤의 깔끔한 분위기를 연출한 모던한 프렌치 레스토랑이다. 셰토모가 위치한 지역이 고급 주택가 주변인만큼, 고객층도 나이가 좀 있는 가족 손님들부터 데이트를 즐기는 커플까지 다양하다.

메뉴특성

나는 셰토모 하면, 가로, 세로 30cm의 커다란 사각 접시에 25가지 이상의 계절 야채를 담은 전채가 제일 먼저 떠오른다. 많은 종류의 야채가 한입 크기로 데쳐져도 있고, 구워져도 있고, 마리네이드된 것도 있고 가지가지이다. 싱싱한 샐러드 한 접시와는 분위기가 전혀 다르다. 이렇게 말하면 여성 고객의 취향을 쫓아가는 아기자기한 레스토랑처럼 생각될 수도 있겠지만, 전체적인 메뉴 구성을 보면 일반 프렌치의 강약도 충분히 느껴진다. 그리고 크지 않은 규모의 레스토랑에서 나오는 디저트의 종류가 다채로운 것도 또 하나의 기쁨이다. 디너든 런치든 한 가지 코스만 가능한데, 가격대비 구성이 아주 충실한 편이다. 디너의 경우 6접시로 구성된다.

|평|가|점|수|

맛 ★★★★☆
분위기 ★★★★☆
서비스 ★★★★☆
벤치포인트 ★★★★☆

계절야채모둠전채

메인요리

● **추천대상** ●
현대적 프렌치 메뉴 개발자, 야채의 프렌치적 재해석을 벤치마킹하고자 하는 분

● **포인트** ●
☑ 고급 양식당 ☑ 단일코스
☑ 야채요리

|기|본|정|보|

메뉴 런치코스 2,890엔, 디너코스 5,780엔, 서비스료 10%
주소 도쿄도 미나토쿠 시로가네 5-15-5 1층(東京都 港区 白金 5-15-5 1F)
영업시간 11 : 30~15 : 00(L.O), 18 : 00~23 : 00(L.O)
휴무 월요일(공휴일인 경우 화요일)
전화 03-5789-7731
가까운 역 히비야선(日比谷線) 히로오(広尾駅)역에서 12분,
　　　　　JR 에비스역(JR 恵比寿駅)에서 15분
홈 페이지 http://www.chez-tomo.com/

오 구 도우 쥬르 オ-·グ-·ドゥ·ジュール / AU GOUT DU JOUR

빌딩 1층에 위치하고 있지만 입구가 따로 있어 별도의 레스토랑으로 들어가는 것 같다. 들어선 순간 '아, 밝다!' 라는 느낌이 확 와 닿는다. 전반적으로 은은한 옐로우와 베이지색이 주를 이루고 있고 테이블에 놓여 있는 꽃과 화사한 접시는 초여름 꽃무늬 원피스를 떠올리게 한다. 스태프들의 표정이 그렇게 밝을 수 없고 나오는 음식이 물 흐르듯이 자연스럽다. 와인젤리 위에 콩과 야채와 자몽을 얹은 전채는 상큼하게 입맛을 돋우어 준다. 도미 뮤니에르(Meuniere 생선에 밀가루를 묻혀서 버터를 넣은 팬에 지진 것)나 안심로스트도 헤비하지 않고 편안하다. 이곳은 맛, 분위기, 서비스 등 뭐하나 흠잡을 데 없는 모범생 같은 레스토랑이다. 그렇기 때문에 모범적이라는 기억은 뚜렷하나 특별한 이미지가 강렬히 남지는 않는다. 오 구 도우 쥬르 그룹은 이곳 외에도 도쿄 내 유명 프렌치레스토랑 4곳을 가지고 있는 프렌치 외식에 전문성을 가지고 있는 곳이다.

|평|가|점|수|

맛　　　　★★★★☆
분위기　　★★★★☆
서비스　　★★★★★
벤치포인트　★★★☆☆

생선그릴

● **추천대상**

여성 취향의 양식당 인테리어와 모던 프렌치 메뉴 개발자

● **포인트**

☑ 인테리어
☑ 모던 프렌치 메뉴
☑ 완벽한 구성

|기|본|정|보|

메뉴 런치코스 2,950엔 / 5,000엔 / 6,300엔
　　　디너코스 5,800엔 / 7,900엔 / 10,500엔
주소 도쿄도 지요다쿠 욘반초 4-8 노무라 빌딩 1층
　　　(東京都 千代田区 四番町 4-8 野村ビル 1F)
영업시간 11：30〜14：00(L.O), 18：00〜21：30(L.O)
휴무 월요일
전화 03-5213-3005
가까운 역 JR 이치가야역(JR 市ケ谷駅), 유락초선(有楽町線) 고지마치역(麹町駅),
　　　JR요쯔야(JR 四ッ谷)역에서 5-10분거리
홈 페이지 http://www.augoutdujour-group.com/

점심은 아버지의 경양식, 저녁은 아들의 프렌치

레스토랑 사카키 レストラン・サカキ / RESTAURANT SAKAKI

51년 찻집으로 시작한 경양식집을 이어받은 지금의 아버지. 그리고 3대째인 그의 아들(榊原大輔)이 2002년 경양식집을 리뉴얼을 해서, 점심에는 에비프라이(새우튀김정식), 카레라이스 등의 일본풍 양식을 팔고 저녁에는 똑 부러지는 프렌치를 차려내는 프렌치 레스토랑으로 바꾸었다. 일본에서도 존재하기 어려운 두 가지 스타일의 음식을 하고 있는 셈이다. 아버지는 전형적인 일본풍의 양식을 하고 있었으나 지금은 아들이 도쿄에서 유명한 프렌치레스토랑 '기타지마테이(北島亭)'에서 수업을 받고 프랑스로 넘어가 2년간 공부를 하고 와서 아버지의 레스토랑을 재탄생시켰다. 처음엔 고전했지만 리뉴얼 6개월 후부터 매출이 오르면서 궤도에 올랐다.

메뉴특성

디너로 홋카이도(北海道)산 성게와 콩소메 쥬레(consomme gelee 달걀 흰자를 써서 잡냄새를 없애고 끓인 맑고 담백한 수프인 콩소메를 젤리로 만든 것), 안에 들어간 야채가 선명히 보이는 야채테린(terrne, 육류나 야채 등을 틀에 넣어 젤리처럼 굳힌 요리), 파삭파삭한 파이 안의 게, 작은 패주 등 여러 해산물이 들어간, 기본에 충실하면서도 셰프의 응용력이 느껴지는 작품을 맛볼 수 있다. 이렇게 먹은 저녁의 디너가 5,250엔이니 가격에 놀라게 된다. 점심은 1,000엔 안팎의 여러 메뉴 중 에비프라이가 인기.

|기|본|정|보|

메뉴 런치 1,050엔
디너코스(전채 2가지, 생선, 육류, 디저트) 5,250엔부터(알라카르테도 가능)
주소 도쿄도 주오쿠 교바시 2-12-12(東京都 中央区 京橋 2-12-12)
영업시간 11 : 30~14 : 00 17 : 30~21 : 00
휴무 일요일, 공휴일
전화 03-3561-9676
가까운 역 긴자선(銀座線) 교바시역(京橋駅)에서 2분

|평|가|점|수|

맛 ★★★★☆
분위기 ★★★☆☆
서비스 ★★★☆☆
벤치포인트 ★★★★★

'야채테린

에비후라이

● 추천대상 ●
경양식과 클래식한 프렌치가 공존하는 레스토랑 경영에 관심 있는 분

● 포인트 ●
☑ 부자(父子) 운영
☑ 경양식& 프렌치
☑ 성공리뉴얼

레스토랑 고바야시   레스토랑 · 코바야시 / RESTAURANT KOBAYASHI

이곳을 방문하고 크게 두 가지에 놀랐다. 첫 번째는 이곳이 '히라이(平井)' 라 는, 서울로 치면 면목동 정도 되는 도심에서 떨어 진 한적한 동네에 1993년 도에 오픈한 프렌치 레스 토랑이라는 점이다. 이런 곳에서도 영업이 될까 걱정도 되었다. 두 번째는 식사를 하면서 요리의 볼 륨감과 스테이크를 구운 솜씨에 감탄하며 놀랐다. 최상급 와규 로스트를 먹었는데, '레어' 냐 '미디움' 이냐를 묻지 않고 셰프가 알아서 해온 스테이 크는 거의 살아 있는 소에게 달려갈 정도로 '레어' 에 가까운 형태였다. '이 거 너무 생고기에 가까운 거 아닌가?' 라고 반신반의하며 프랑스산 소금을 치고 보르도의 카베르네 소비뇽 와인과 함께 먹었다. 뒷맛이 달게 남는 소 금 맛도, 스테이크도, 와인도 그 매칭이 훌륭하여 당시의 감격은 두고두고 잊혀지지 않았다. 셰프 자신도 그릴에 자부심이 대단했다. 알고 보니, 오너 인 고바야시씨는 도쿄에서 알려진 지비에(gibier 사슴, 멧돼지 등 야생동 물)요리 전문가로, 겨울엔 이 집의 지비에 요리를 먹기 위해서 멀리 지방에 서도 예약하고 찾아온다고 한다. 예전엔 육류 스테이크 중심의 남자들에게 인기 있는 가게였는데 몇 년 전부터 실내분위기를 밝게 리뉴얼하고 생선요 리도 본격적으로 시작하면서 요즘은 여성 및 가족 고객도 꽤 늘었단다. 클 래식하면서 꾸밈없고 기본에 충실한 프렌치 맛을 위해서라면, 먼 길을 가 야 하는 불편함도 감수할 수 있는 분이라면 꼭! 가보길 추천한다.

닭 · 돼지고기 모둠소테

와규로스트

● 추천대상 ●
그릴 테크닉, 변두리 주택가 에 위치한 파인다이닝에 관 심 있는 분

● 포인트 ●
☑ 수준 높은 프렌치
☑ 지비에(야생동물)요리
☑ 어른 식당

|기|본|정|보|

메뉴 런치코스 2,650엔부터, 디너코스 6,825엔부터
주소 도쿄도 에도가와쿠 히라이 5-9-4(東京都 江戸川区 平井 5-9-4)
영업시간 11 : 30~14 : 00(L.O), 18 : 00~21 : 00(L.O)
휴무 화요일
전화 03-3619-3910
가까운 역 JR 히라이역(JR 平井駅)에서 3분
홈 페이지 http://air.onwave.jp/kobayashi/

일본 최고 소믈리에의 와인과 프렌치 마리아주

에스 レストラン S / RESTAURANT S

|평|가|점|수|

맛　　　　★★★☆☆
분위기　　★★★☆☆
서비스　　★★★★☆
벤치포인트 ★★★★☆

그날의 케이크

감자 · 아스파라거스무스

● 추천대상

프리픽스 코스, 블랙 색감의
인테리어에 관심 있는 분

● 포인트

☑ 일괄 3,990엔
☑ 타사키신야　☑ 블랙세팅

유명 레스토랑이 있을 만한 목 좋은 위치가 아님에도 불구하고 예약하기 어려운 곳으로 알려져 있다. 그 이유 중 하나는 일본 최고의 소믈리에로 손꼽히는 '타사키 신야(田崎真也)'가 운영한다는 것, 또 하나는 디너코스도, 어떤 종류의 와인(1병)도 일괄 3,990엔(세금별도)이라는 가격 설정 때문이다. 일단 들어가면, 블랙 가죽의 테이블 크로스와 블랙의 테이블 냅킨이 보인다. 흔하지 않은 과감한 결정이다. 글라스도 세련된 모양이고, 어두운 조명부터 테이블 세팅까지 시크한 분위기이다. 레스토랑 규모에 비해 홀 서비스 직원이 많은데 대개 여성 직원으로 모두 왼쪽 가슴에 빛나는 소믈리에 배지를 달고 있다. 타사키 소믈리에의 레스토랑이니 만큼 와인에 대해서는 말할 것도 없지만 직원들도 친절한 설명을 곁들이고 있어 와인에 대해 아는 척(?) 할 필요도 없고 와인을 몰라도 걱정이 안 되는 곳이다. 예약은 두 달 전까지만 받는다.

메뉴특성

요리는 프렌치에 기본을 두었지만 고야(약간 끝맛이 쓴 참외과 식물. 오키나와지역에서 유명) 크렘브륄레 (Creme Brulee, 달콤한 커스터드푸딩 위에 캐러멜 캔디 막이 덮여 있는 프랑스 디저트) 등 일본현지 재료를 잘 사용

한 퓨전 스타일도 종종 보인다. 코스는 아
뮤즈부쉐(Amuse-bouche, '입안을 즐
겁게 하는 요리'라는 뜻으로 식전 술과
함께 하는 가벼운 요리)부터 정성이 묻어
나는데, 감자와 정어리를 켜켜로 익혀 자
른 것과 요구르트 소스의 매칭이 입맛을
돋운다. 그 뒤 '야채의 전채' 코너에서 하
나, '따뜻한 한 접시' 코너에서 하나, 최
종 '메인'에서 하나를 선택하는 방식이고
나중에 디저트와 차가 나온다. 전채면 전
채, 메인이면 메인 코너별로 선택할 수 있

는 범위는 대략 7가지 정도이니 충분히 고민한 뒤 결정하길 바란다.
따뜻한 요리 중에는 여러 종류의 조개류가 들어간 라비올리 위에 패주 스
프를 카프치노 같이 거품을 올렸는데, 모양도 특이하고 맛도 담백했다. 메
인으로는 스페인산 토끼고기 위에 에스카르고 콩카세(달팽이를 굵게 썬 요
리)를 조리해서 올린 뒤 허브 소스를 듬뿍 곁들여 나오는 것이 특이하여 맛
볼 만하다.
치즈는 요금이 별도인데 25가지 정도를 왜건으로 가져와 서비스한다. 하드
타입, 블루치즈, 워쉬드타입 등 웬만한 치즈 종류를 다 커버할 정도이고 꽤
고급 레스토랑처럼 갖춰져 나온다. 옆에 저울을 놓고 어떤 치즈든 1g당 16
엔씩 정해서 받고 있다. 나중에 나오는 커피는 매우 진한 편이다. 커피가 나
올 때는 디저트와 별도로 마시멜로와 핑거케이크가 나온다.

| 기 | 본 | 정 | 보 |

메뉴 비즈니스 런치코스 1,800엔(세금포함), 디너코스 3,990엔,
　　모든 와인(1병) 3,990엔, 맥주(작은 병) 740엔부터, 서비스료 10%
주소 도쿄도 미나토쿠 니시신바시 3-15-12(東京都 港区 西新橋 3-15-12 西新橋JKビル 1F)
영업시간 11：30~14：00(L.O), 18：00~21：30(L.O)
휴무 일요일, 공휴일
전화 03-5733-3212
가까운 역 긴자선(銀座線) 토라노몬역(虎ノ門駅), 히비야선(日比谷線) 가미야쵸역(神谷町駅),
　　미타선(三田線) 오나리몬역(御成門駅) JR 신바시역(JR 新橋駅)에서 10분-15분정도
홈 페이지 http://www.tasaki-shinya.com/restaurant/restaurant.html

합리적인 가격으로 즐기는 아늑한 프렌치

메종 카슈카슈 메ゾン・カシュカシュ / MAISON CACHE-CACHE

히로(広尾)에서 유명한 프렌치레스토랑 '알라딘' 2호점으로 1998년 오픈한, 알라딘의 캐주얼 버전으로 알려져 있다. 대로에서 500m 정도 골목으로 내려오면 비탈길에 있는 건물 1층에 가정집처럼 입구가 꾸며져 있다. 좁지도 그렇다고 아주 넓지도 않은 크기에 다소 어두운 조명이다. 메뉴는 클래식한 '알라딘'의 맛을 기본으로 하고 유사한 메뉴도 50%나 되나 가격은 좀 더 싸다. 그렇기 때문에 고객의 연령층도 '알라딘'의 고객보다 젊은 편으로 30대 정도가 주류이다. 이곳은 클래식한 고급 맛을 합리적인 가격으로 즐길 수 있는 프렌치로 꼽히고 있다.

메뉴특성

디너에 전채나 메인에 상관없이 2개를 주문하는 코스와 3개를 주문하는 코스가 있는 것도 '알라딘'과 같은 방식이다. 무농약 당근으로 만든 찬 스프 속에 들어있던 컬리플라워, 바바로아와 함께 먹었던 따끈한 슈의 조화가 인상 깊었고 이는 화이트와인과 잘 매치되었다. 20여종 이상의 다양한 계절 야채가 데쳐서 또는 생으로 각각의 조리 방법이 달리해서 나오는 것도 참신했다. 리조트 위의 푸아그라소테, 쿠스쿠스(Cous Cous, 북아프리나와 유럽의 지중해권에서 즐겨먹는 음식으로 파스타를 만들 때 쓰는 점성이 없는 밀가루인 세몰리나 드럼에서 추출한 것으로 보기에는 좁쌀같이 보임) 위의 양고기 등도 추천할 만하다. 알라카르테(일품요리)보다 코스를 시키는 것이 더 실속 있다. 프랑스 와인이 지역별로 잘 준비되어 있다.

맛 ★★★★☆
분위기 ★★★★☆
서비스 ★★★★☆
벤치포인트 ★★★★☆

쿠스쿠스와 양고기, 수제소세지

뼈에 붙은 돼지고기소테

● 추천대상 ●

합리적인 가격, 캐주얼 프렌치 와인과 음식 구성에 관심 있는 분

● 포인트 ●

☑ 주택가 양식당
☑ 가격정책 ☑ 2호점

|기|본|정|보|

메뉴 런치코스 2,300엔, 디너코스 3,900엔(2plats) / 5,200엔(3plats), 서비스료 10%
주소 도쿄도 신주쿠쿠 와카바 2-7(東京都 新宿区 若葉 2-7 ビデオフォーカスビル 1F)
영업시간 12 : 00~14 : 00, 18 : 00~22 : 00
휴무 일요일
전화 03-5363-5263
가까운 역 JR 요츠야역(JR 四ツ谷駅)또는 마루노우치선(丸ノ内線) 요츠야산쵸메역(四谷三丁目駅)에서 12-15분

만제 에 보와르 나가오

マンジェ エ ボワール ナガオ / MANGER ET BOIRE NAGAO

이곳을 다녀온 사람들의 반응은 '긴자에 이런 프렌치 레스토랑이 있었나?' 이다. 맛에 비해 가격의 저렴함에 놀라고, 번화한 긴자에 조용하고 꾸밈 없는 분위기에서 오는 아늑함에 놀란다. 오너셰프 나가오(長尾) 씨는 일식으로 시작했으나, 야마나시현(山梨県)의 유명 와이너리인 '루미에르' 오너의 딸과 만남으로써 와인에 흥미를 느끼게 되었다. 이것이 프렌치로 전환하게 된 계기가 된 것이다. 이곳의 프렌치는 셰프의 경력에서도 볼 수 있듯이, 일식의 요소가 군데군데 느껴진다. 테이블의 커틀러리도 특이하게 포크, 나이프, 나무젓가락이 놓여 있어 젓가락을 스스럼없이 사용할 수 있는 프렌치이다. 만제 에 보와르(Manger et Boire)는 프랑스어로 '먹고 마시고' 의 의미이다.

메뉴특성

자황무시(일식 달걀찜)같은 모양에 장어가 올라온 애피타이저가 나오고 계절 과일을 이용한 셔벗 등 아이디어가 돋보이는 요리들이 적잖게 있다. 특히, 전채 모듬엔 보통 다섯 가지 안팎의 요리가 나오는데, 그 계절의 싱싱한 생선이나 파테(pate) 등이 골고루 나와 와인과 함께 즐기기에 좋다. 그리고 여러 단품 음식들은 천 엔 안팎으로 시작하는데 가볍게 술 한 잔을 할 수 있게 구성되어 있다. 종종 이벤트로 일본 와인과 프렌치의 마리아주를 즐길 수도 있다. 이곳의 프렌치는 한마디로 일본인에게 맞춘 편안한 음식이다.

| 평 | 가 | 점 | 수 |

맛	★★★☆☆
분위기	★★★☆☆
서비스	★★★☆☆
벤치포인트	★★★★★

전채모둠의 예

전채모둠의 예

● 추천대상 ●

일식이 가미된 프렌치 메뉴, 격식 없는 분위기의 양식당에 관심 있는 분

● 포인트 ●

☑ 퓨전 프렌치 ☑ 젓가락
☑ 일본와인

| 기 | 본 | 정 | 보 |

메뉴 디너코스 3,800엔 / 6,500엔 / 8,000엔, 알라카르테 전채 모둠 1,600엔
유기농 야채 시저샐러드 1,300엔, 와인(1병) 4,500엔부터
주소 도쿄도 주오쿠 긴자 3-4-5 2층(東京都 中央区 銀座 3-4-5 中山ビル 2F)
영업시간 [월 · 화] 18 : 00∼24 : 00, [수∼금] 18 : 00∼01 : 00, [토] 17 : 00∼24 : 00
휴무 일요일, 공휴일
전화 03-3535-4066
가까운 역 지하철 긴자역(銀座駅)에서 5분, JR 유락초역(JR 有楽町駅)에서 5분
홈 페이지 http://homepage3.nifty.com/mbnagao/index.html

프랑스 메밀총떡 갈레트와 함께 먹는 시드르(Cidre)

르 브르타뉴
ル・ブルターニュ / LE BRETAGNE

|평|가|점|수|

맛	★★★★☆
분위기	★★★★☆
서비스	★★★☆☆
벤치포인트	★★★★★

시드르

디저트갈레트

● 추천대상 ●

크레페나 갈레트 메뉴개발자, 프랑스풍 카페분위기 연출에 고심하는 분, 카페 메뉴 개발자

● 포인트 ●

☑ 갈레트 메뉴 ☑ 시드르
☑ 분위기

1996년, 프랑스 북서쪽 브르타뉴의 대표음식인 갈레트(galette 메밀가루로 만든 크레페)를 일본에 선구적으로 소개해 유명해진 프랑스 카페. 갈레트만으로 코스를 구성해 식사가 가능하다는 것이 재미있다. 브르타뉴가 갈레트 뿐 아니라 사과로도 유명하다는 점에 착안해 사과로 만든 스파클링 음료 시드르(Cidre)를 함께 즐길 수 있도록 했다. 저녁은 물론 예약을 해야 되고 런치는 11시30분에 오픈하나 12시면 곧 만석이 되어버린다. 런치도 예약 가능하다. 일본인들도 갈레트가 익숙하지 않은 사람이라면 어떻게 주문해야 될지 몰라 메뉴북을 한참 들여다보게 되는데 종류가 많아 오래 갈등한다. 전채, 메인, 디저트가 모두 갈레트로 구성된다는 것을 처음 알게 되는 이들도 많다. 하지만 간단히 정리하면 메밀가루반죽을 얄팍하게 부친 것에 여러 가지 토핑이 달리 들어가는 것뿐이다. 메마른 토지에서 생산되는 메밀. 우리나라 음식과 굳이 비교하자면 강원도의 명물인 메밀총떡 정도로 생각하면 될 것 같다. 그러니 프랑

스의 메밀부침개로 메인부터 디저트까지 즐기는 셈이다. 이곳의 오너는 프랑스인이고 부인은 일본인이다. 그래서 전통 방식을 최대한 지키고 재료공수도 원활해 오랜 시간 끊임없이 인기를 얻고 있다. 카쿠라자카(神楽坂)점이 본점이고 이후 오모테산도(表参道)점이 생겼는데 둘 다 인기가 좋다. 오모테산도점이 좀 더 크고 세련된 분위기이다. 휴일이라면 브런치로 즐기기에 제격이다. 홈페이지는 일어, 영어, 불어로 되어 있다.

메뉴특성

메인 갈레트에는 주로 달걀, 버섯, 햄, 토마토, 치즈 등이 사용되고 디저트 갈레트에는 시오캐러멜(소금캐러멜), 시오버터(소금버터), 초콜릿과 아이스크림이 조화를 이루어 단맛을 내는 구성이다. 메밀가루는 밀가루와 색만 다

른 게 아니라 텍스처도 다른데 다소 거칠고 시골스러운 느낌으로 일반 크레페 보다 식사에 가깝게 느껴진다. 큰 접시에 나오는 한 장의 갈레트를 따뜻할 때 나이프로 잘라가며 먹는다. 특히 디저트 갈레트로는 시오(소금)가 들어간 시오캐러멜 토핑을 추천한다. 이 때 귀여운 사발에 나오는 시드르도 잊지 말고 함께 마시자.

| 기 | 본 | 정 | 보 |

메뉴 식사용 갈레트 950엔~1,250엔, 디저트용 갈레트 850엔
　　　런치코스 1,480엔부터(식사용 갈레트 + 디저트 갈레트 이용 코스 1,680엔)
주소 도쿄도 신주쿠쿠 카구라자카 4-2(東京都 新宿区 神楽坂 4-2 コンフォート神楽坂 1F)
영업시간 [월-토] 11 : 30~22 : 30 (L.O) [일 · 공휴일] 11 : 30~21 : 00 (L.O)
　　　　[런치메뉴 가능 시간(월-금)] 13 : 30~15 : 00
휴무 월요일(공휴일인 경우 화요일)
전화 03-3235-3001
가까운 역 토자이선(東西線) 카구라자카역(神楽坂)역에서 4분
　　　　JR 이다바시역(JR 飯田橋駅)에서 4분
홈 페이지 http://www.le-bretagne.com/

따뜻함이 물씬 풍기는 주택가 작은 프렌치
우사기노코야 うさぎの小屋

|평|가|점|수|

맛	★★★★☆
분위기	★★★☆☆
서비스	★★★☆☆
벤치포인트	★★★☆☆

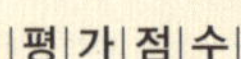

함박스테이크

단뼁뼁밀크티

● 추천대상 ●

1인 셰프의 프렌치 코스요리, 주택형 양식당 운영에 관심 있는 분

● 포인트 ●

☑ 1인 셰프 ☑ 프렌치 코스
☑ 가족적 분위기

'우사기노코야' 는 '토끼집' 이라는 뜻이어서 내가 살고 있는 작은 방을 생각하면서 '얼마나 작은 곳이길래 토끼집이라 하나' 궁금해 하면서 찾아갔다. 도쿄 중심에서 멀리 떨어진 디즈니랜드 근처 역이라 '일부러 거기까지 가서 먹어야 하나' 라는 생각도 없잖아 있었다.

하지만 이곳에 찾아가 프렌치 코스를 먹고 나서는 그 맛과 따뜻함에 매료되어 몇 번을 더 방문했는지 모른다. 완전 주택가 작은 3층집인데 1층이 레스토랑이다. 레스토랑 위가 셰프의 집이란다.

테이블 네 개가 전부이고 같은 테이블에도 꽃무늬의 매트가 제각기 다르게 깔려 있다. 디즈니랜드가 가깝기 때문에 가족 동반하여 디즈니랜드를 다녀온 후 함께 찾아도 좋다. 가족과 함께 동반해도 어색하지 않은 분위기와 맛이다.

메뉴특성

셰프 혼자서 호밀빵(바게트보다는 약간 무거운 질감의 빵으로 독특)부터 디저트까지 모두 직접 만든다. 전채로는 계절 사시미가 가볍게 마리네이드되어 여러 종류가 푸짐하게 나오고, 그 뒤 생선과 육류를 각각 선택하라고 한다. 진한 와인소스와 어울리는 스테이크와 도미그릴 등이 모두 꽃무늬가 둘러진 접시에 담겨져 나온다. 굳이 미슐랭 스리스타의 고급프렌치와 비교한다면 다소 무거운 감의 소스가 나온다고 볼 수 있지만 교과서에 충실한 기본기를 확인할 수 있는 곳이다.

식사 후에는 그날 만든 초코 케이크, 무스 등과 차를 선택하면 되는데, 단뽀뽀 밀크티(민들레와 치커리뿌리로 끓인 밀크 티)로 색다른 경험을 해보길 바란다.

이 집에는 보르도세컨드와인을 의외의 가격으로 싸게 만날 수 있고 치즈 종류도 10개 이상 구비 하고 있어 한 개당 420엔으로 디저트 전에 선택하여 먹을 수 있다. 런치에 가면 가격대비 맛과 양과 실속에 더욱 감탄하게 된다.

| 기 | 본 | 정 | 보 |

메뉴 런치 1,050엔부터(기본식사에 디저트, 차가 함께 나옴)
　　　 디너코스1(전채, 생선, 육류, 디저트, 차) 3,990엔
　　　 디너코스2(전채, 생선 또는 육류, 디저트, 차) 2,630엔
　　　 식사(그날의 생선요리, 디저트, 차) 1,050엔
주소 치바현 이치카와시 미나미교토쿠 3-20-20(千葉県 市川市 南行徳 3-20-20)
영업시간 11 : 00~14 : 00, 17 : 00~21 : 00
휴무 화요일
전화 047-395-0902
가까운 역 토자이선(東西線) 미나미교우토쿠역(南行徳駅)에서 10분
홈 페이지 http://www.amy.hi-ho.ne.jp/kamiya/

모던하고 럭셔리한 이탈리안 레스토랑
아르젠토 아소 アルジェント アゾ / ARGENT ASO

게와 가리스미파스타

쇠고기필레소테와 화이트아스파라거스

● 추천대상
고급 레스토랑의 메뉴, 인테리어나 서비스시스템에 관심 있는 분

● 포인트
☑ 프리젠테이션
☑ 히라마츠 ☑ 아이디어
☑ 장엄한 분위기

아르젠토는 이탈리아어로 '은' 이란 뜻인데, 긴자 중심가 세련된 빌딩에 모던하고 럭셔리한 공간을 연출하려는 의도로 오픈했다고 한다. ASO는 셰프 아소타츠지(阿曾達治)의 이름을 내건 곳으로 요리에 대한 자신감을 나타내고 있다. 이곳은 일본 내 20개 이상의 레스토랑을 가지고 있는 히라마츠(HIRAMATSU)회사에서 운영하고 있는 이탈리안 레스토랑이다. (히라마츠는 도쿄 내 프렌치레스토랑을 시작으로 파리에 진출하여 미슐랭 스타를 받은 것으로 유명하고 일본 내에서도 고급 레스토랑 진출이 매우 활발한 외식회사로 연매출 78억 엔2007년 기준을 올리고 있는 주목할 만한 외식기업이다.) 아르젠토 아소는 2005년에 오픈하였지만, 그 전에 '아소' 란 이름으로 다이칸야마(代官山)에서 영업을 시작한 것이 1997년이니 그 역사는 결코 짧은 편이 아니다. 아소 셰프는 원래 프랑스 연수를 거친 프렌치파인데, 그 뒤 이탈리아 토스카나 요리에 흥미를 느껴 이탈리아 요리로 바꾸게 된 케이스이다. 아르젠토 아소가 있는 ZOE빌딩의 8층에 내리면 장엄한 입구가 펼쳐진다. 8층은 라운지(대기실)를 포함한 고급 별실로 이루어져 있고 9층은 넓은 홀로 구성되어 있다. 이 빌딩에서 보는 긴자 경치가 그리 근사하진 않지만 샹들리에, 고급 커틀러리, 세련된 접객서비스 등에서 역시, 큰 회사에서 운영하는 레스토랑임을 실감하게 된다. 의상은 남녀 정장으로 신경 쓰고 가야 된다.

메뉴특성

모든 퀄리티는 작은 차이에서 비롯되듯이, 처음
나오는 두 종류의 버터부터 흥미롭다. 한 가지
는 상품(上品)의 일반 버터, 다른 한 가지는 허
브 향기가 나는데, 모두 휘핑크림같이 가벼운
감촉이라 자꾸 손이 가게 된다. 전채에는 고르
곤졸라치즈무스에 올리브오일이 살짝 뿌려져
디저트가 연상되는 음식이 나오는데, 치즈 향과
올리브오일, 그리고 그 안의 해산물이 어우러진
맛이 오묘하다. 이곳에서는 전채나 스테이크 등
에 레몬향의 거품이 멋지게 연출되어 나오는 경
우도 종종 있다. 그리고 파스타에는 야채, 해산
물 외에 작은 식용 꽃을 넣어 화려함을 더욱 부
각시킨다. 가리비 껍질 안에 리조트를 넣어 그
라탕을 만드는 등 색다른 아이디어도 돋보인다.
특히 디저트는 초록색 설탕공예 같은 작품이 초
콜릿푸딩 위에 올려져 나오고 꽃과 함께 투병

화병속에 꽂혀나온 쿠키와 젤리들

화병에 꽂혀 나오는 한 입 크기의 쿠키들도 볼 수 있다. '아~예쁘다, 아~특
이하다' 는 말이 여러 번 나오지만 원재료의 맛을 충분히 살린다는 소위 이
탈리안 음식의 특징은 와 닿기 어렵다. 디스플레이나 스타일링에 지나치게
신경을 써 오히려 재료가 죽는 분위기이다.

| 기 | 본 | 정 | 보 |

메뉴 런치코스 4,000엔 / 5,250엔 / 8,400엔, 디너 10,500엔 / 15,750엔 / 21,000엔,
　　　연말연시 시즌 메뉴 20,000엔(알라카르테 가능),
　　　샴페인(글라스) 2,500엔, 서비스료 13%
주소 도쿄도 주오쿠 긴자 3-3-1 ZOE 긴자빌딩 8F·9F
　　　(東京都 中央区 銀座 3-3-1 ZOE 銀座 ビル 8F·9F)
영업시간 11 : 30~15 : 30(L.O 13 : 30), 18 : 00~23 : 30(L.O 21 : 00)
휴무 월요일
전화 03-5524-1270
가까운 역 지하철 긴자역(銀座駅)에서 5분, JR 유락초역(JR 有楽町駅)에서 5분
홈 페이지 http://www.hiramatsu.co.jp/restaurants/argento-aso/

여자들이 너무나 좋아하는 이탈리안 레스토랑

리스토란테 하마사키

リストランテ 濱崎 / RISTORANTE HAMASAKI

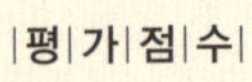

메추라기로스트

메추라기로스트

● 추천대상

일식화된 고급 이탈리아요리, 여성 취향의 레스토랑 인테리어에 관심 있는 분

● 포인트

☑ 일본풍 이탈리안
☑ 여성취향　☑ 전채요리
☑ 주택개조

2001년에 오픈했는데 지금은 예약하기 어려운 레스토랑으로 손꼽히게 되었다. 유행의 첨단이라는 오모테산도(表参道)에 위치한 것도 그렇지만 나오는 음식의 섬세함이나 구성이 월등히 세련되어 여성고객들에게 압도적인 인기를 끌고 있다. 지하철역에서는 10분 이상 걸어 들어가는, 아주 조용한 주택가 속에 콕 숨어 있다. 작은 입구와 그 옆의 창문으로 따뜻한 불빛이 쏟아져 나오는 것이 매우 아름답다. 입구도 내부도 심플. 크기는 작지만 거추장스러운 장식을 하지 않은 저택 내부의 방안 같은 이미지이다. 매체와의 인터뷰에서 하마사키(濱崎) 오너는 일반 가정집처럼 꾸민 것이라고 말하곤 하는데 솔직히 그 이상의 감각이다. 하마사키 셰프는 대개 손님이 갈 때마다 문 앞까지 나와 인사를 한다. 메뉴의 구성부터 서비스까지 모두 직접 관리하기에 세심함을 좋아하는 여성들에게 깊은 인상을 남길 수밖에 없다. '가볍게 파스타나 먹지' 하는 생각으로 가는 레스토랑은 아니므로 의상에서부터 격식을 갖추고 가서 즐기길 바란다. 예약은 한 달 전에 해야 하고, 개방된 홀로 되어 있지만 조용해서 고급 접대에도 적합하다.

메뉴특성

식전주로는 '계절 프루츠 스푸만
테'를 추천. 계절 과일을 넣은 이
레스토랑 특유의 스파클링 와인인
데, 여러 층의 빛깔이 보기에도 아
름답고 맛도 상큼하다. 코스의 맨
처음, 전채 전에는 살짝 구운 파르
메산치즈가 나와서 바삭함과 짠맛
으로 입맛을 돋우고 그 뒤 전채가
나온다. 전채는 많은 하마사키 팬

8종류가 나오는 전채

들이 '하마사키' 하면 8종류가 나오는 전채 플레이트를 가장 먼저 떠올릴
정도로 이 레스토랑의 간판 역할을 한다. 스프, 조개류, 야채, 생선카르파
초(이탈리아식 사시미) 등 8가지 음식이 나오는데, 따뜻한 것은 따뜻하게
차가운 것은 차갑게 온도를 맞추고 촉감도 고루고루 배려한 접시를 받으면
황홀해질 수밖에 없다. 그 뒤 나오는 파스타는 계절에 따라 다르지만 어느
계절이든 공통의 베이스는 '야채가 듬뿍 들어간 파스타'라는 점이다. 계절
페이스트로 만든 초록의 타리올리니(납작한 가는 파스타)나 차가운 토마토
샐러드풍의 카페리니(가는 파스타)등, 따뜻한 파스타부터 찬 파스타까지
손이 많이 가는 음식임이 느껴진다. 생선과 육류요리는 숯불구이나 조림을
선택할 수 있다. 테이블에 놓인 화사하고 앙증맞은 꽃다발처럼 전채부터
변함없는 흐름으로 나온다. 재료 사용이나 발상이, 일본 현지 재료를 충분
히 사용하여 일식화된 고급 이탈리안 음식이라고 총평하고 싶다.

| 기 | 본 | 정 | 보 |

메뉴 디너코스 8,925엔, 10,500엔, 런치코스(목 · 금 · 토요일만) 3,990엔, 5775엔
　　　서비스료 10%(별실 지정시 15%)
주소 도쿄도 미나토쿠 미나미 아오야마 4-11-13(東京都 港区 南青山 4-11-13)
영업시간 [월-수] 18 : 00~21 : 30
　　　　　[목-토] 런치 12 : 00~14 : 00, 디너 18 : 00~21 : 30
휴무 일요일
전화 03-5772-8520
가까운 역 긴자선(銀座線) 또는 치요다선(千代田線) 또는 한죠몬선(半蔵門線)
　　　　　오모테산도역(表参道駅)에서 10분

방배동에 옮겨 놓고 싶은 고즈넉한 만찬

보스켓타 ボスケッタ / BOSCHETTA

|평|가|점|수|

맛 ★★★★☆
분위기 ★★★★☆
서비스 ★★★☆☆
벤치포인트 ★★★★★

문어 · 토마토 냉 파스타

비프스테이크

● 추천대상 ●

주택을 개조한 고급레스토랑 운영에 관심 있는 사람, 레스토랑 식기에 관심 있는 분

● 포인트 ●

☑ 이탈리아 코스 ☑ 식기
☑ 고급 주택가
☑ 냉카르보나라

넓고 아름다운 가로수 그리고 멋진 숍이 늘어서 있는 시로가네다이(白金台)의 플라치나거리 뒷길로 들어오니, 옆 사람과의 이야기도 들릴 정도인 조용한 고급 주택가가 나온다. 보스켓타는 그런 주택 중의 하나를 레스토랑으로 개조한 곳이다. 1층엔 그리스의 글라스브랜드' 그라스스튜디어(http://www.la-tp.com/)' 숍이 있고 그 한쪽이 보스켓타로 올라가는 입구이다. 2층은 저택의 응접실에 막 들어선 느낌으로 테이블이 여기저기에 있다. 3층은 프라이빗한 특별석이다. 가격도 그에 걸맞게 높은 편이고 전체적인 분위기도 중후하여 연령층이 있는 커플이 많은 편이다. 용기는 모두 글라스스튜디오의 제품으로 보는 것만으로도 눈이 즐겁다. 홀 서비스는 친절하고 세련됨을 추구하려는 노력은 보이나 어딘지 부자연스러움이 있어 옥에 티처럼 언밸런스하다.

메뉴특성

이곳은 알라카르테(일품요리)는 없고 런치, 디너 모두 코스만 가능하다. 그

것도 동행과 같은 종류의 코스로 통일해야 한다. 고급레스토랑에서는 잘 사용하지 않는, 이해하기 어려운 원칙을 가지고 있다. 메뉴를 훑어보니 코스가 꽤 길어서, 다 먹는다면 얼마나 부담스러울까 하고 염려했는데 맛이나 양의 부담을 해소하는 실력이 웬만한 레스토랑보다 한수 위이다. 특히, 향을 잘 보유하는 음식들이 많다. 아뮤즈부쉐(Amuse-bouche, '입안을 즐겁게 하는 요리' 라는 뜻으로 식전 주와 함께 하는 가벼운 요리)에 나온 화이트 아스파라거스의 콩소메퓌레 (consomme Puree 맑고 담백하며 걸쭉한 수프. 달걀흰자를 써서 잡냄새를 없앤 것이 특징이다) 부터 메인 요리인 심플한 야마가

타(山形県) 비프스테이크와 그 위의 야채까지, 야채와 육류 모두 향을 잘 간직하고 있다. 요리 중간 중간엔 쫄깃한 미니하드롤을 같이 할 수 있다. 여름에 방문했다면 냉 카르보나라를 맛보는 것이 좋다. 전혀 비릿한 느낌 없이 깔끔하게 뚝 떨어지는 맛이다.

| 기 | 본 | 정 | 보 |

메뉴 런치코스 5,000엔 / 8,000엔, 디너코스 8,000엔 / 10,000엔 / 13,000엔
주소 도쿄도 미나토쿠 시로가네다이 5-13-9(東京都 都港区 白金台 5-13-9)
영업시간 [월-금] 11 : 30~14 : 00(L.O), 18 : 00~21 : 30(L.O)
　　　　　 [토 · 일 · 공휴일] 11 : 30~14 : 00(L.O), 18 : 00~21 : 00(L.O)
휴무 연중무휴(정초휴가 여름휴가는 사전 공지)
전화 03-5798-2442
가까운 역 남북선(南北線) 또는 미타선(三田線) 시로가네다이역(白金台駅)에서 7분
홈 페이지 http://www.boschetta.com/index.html

최고의 토마토로 요리하는 차가운 파스타

리스토란테 히로 아오야마본점

リストランテ · ヒロ 青山本店 / RISTORANTE HIRO

|평|가|점|수|

맛 　　★★★★☆
분위기 　★★★☆☆
서비스 　★★★★☆
벤치포인트 ★★★★☆

푸르츠토마토

미네스트로네

미네스트로네

● 추천대상 ●

고급 이탈리안 메뉴와 와인 구성에 관심 있는 사람

● 포인트 ●

☑ 토마토 요리
☑ 심플한 인테리어
☑ 친절함

명품의 거리인 오모테산도역(表参道駅)에서 가까운 빌딩 지하에 위치하고 있으며, 높은 천정과 흰 벽, 갈색 의자에 흰색 테이블클로스가 나란히 놓여 있는 30대 이상의 공간 감각이다. 평범하고 심플한 분위기에 이런저런 디스플레이보다는 요리로 승부하겠다는 오너의 뜻이 엿보이는 듯하다. 그리고 서비스 스태프들의 친절이 유독 각별하다. 본점 외에도 여러 점포를 가지고 있는데 모두 유사한 고급스런 요리로 전점 모두 인기를 모으고 있다.

메뉴특성

일본의 식자재는 물론 세계의 식재료를 공수해오는 것이 장기 중의 장기이다. 스페셜 인기메뉴는 '고우치(高知) 지방의 프루츠토마토를 넣은 차가운 카페리니(capellini 매우 가는 파스타)' 이다. 삶아 차갑게 식힌 카페리니 위에 미니토마토가 올라가 있는 심플한 모양새인데, 도마토의 향과 감촉을 즐기는 전채로 단맛과 산미가 함께 응축된 맛이다. 이 음식만은 런치에도 코스 외 별도 사이드메뉴로 판매할 정도이다. 이 토마토요리가 나올 때는 성에가 낀 차가운 포크와 스푼이 함께 나와 온도를 신중히 지키고 있다. 정통 이탈리안 레스토랑이라고 하면 파스타 하나만 먹고 판단하기에는 무리가 있을 때가 종종 있는데, 특히 히로 같은 레스토랑에 갔을 때는 꼭 메인요리까지 먹고 폭넓게 평가하길 바란다. 디너와 런치 음식의 편차가 약간 있을 수는 있지만 전체 음식의 레벨은 어느 시간대 가더라도 큰 차이가 없다. 전채에는 제철 야채와 사시미가 그 자체로, 또는 살짝 구워서 나오는 경우가 많다. 파스타는 '카르보나라 팬네' 나 '시라스(잔멸치)와 카라스미(생선알을 소금에 절여 말린 것)가 들어간 스파게티'를 주문해서 먹는다면 일본식으로 자연스럽게 요리한 파스타를 즐길 수 있다. 생선요리는 제철 생선을 비늘을 살려서 조리한 뒤 콩이나 옥수수, 야채가 어우러진 소스와 함께 내

는 것이 셰프의 주특기이다. 육류의 경우는 예를 들면 돼지고기를 과감하게 껍질째 구워 피릿앙즈 소스(약간 매콤한 살구소스)를 곁들이는 식으로 나오는데, 음식에서 박력을 느끼게 된다. 양젖 젤라토와 함께 나오는 큼직한 복숭아컴포트나 롤케이크 디저트 등, 평범해 보이는 것도 입 안에 넣으면 예상외로 고급스러운 느낌이다. 디너에 비해 런치 가격이 다소 비싼 편이다.

허브티

메뉴 런치코스 2,079~6,930엔(5,544엔 이상 코스부터 메인이 나옴)
　　　 디너코스 7,507엔 / 9,240엔 / 11,550엔
　　　 와인 6,300엔부터
주소 도쿄도 미나토쿠 미나미 아오야마 5-5-25(東京都 港区 南青山 5-5-25 T-PLACE B1F)
영업시간 [수-일] 12 : 00~14 : 00, 18 : 00~21 :00 [화] 18 : 00~21 : 00
휴무 월요일
전화 03-3486-5561
가까운 역 긴자선(銀座線) 또는 치요다선(千代田線) 또는 한죠몬선(半蔵門線)
　　　　　 오모테산도역(表参道駅)에서 2분
홈 페이지 http://www.r-hiro.com/

이탈리아 북부 요리로 유명한 작은 레스토랑

일 리스토란테 넬라 페르고라

イル・リストランテ・ネーラ・ペルゴラ / IL RISTORANTE NELLA PERGOLA

네 개의 테이블로 14좌석이 전부이다. 밀라노가 있는 롬바로디아주, 즉 이탈리아 북부 요리로 유명한 곳이다. 눈에 띄는 간판은 없지만 막상 들어가면 답답하지 않게 테이블이 충분한 간격을 두고 떨어져 있다. 페르고라의 오너셰프는 홋카이도(北海道)에서 양계를 하시는 부모님 밑에서 자라 늘 신선한 재료를 가까이 한 덕분에 요리 재료를 고를 수 있는 안목이 생겼다고 말한다. 지금도 부모님 농가의 달걀로 파스타를 직접 만드는 것이 하나의 자랑이다. 그리고 그에 못지않게 더 큰 감동은 서비스 공간에서 활약하는 부인의 프로페셔널한 센스다. 규모가 작고 인기가 있어 예약은 필수. 특별한 연인과 함께 하기에 더없이 좋은 레스토랑이다.

메뉴특성

먼저 아지(전갱이)카르파초로 입맛을 연다. 타리올리니(가는 파스타의 종류)위에 토마토와 성게가 올라간 찬 파스타의 신선함은 재료 자체의 맛을 물씬 살리는 파스타. 그리고 비둘기나 어린 소의 로스트 등이 나오는데 프랑스 요리를 경험한 셰프의 기술을 엿볼 수 있다. 디저트로 나오는 마스카르포네치즈가 들어간 수플레와 초콜릿이 환상.

|평|가|점|수|

맛 ★★★★☆
분위기 ★★★★☆
서비스 ★★★★☆
벤치포인트 ★★★★☆

쇠고기 전채

비둘기와 마리네이드한 딸기

● 추천대상 ●

고급스러운 소규모 레스토랑 오픈이나 운영에 관심 있는 사람

● 포인트 ●

☑ 북부 이탈리아
☑ 부부운영 ☑ 창의성
☑ 고급스러움

|기|본|정|보|

메뉴 런치코스 3,800엔, 디너코스 8,000엔(알라카르테 없음), 서비스료 10%
주소 도쿄도 시부야쿠 히로 3-2-13(東京都 渋谷区 広尾 3-2-13)
영업시간 [화-금] 18 : 00～22 : 30(L.O)
　　　　　　[토 · 일 · 공휴일] 12 : 00～13 : 30(L.O), 18 : 00～22 : 30(L.O)
휴무 월요일(공휴일인 경우 화요일)
전화 03-5464-1288
가까운 역 히비야선(日比谷線) 히로역(広尾駅)에서 12분, JR 에비스역(JR 恵比寿駅), 지하철 에비스역(地下鉄 恵比寿駅)에서 15분

셰프의 베리에이션이 돋보이는 레스토랑

피앗토 스즈키 ピアット・スズキ / PIATTO SUZUKI

'피앗토' 는 이탈리아어로 '접시' 라는 의미이고 '스즈키' 는 오너셰프의 이름이다. 2002년에 오픈했는데, 한 접시 한 접시 심혈을 기울이겠다는 의지를 담았단다. 평범한 빌딩의 4층에 있는 이곳은 넓지 않은 공간에 카운터 4석과 테이블 14석이 꽉 차게 들어서 있다. 셰프가 주방과 홀을 수시로 넘나들며 고객의 기분까지 요리에 넣어 불쑥 변경된 요리가 나오기도 한다. 마침 내가 이곳을 방문한 날, 일행보다 한 시간이나 늦게 도착하여 모두 메인을 먹고 있을 때 들어가게 되었다. 그것을 보고 스즈키 셰프가 알아서 해오겠다며 주방으로 들어갔다. 먼저 와서 식사를 하고 있던 일행들은 즉석에서 바뀌어 나오는 나의 코스요리를 보면서 셰프의 무한한 배리에이션에 놀랐었다. 단골의 충성도가 유달리 높기 때문에 처음 간 손님은 어쩌면 외로울 수도 있다.

메뉴특성

메뉴는 알라카르테가 기본이고 부탁할 경우 셰프에게 모든 것을 일임한 스페셜 코스가 나온다. 모두 소재를 최대한 살리는 섬세한 요리들이다. 콩, 치즈 한 쪽, 소금이 전부인 접시도 있고 그 계절의 생선 세 점이 각각 조리방법을 달리해서 나오는 것도 있다. 어떤 것은 살짝 숯불에 굽고, 어느 것은 마리네이드하여 재료를 살린다. 그날의 수제 파스타는 6종정도 준비하고 있는데, 일행들이 서로 다른 것을 주문하면 나눠서 주는 배려도 잊지 않는다.

콩, 치즈, 소금이 나온 전채

아부리사시미

빵 바구니

● 추천대상 ●
오너셰프의 탄력 있는 메뉴 운영에 관심 있는 분

● 포인트 ●
☑ 메뉴변화　☑ 알라카르테
☑ 단골 서비스

|기|본|정|보|

메뉴 전채 2,000엔 내외, 메인 단품 5,000엔 내외
　　　 모둠 디저트 1,200엔부터, 코스요리 10,000엔부터
주소 도쿄도 미나토쿠 아자부주방 1-7-7 4층(東京都 港区 麻布十番 1-7-7 はせべやビル 4F)
영업시간 18 : 00~24 : 00
휴무 일요일(공휴일인 경우 월요일 휴무)
전화 03-5414-2116
가까운 역 남북선(南北線)또는 오오에도선(大江戸線) 아자부주방역(麻布十番駅)에서 3분

업계가 인정하는 와인 소믈리에가 운영하는 곳

비노 델라 파체 ヴィーノ・ディラ・パーチェ / VINO DELLA PACE

쟁쟁한 레스토랑이 줄지어 있는 니시아자부(西麻布)의 이면도로에 있는 작은 이탈리안 레스토랑이다. 이탈리아 북쪽에서 남쪽 지방까지의 음식과 와인을 공부하고, 각종 이탈리아 와인 소믈리에 대회에서 우승한 경력이 있는, 업계가 인정하는 전문가 '나이토우카즈오(內藤和雄)' 씨가 운영하는 곳이다. 하지만 유명하다는 나이토우 씨를 막상 만나보니 표정도, 목소리의 톤도 무뚝뚝하여 처음엔 많이 놀랐다. 도저히 소믈리에의 모습이 아니었기 때문이다. 하지만 이탈리아 와인이나 음식 얘기가 한번 터지면 조용조용하게 지금까지 모르던 숨은 보따리를 마구 풀어낸다. 예를 들어 일반인들은 이탈리아는 마늘을 많이 쓴다고 알고 있지만 사실 이탈리아 전역을 볼 때 마늘을 사용하는 지역은 매우 적다고 한다.

메뉴특성

이탈리아 와인이 600여종 정도 구비되어 있고 글라스와인으로 마실 수 있는 와인도 7-8종이다. 그리고 음식은 보통 레스토랑처럼 알라카르테(일품요리)와 코스로 구성되지만 이탈리아 생햄부터 버섯요리, 파스타 모두 수준이 높다. 한두 명이 갔다면 와인 병이 가득 놓여 있는 카운터에 앉아 각종 와인들의 레이블을 보면서 소믈리에의 음식과 와인 매칭에 관한 설명을 들으며 마시는 것도 즐겁다.

버섯소고기모둠

탈리아텔레

● 추천대상 ●
이탈리아 음식과 와인에 대해 집중적으로 알고 싶은 분

● 포인트 ●
☑ 소믈리에 ☑ 글라스와인
☑ 전문성

| 기 | 본 | 정 | 보 |

메뉴 코스 5,775엔 / 7,875엔, 그 날의 해산물 요리 2,310엔부터
쇠고기레드와인조림 2,415엔, 와인(글라스) 840~2,100엔, 와인(병) 5,250~31,500엔
주소 도쿄도 미나토쿠 니시아자부 4-2-6 1층(東京都 港区 西麻布 4-2-6 菱和ビル西側 1F)
영업시간 18：00~26：30
휴무 일요일(공휴일인 경우 월요일 휴무)
전화 03-3797-4448
가까운 역 히비야선(日比谷線) 히로오역(広尾駅)에서 10분

크리니카 가스트로노미카 에스페리아

クリニカ·ガストロノミカ·エスペリア / CLINICA GASTRONOMICA ESPERIA

아늑한 불빛을 밝히고 있는 서양 가정집 분위기의 레스토랑이다. 안에 들어가면 중간 중간 나무기둥이 있고 흰색 클로스가 깔린 테이블들이 있다. 2층에는 20여명 정도 파티가 가능한 룸이 있고 입구 왼쪽에는 다양한 그랍파(grappa 포도로 만든 높은 알코올 도수의 증류주)를 줄줄이 세워놓은 검은 대리석 카운터가 있다. 모리카츠아키(森克明) 셰프는 일본 최초의 치즈 슈발리에(프랑스 치즈 감평기사)로 다양한 치즈를 활용한 이탈리아요리의 매칭이 주특기이다. 홀의 메인 스태프들도 와인과 음식의 매칭에 능숙하고 치즈나 음식 설명이 뛰어난 점도 돋보인다.

메뉴특성

각 단품 메뉴에도 치즈 응용 요리가 많다. 전 코스에서 치즈를 다 느끼고 싶은 경우는 셰프의 치즈오마카세코스(셰프에게 모든 것을 일임한 치즈요리 스페셜코스)를 시키면 한동안 치즈 생각을 잊을 수 있도록 실컷 먹을 수 있다. 파르메산치즈 크리스피크레이프, 야채와 파르메산 지방의 햄 등으로 구성된 '5종류의 에피타이저 모둠', 모리 셰프가 직접 만든 '슈발리에' 라는 치즈 소스를 사용한 '샐러드혁명' 등이 인기 애피타이저이다. 그 외 파스타, 리조트 메인에서도 셰프의 독창적 노력이 많이 느껴진다.

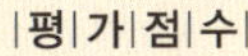

|평|가|점|수|

맛	★★★★☆
분위기	★★★☆☆
서비스	★★★★☆
벤치포인트	★★★★☆

치즈플레이트

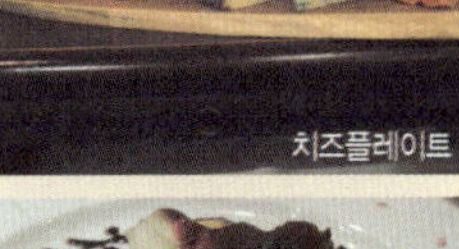
송아지 요리

● 추천대상 ●
치즈와 치즈요리, 그랏파와 이탈리아요리의 매칭에 관심 있는 분

● 포인트 ●
☑ 창작 요리 ☑ 치즈요리
☑ 다양한 치즈 ☑ 그랏파

|기|본|정|보|

메뉴 디너코스 5,500엔 / 7,000엔(치즈오마카세), 전채 1,300~1,800엔
파스타&리조트 1,300~2,200엔, 메인 2,500엔 안팎 런치코스 1,800엔부터
주소 도쿄도 미나토쿠 니시아자부 4-11-25(東京都 港区 西麻布 4-11-25)
영업시간 [월-토] 11：30~15：00, 18：00~23：00(L.O 21：30)
[일·공휴일] 12：00~15：00, 18：00~22：00(L.O 20：30)
휴무 월요일, 첫째 주 화요일
전화 03-5485-1771
가까운 역 지하철 롯본기역(地下鉄 六本木駅)에서 10분 히비야선(日比谷線)
히로오역(広尾駅)에서 15분
홈 페이지 http://www.esperia.biz/

야채를 사랑하는 미식가들의 끊임없는 찬사

리스토란테 키오라 リストランテ・キオラ / RISTORANTE KIORA

유리창이 있으나 지하 1층은 와인 셀러도 있고 연회가 가능한 공간으로 1층에 비하면 답답한 느낌이다. 도쿄의 많은 이탈리안 셰프들이 그렇듯 키오라의 나카하라(中原) 셰프도 프렌치부터 시작하여 이탈리아요리를 하게 된 케이스이다. 키오라는 외식기업 그라나다(http://www.granada-jp.net)가 운영하고 있는 식당으로 사내교육 덕택인지 직원들의 표정이 매우 밝다.

메뉴특성

음식의 간은 전반적으로 약한 편이며 일식풍의 콘셉트와 식자재의 적절한 조합이 훌륭하다. 음식의 디스플레이는 자연스러우면서 화려하고 밝아서 먹기 전에 눈으로 먼저 먹는 기분이다. 파스타 중에는 시라스(잔멸치), 양배추, 카라스미(생선알을 소금에 절여 말린 것)를 이용한 뻬뻬론치노(peperoncino)가 일반적인 뻬뻬로치노처럼 심플하면서도 일본 식재료가 듬뿍 들어가 동양적인 편안함이 있다. 야채를 얼마나 잘 사용하느냐로 레스토랑의 평가를 하곤 하는 일본의 미식가들에게 이곳은 진정한 어른의 맛이라는 칭찬을 받고 있다. 코스 이외에 알라카르테(일품요리)도 있으나 코스를 즐기는 사람이 대부분이다. 단, 코베르트(Cover charge, 자릿세)가 빵과 좌석 값의 명목으로 일인당 낮에는 300엔, 밤에는 500엔씩 추가되는 것이 특이하다.

|기|본|정|보|

메뉴 런치코스 2,500엔 / 3,800엔 / 4,800엔(코베르트 1인 300엔)
　　　디너코스 6,800엔 / 8,300엔(봉사료 10%, 코베르트 1인 500엔)
주소 도쿄도 미나토쿠 아자부주방 3-2-7(東京都 港区 麻布十番 3-2-7 リゾーム麻布十番 1F)
영업시간 [월-토] 11 : 30~15 : 00(14 : 00 L.O), 18 : 00~23 : 00(21 : 30 L.O)
　　　　　[일] 18 : 00~23 : 00
휴무 연중무휴
전화 03-5730-0240
가까운 역 남북선(南北線)또는 오오에도선(大江戸線) 아자부주방역(麻布十番駅)에서 3분
홈 페이지 http://www.kiora.jp/

매일 만드는 수제 파스타를 직접 고르는 재미

일 그라포로 다 미우라

イル・グラッポロ?ダ・ミウラ / IL GRAPPOLO DA MIURA

한적한 거리지만 나름 유명 레스토랑과 숍이 쟁쟁한 거리, 시로가네다이(白金台)의 플라치나거리에 있는 작은 레스토랑이다. 지하에 위치했지만 일단 들어서면 아늑한 분위기에 지하라는 생각에서 잠시 떠나게 한다. 이곳은 소믈리에가 주방과 잘 상의하여 와인 매칭을 해주는 곳이다. 미우라 셰프는 이곳을 트라토리아(편안하고 캐주얼한 레스토랑)라고 말하는데 맛이나 격식이나 가격이나 고급 레스토랑에 결코 뒤지지 않는다. 참고로 이탈리아의 '아밀리아로마냐' 지역 요리가 중심이다. 아밀리아로마냐는 이탈리아에서 지역 식자재가 풍부한 곳으로, 특히 발사믹식초나 파르메산치즈 등이 유명하다.

메뉴특성

자리에 앉으면 스태프가 메뉴가 빼곡히 적혀 있는 칠판과 그날 만든 5-6가지의 수제 파스타가 놓인 접시를 가지고 온다. 물론 마음에 드는 요리와 파스타를 선택할 수 있다. 소스는 진한 편이다. 토마토를 주로 많이 쓰는 다른 이탈리안 레스토랑에 비해 버터 등 진한 소스를 잘 사용한다. '피아디나' 라는 무발효의 얇은 빵 위에 얹어 나온 푸아그라소테(소테: 버터를 녹인 프라이팬이나 철판에 굽는 방법)와 소믈리에가 추천한 토스카나 지방의 메를로 레드와인의 매칭은 한동안 잊을 수 없는 감동이었다.

|평|가|점|수|

맛	★★★★☆
분위기	★★★☆☆
서비스	★★★★☆
벤치포인트	★★★★☆

그날의 수제파스타

와규꼬리를 고은 소스의파스타

● 추천대상 ●

진한 이탈리아 요리, 수제파스타, 오너셰프 운영에 관심 있는 분

● 포인트 ●

☑ 이탈리아 지역 요리
☑ 수제파스타 ☑ 와인매칭

|기|본|정|보|

메뉴 런치코스 2500엔 / 4,000엔 / 5,500엔(파스타코스는 평일만 가능)
메인 디너메인 2,500엔 정도(알라카르테만). 파스타 1,700엔 정도
주소 도쿄도 미나토쿠 시로가네다이 4-9-18 지하 1층
(東京都 港区 白金台 4-9-18 バルビゾン 32 B1F)
영업시간 11：30～14：00, 17：30～23：00
휴무 일요일
전화 03-5793-5300
가까운 역 남북선(南北線) 또는 미타선(三田線) 시로가네다이역(白金台駅)에서 4분
홈 페이지 http://www.ilgrappolo-damiura.com/

숯불구이 스테이크가 유혹적인 이탈리안 레스토랑

리스토란테 테라우치 リストランテ テラウチ

한상 차렸는데도 고기반찬 하나 없으면 손 가는 반찬이 없다고 투덜거리는 남자, 레드 와인을 마치 맥주 마시듯이 벌컥벌컥 마신다고 늘 주의의 핀잔을 받는 사람, 이탈리안 음식은 좋은데 예쁘게 차려 나오는 음식을 보면 닭살 돋고 불편한 사람들에게 추천하는 레스토랑이다. 니시아자부(西麻布) 조용한 도로가에 있는 아담한 주택 1층에 자리하고 있는 곳으로, 좌석 20석이 전부여서 홀이라고 해도 모든 테이블이 한 눈에 금방 내려다보인다. 홀은 몇 계단 내려가서 있고 주방이 오히려 홀보다 위에 있으며 주방 안 숯불에서는 무언가 지글거린다. 메뉴의 특성상 남성이 유독 많은 이탈리아 식당이다. 핸드폰과 PC는 삼가 달라고 쓰여 있다.

메뉴특성

이곳의 메뉴는 심플하면서 재미있다. 메인이 10개 안팎으로 있는데, 대개 숯불구이로 뼈 붙은 돼지고기, 치도리(지역인증 닭), 뼈 붙은 양고기, 양고기살, 오리가슴살 등이 숯불에 구워져 박력 있게 나온다. 그 중 대표선수는 큰 뼈에 붙은 돼지고기구이. 두께는 가히 5cm에 육박하는 듯하다. 육즙이 좔좔 흐르는 고기 덩어리, 그러나 중심에 큰 뼈가 있으니 우아하게 썰기는 빨리 포기하는 것이 정신건강에 좋다. 그 순간만큼은 손님이 주방장이 된

기분으로 나이프로 위에서 찌르기
도, 자르기도 하면서 숯불 스테이크
와 한판승부를 벌이게 된다. 통쾌!!
그러는 짬짬이 와인을 마셔줘 가며
말이다. 그런 유사한 크기와 분위기
로 양고기도, 닭다리도 나온다.
전채, 파스타도 수준이 높다. 카라스
미(생선 알을 소금에 절여 말린 것)
나 치즈 소스의 파스타 등 6가지가
구비되어 있고 원하면 반반씩 나누
어서 서브해 준다. 전채는 사시미마
리네(생선회를 올리브오일에 살짝
재운 것), 바냐카우다 소스(이탈리아
북부지방 소스로 마늘, 안초비, 올리
브오일이 들어간 소스)와 야채 등 다
양하나 숯불구이가 전공인 데라우치
셰프의 특성이 가장 잘 살아있는 것

은 전채인 '야채숯불구이'. 10가지의 큼직한 야채가 숯불에 구워져 철판
자국을 그대로 보이고, 간혹 검은 숯검댕이도 조금씩 묻힌 채로 나온다. 셰
프의 과감성이 엿보이는 메뉴이다.
일반 여성이라면 둘이서 전채와 파스타를 한 개씩 주문하고 메인은 하나로
둘이 나눠 먹어도 충분한 양이다.

| 기 | 본 | 정 | 보 |

메뉴 디너오마카세코스 8,400엔
　　　숯불 뼈 붙은 돼지고기 3,800엔, 숯불 닭 2,700엔, 숯불 야채구이 전채 2,400엔
　　　가라스미 스파게티 2,000엔, 치즈팟페르텔레(파스타) 1,800엔
주소 도쿄도 미나토쿠 니시아자부 1-4-7(東京都 港区 西麻布 1-4-7)
영업시간 18 : 00~23 : 00(L.O)
휴무 일요일, 셋째 주 월요일
전화 03-5414-1808
가까운 역 치요다선(千代田線) 노기자카역(乃木坂駅)에서 7분

이탈리아 피에몬테의 향토 요리전문점

토라토리아 토르나벤토

トラットリア・トルナヴェント / TRATTORIA TORNAVENTO

레스토랑은 주택가 반지하에 위치해 있는데, 반지하라고 하기엔 너무 빛이 잘 들어오고 창문도 크게 열린다. 이곳은 이탈리아 북부 피에몬테 요리를 중심으로 하고 있다. 트라토리아(trattoria, 편안하고 캐주얼한 레스토랑)라고 쓰여 있지만 음식 수준이나 가격 설정 등을 봤을 때 리스토란테(Ristorante, 파인다이닝, 고급레스토랑)라고 하는 편이 더 잘 어울릴 것 같다. 토르나벤토(Tornavento)는 이탈리아어로 '바람이 들다' 라는 뜻인데, 셰프의 요리를 먹으면서 고객들이 북이탈리아의 따뜻한 바람을 느끼길 바라는 마음에서 이름을 그렇게 지었다.

메뉴특성

파스타는 셰프가 그날그날 모양을 바꿔가며 직접 만들고, 음식의 스타일은 기교를 많이 부린 작품이라기보다는 자연스러운 담음새에 재료 그대로를 보여주는 요리가 많다. 그리고 처음에 나오는 포카치아와 그리시니(Grissini, 수분함량이 적은 긴 막대모양의 빵)도 직접 만들고 있다. 따뜻한 각종 야채와 바냐카우다(bagnacauda. 피에몬테 지방의 소스로 마늘, 안초비, 올리브오일의 주가 되는 소스)를 얹은 샐러드는 기본으로 먹어볼 만하다. 대합이 좋은 철에는 통으로 대합이 구워져 나오고 뼈있는 양갈비구이도 터프하게 구워져 나와 요리에 집중하게 만든다.

|기|본|정|보|

메뉴 런치 3,800엔(메인포함)부터, 전채·파스타 1,800엔(수요일만),
디너코스 2종류(8,500엔), 셰프오마카세코스(전채 2품, 파스타, 생선, 육류, 디저트, 차),
피에몬테 오마카세코스(전채 2품, 파스타, 리조토, 오늘의 메인, 디저트, 차),
알라카르테도 가능, 전채·파스타 2,000엔 내외, 메인 요리 3,000엔 내외
주소 도쿄도 미나토쿠 니시아자부 3-21-14 B1F(東京都 港区 西麻布 3-21-14 覚張ビル B1F)
영업시간 12 : 00～14 : 30, 18 : 00～23 : 00
휴무 월요일
전화 03-5775-2355
가까운 역 지하철롯본기역(六本木駅) 또는 히비야선(日比谷線) 히로오역(広尾駅)에서 10분
홈 페이지 http://www.tornavento.net/

고급 주택가에 위치한 편안한 레스토랑

아르 체뽀 アルチェッポ / AL CEPPO

이곳은 평온하고 조용한 주택가, 시로가네다카나와(白金高輪)역 근처에 골목에 위치하고 있다. 레스토랑의 첫 인상치고는 너무 평범해서, '기대할 만한 것이 있을까'라는 생각을 할 수도 있지만 음식을 먹으면 생각이 달라진다. 한번은 아르체뽀에서 식사를 하던 중에 우연히 이탈리아를 수시로 왔다갔다하는 비즈니스맨을 만났는데, 이탈리아 현지보다 일본의 이탈리아 음식이 더 섬세해서 현지에서 아무리 많이 먹어봐도 일본의 이탈리안 음식에 더 높은 점수를 주게 된다고 말할 정도이다. 그러면서 특히, 아르체뽀의 수준에 찬사를 아끼지 않았다. 맛과 볼륨감, 편안함이 있어 가족끼리의 이벤트 외식으로도 안성맞춤.

메뉴특성

물론 요리라는 것이 재료 활용이 제대로 된 음식이냐 아니냐에 따라 평가 점수가 다르지만, 이곳의 음식은 올리브오일 사용 및 유채 등 제철 야채의 자연스런 어울림이 유독 돋보인다. 그리고 포만감을 느낄 수 있는 충분한 양도 빠질 수 없다. 저녁 코스는 전채, 파스타, 메인, 디저트와 차로 구성되는데, 전채부터 메인에 이르기까지 어느 하나 굴곡이 없으며, 야채면 야채, 생선이면 생선, 그 자체의 맛을 끌어내면서, 요리 마무리는 대부분 올리브오일을 사용하여 그 향을 높이고 있다.

야채파스타

● 추천대상 ●
동네형 레스토랑의 운영에 관심 있는 사람, 이탈리안 메뉴 개발자

● 포인트 ●
☑ 주택가 레스토랑
☑ 맛과 볼륨감
☑ 올리브 오일

|기|본|정|보|

메뉴 런치 알라카르테 1,050엔부터
　　　디너 알라카르테 1,680엔부터, 디너코스 5,000엔 / 6,500엔(봉사료 10%)
주소 도쿄도 미나토쿠 시로가네 2-3-19 1층 (東京都 港区 白金 2-3-19 白金アネックス1F)
영업시간 [월수 · 목] 18 : 00~24 : 00
　　　　　[금-일 · 공휴일] 12 : 00~14 : 00, 18 : 00~24 : 00
휴무 화요일
전화 시로가네다이카나와역(白金高輪駅) 3분 거리
가까운 역 남북선(南北線) 또는 미타선(三田線) 시로가네다카나와역(白金高輪駅)에서 3분
홈 페이지 http://www.al-ceppo.jp/

형은 셰프, 동생은 소믈리에

보카디레오네 ボッカディレオーネ / BOCCA DI LEONE

주방은 형 코이케나오키(小池直樹) 셰프가, 홀은 이탈이아어로 뚱보라는 뜻의 '칫쿄' 애칭으로 불리는 동생이 소믈리에로서 서비스를 맡고 있다. 이들이 이곳에서 일한 지는 9년이 되었지만 그 전에도 다른 레스토랑의 홀과 주방에서 호흡을 맞춰온 베테랑 형제이다. 레스토랑에 모든 것을 걸고 일하던 형제는 2007년 드디어 레스토랑 '보카디레오네' 의 오너가 되었다. '보카 디 레오네' 는 '사자의 입' 이란 뜻이다. 많이많이 맛있게 먹어달라는 형제의 바람이 담겨 있다. 재료의 맛을 살리는 것이 일본 요리와 이탈리아 요리의 공통점이라는 생각을 바탕으로 가게를 운영하고 있다.

메뉴특성

파스타는 주문 후 직접 만드는 즉석 수제 방식을 고수하고 있다. 때문에 주문하면 시간이 꽤 걸리지만 바로 만든 살아있는 파스타를 맛볼 수 있어, '아, 기다린 보람이 있구나!' 하고 감탄하게 된다. 특히 4월에서 6월에는 야마나시현(山梨県)의 토마토로 만든 소스에 라면 발과 비슷한 꼬불거리는 파스타를 먹을 수 있는데, 면도 부드럽고 완숙 유기농토마토의 자연 향을 충분히 느낄 수 있다. '라비올리' 는 리코타(ricotta)치즈와 마스카르포네(mascarpone)치즈에 시금치페이스트(paste)가 잘 혼합된 내용물이 들어가 있어, 리치한 치즈 맛을 즐길 수 있다. 수제소시지도 레드와인의 감초 같은 안주거리이다. 맛은 북부이탈리아 가정요리에 기본을 두고 있다.

|평|가|점|수|

맛 ★★★★☆
분위기 ★★★★☆
서비스 ★★★★☆
벤치포인트 ★★★☆☆

알리오올리오 빼빼론치노

● 추천대상 ●
북부이탈리아요리. 가족 운영 양식당에 관심 있는 분

● 포인트 ●
☑ 북부이탈리아요리
☑ 형제 운영 ☑ 수제파스타

|기|본|정|보|

메뉴 모둠 전채 2인 1,600엔(1인 900엔), 토르텔리디리코타(라비올리) 1,800엔
아마나시현 토마토 파스타 2,220엔, 점심 1,050엔부터
주소 도쿄도 시부야쿠 에비스 3-14-9(東京都 渋谷区 恵比寿 3-41-9 1F)
영업시간 18 : 00~22 : 30(L.O), [수~일] 12 : 00~14 : 00(L.O)
휴무 월요일
전화 03-3440-3123
가까운 역 히비야선(日比谷線) 히로오(広尾)역에서 15분, JR 에비스역(JR 恵比寿駅)에서 15분
홈 페이지 http://www.bocca.jp/

환상의 맛을 자랑하는 일본풍 파스타

굿토 도루 앗키아노

グットドール・アッキアーノ / GOUTTE D'OR ACHIANO

다소 경사가 급한 좁은 계단을 3층까지 올라가야 레스토랑이 나온다. 하이힐을 신거나 미니스커트를 입었다면 약간 부담스러운 층계일수도 있는데 이곳은 그런 멋쟁이 여성들이 좋아하는 이탈리안 레스토랑으로, 30명 정도가 들어갈 수 있는 크기다. 근처에서 회사를 다니는 일본인 친구는 한 달에 이 집 파스타를 몇 번이나 먹는 지 횟수를 헤아릴 수 없을 정도라고 하는데, '언제 먹어도 늘 맛있는 파스타집' 이라고 칭찬을 늘어놓는다. 재미있는 것은 오너인 셰프가 일본 소주에 관심이 많아 소주 종류가 많다는 것이다. 다용도 레스토랑으로 친구끼리는 물론, 데이트에도 적당하고 입맛 까다로운 거래처 접대에도 좋다. 서비스도 매우 친절한 편.

메뉴특성

일본의 싱싱한 재료를 많이 사용하기 때문에 일본풍 파스타를 만드는 수준이 높다. 문어와 카라스미(숭어알을 소금에 절여 말린 것)가 들어간 파스타나 홋가이도(北海道) 우니(성게)가 들어간 파스타가 인기다. 초가을 송이버섯 철이 되면 카페리니(가는 면의 파스타) 위에 과감하게 송이버섯과 츠다치(유자나무과의 향이 좋은 일본 과실)를 올린 파스타도 있어, 송이 향을 즐기는 파스타도 체험할 수 있다. 어떤 스파게티는 각종 녹색야채가 들어가 초록색을 띠는데, 콩, 연한 양배추, 시라스(잔멸치) 등 쉽게 볼 수 있는 재료들이 섞여서 나온다. 야채를 좋아하는 사람이라면 푹 빠져들고 말 것이다.

맛　　　　★★★★☆
분위기　　★★★☆☆
서비스　　★★★☆☆
벤치포인트 ★★★★☆

프로슈토와 계졀 야채샐러드

푸른야채파스타

● 추천대상 ●

오너셰프 레스토랑에 관심 있는 분, 독특한 파스타를 개발하고 싶은 분

● 포인트 ●

☑ 일본풍 파스타
☑ 와인 안주　☑ 소주구비
☑ 3층 위치

|기|본|정|보|

메뉴 런치코스 1,575엔부터, 메인 2,415엔부터
모차렐라치즈와 유기농 야채 1,575엔, 카르보나라파스타 1,365엔, 와인(글라스) 840엔
주소 도쿄도 미나토쿠 니시아자부 4-10-7 3층(東京都 港区 西麻布 4-10-7 3F)
영업시간 12 : 00～14 : 00(L.O), 18 : 30～23 : 00(L.O)
휴무 일요일, 셋째 주 월요일
전화 03-5467-2648
가까운 역 히비야선(日比谷線) 히로오역(広尾駅)에서 7분
홈 페이지 http://www.goutte-dor.com/achiano/index.htm

절대 후회하지 않을 돼지고기 스테이크

밧쵸네 バッチョーネ / BACIONE

나카메쿠로(中目黑) 하천가에 는 유독 따스한 빛이 새어나오 는 레스토랑이 하나 있다. 안으 로 들어가면 천정 여기저기에 대형 파르메산(파르메자노레자 노) 치즈가 걸려 있는데 이 치즈 통 안의 조명이 따스한 불빛의 범인임을 알고 그 참신한 아이디어에 재미를 느끼게 되었다.

메뉴특성

이 집의 4,500엔(1인)짜리 저녁 코스는 각 코스요리를 메뉴판에서 손님이 맘대로 선택하는 방식이다. 선택할 수 있는 메뉴 하나하나가 신선해, 종류 별로 한 가지씩을 선택해야 한다는 게 큰 어려움처럼 느껴진다. 처음 갔다 면 당연히 이 집의 간판스타인 돼지고기 티본스테이크를 먹어봐야 한다. 일단 그 양에 행복해지고 일단 먹으면 그릴 수준과 질감에 만족하게 된다. 만일 메인을 생선그릴로 정했다면 피렌체풍의 트릿파(trippa , 소의 위와 토마토를 넣어 조린 음식으로 이탈리아 지방마다 맛이 다른 것이 특징)를 주문하는 것이 좋다. 그리고 파스타는 시라스(잔멸치)가 들어간 심플한 파 스타나 고르곤졸라치즈가 들어간 팬네, 뇨끼 등에서 선택하면 된다. 전채 부터 파스타, 메인, 디저트까지 한결 같이 정성스럽다. 굳이 비교하여 평가 한다면 파스타보다는 메인요리가 더 탁월한 맛집이라고 볼 수 있다. 와인 은 한 병에 3,800엔부터 시작하고 레드와 화이트와인 비율은 이탈리아 현 지처럼 8:2 정도로 구성하고 있다. 디너라면 예약을 하는 것이 좋다.

|평|가|점|수|

맛	★★★★☆
분위기	★★★☆☆
서비스	★★★★☆
벤치포인트	★★★★★

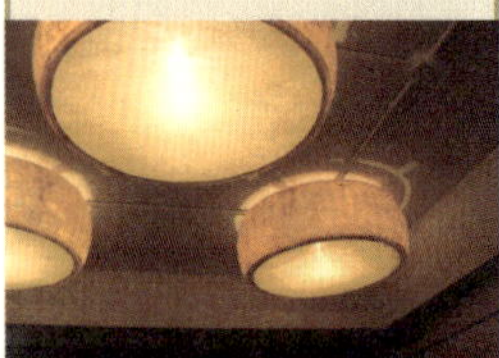

돼지고기티본스테이크

● 추천대상 ●

오너 셰프 레스토랑, 메인메 뉴(특히, 돼지고기) 개발에 관심 있는 분

● 포인트 ●

☑ 프리픽스
☑ 돼지고기 스테이크
☑ 하천가 ☑ 오픈주방

|기|본|정|보|

메뉴 런치 1,000엔(평일만) / 1,600엔 / 2,600엔, 디너코스 4,500엔(알라카르테도 가능)
주소 도쿄도 메구로쿠 카미메구로 1-16-2(東京都 目黑区 上目黑 1-16-2 鹿コ一ポラス 1F)
영업시간 [화-금] 11 : 45~13 : 30(L.O), 18 : 00~22 : 00(L.O)
　　　　　[토 · 일] 11 : 45~14 : 00(L.O), 18 : 00~22 : 00(L.O)
휴무 월요일(공휴일인 경우 화요일 휴무)
전화 03-3791-2334
가까운 역 토요코선(東横線) 또는 히비야선(日比谷線)의 나카메구로역(中目黑駅)에서 7분
홈 페이지 http://www.eatpia.com/bacione/

정말 찾기 어려운 요리 마니아의 집

일 밧포네
イル·バッフォーネ / IL BAFFONE

이탈리안 레스토랑이 많은 에비스(恵比寿)에 위치하고 있긴 하나, 말이 에비스지 절대 레스토랑이 있을만한 자리가 아닌 곳에 있다. 셰프이자 오너인 세키야마(関山) 씨가 이 골목에서 태어나 자랐으며, 이 작은 건물이 그의 집이라는 것을 알고 나면 '아!' 하고 고개를 끄덕이게 되지만. 축구선수 출신에 팝을 좋아하는 셰프는 그런 다재다능한 끼를 요리에 풀고 있는데, 이곳은 30대나 진정한 이탈리아요리 마니아가 일부러 찾는 곳이다. 완전금연.

메뉴특성

보통 3가지 정도의 빵이 나오는데 특히 올리브가 들어간 빵은 독특한 촉감과 씹는 맛에 자꾸 손이 가게 된다. 직접 만든 소시지가 들어가 있는 10cm 정도의 짧은 면 파스타, 심플한 토마토베이스의 파스타, 오징어먹물의 링귀니 등 무엇을 시켜도 안심이다. 음식의 전반적인 분위기는 북부 이탈리아의 맛이나 그렇다고 아주 진한 것은 아니어서 부담스럽지는 않다. 그리고 와인은 물론 이탈리아 와인으로 구색이 맞춰져 있다. 디너의 경우는 알라카르테(일품요리)도 가능해 비스트로처럼 와인에 적당한 요리 한두 개만 시켜 먹어도 된다. 참, 올리브오일이나 버터는 원할 경우에만 가져다주는데 올리브오일은 꼭 달라고 해서 맛보길. 푸른빛이 좋은 상품의 올리브오일 맛이 일품이다.

토마토소스에 조린 여러야채

● **추천대상** ●

주택 개조 양식당, 이탈리아 수제 요리에 관심 있는 분

● **포인트** ●

☑ 수제파스타
☑ 알라카르테
☑ 올리브 오일　☑ 자릿세

|기|본|정|보|

메뉴 런치코스 1,800엔 / 3,000엔, 전채 · 파스타 1,500~1,800엔, 메인 2,500엔 내외
오마카세코스 8,000엔(2명부터 가능), 치즈 모둠 1,800엔, 디저트 600엔
주소 도쿄도 시부야쿠 에비스 4-19-7(東京都 渋谷区 恵比寿 4-19-7)
영업시간 디너 12：00~14：00, 런치 18：00~22：30
휴무 일요일, 월요일 런치
전화 03-3444-6146
가까운 역 JR 에비스역(JR 恵比寿駅), 지하철 에비스역(地下鉄 恵比寿駅)에서 10분
(골목 안에 있어 여러 번 주소 확인해가며 찾아가도록)

정겨운 남부 이탈리아 향토 요리

엘리오 로칸다 이탈리아나

エリオ・ロカンダ・イタリアーナ / ELIO LOCANDA ITALIANA

한조몬역(半蔵門駅)에서 걸어 올라가다 보면 내부가 전혀 짐작되지 않는 육중한 나무문이 하나 있다. 그 문을 열고 들어가면 이상한 나라의 엘리스가 되어 새로운 세상으로 빨려 들어갈 것 같은데, 그 예상이 전혀 빗나가지 않았다. 이곳에는 바깥세상과 180도 다른 흥겨운 마을이 펼쳐진다. 테이블을 요리조리 뚫고 지나다니는 빠른 동작의 스태프와 손님들의 웃음소리, 그리고 솔솔 풍기는 맛있는 냄새…. 고급 레스토랑 하면 무거운 분위기에 조용히 앉아 나이프로 썰고 조심스럽게 와인 잔을 올렸다 내렸다 하는 것이 연상되는데, 그런 분위기가 부담스러운 사람이라면 이곳이 제격이다. '엘리오 로칸다' 는 셰프의 이름. 그가 태어난 곳은 이탈리아의 남쪽 카라브리아주인데, 어릴 때부터 요리를 시작하여 세계 여러 나라에서 활동한 경험이 많다. 일본에 정착한 것은 96년으로 이 식당은 그가 태어난 고장의 가정식 요리를 표방하고 있다. 손님의 생일파티가 있으면 아예 전체 조명을 갑자기 어둡게 한 뒤 스태프가 케이크를 가지고 나와 이탈리아어로 노래도 불러준다. 편하고 즐거워 설사 음식 맛이 덜하다 해도 다 용서될 것 같은 분위기이다. 홈페이지가 영어로 되어 있다(일본어도 가능). 저녁은 커버차지(cover charge 자릿세)도 있고 서비스료가 포함되어 다소 비싼 느낌이다. 셰프가 재일(在日)이탈리아인이기 때문인지 외국인 손님도 많다.

|평|가|점|수|

맛 ★★★★☆
분위기 ★★★☆☆
서비스 ★★★☆☆
벤치포인트 ★★★★☆

붕어그릴

● 추천대상 ●

이탈리아 남부 요리, 외국인 오너가 운영하는 레스토랑에 관심 있는 분

● 포인트 ●

☑ 남이탈리아 요리
☑ 외국인오너
☑ 흥겨운 분위기

|기|본|정|보|

메뉴 런치코스 1,600엔 / 2,200엔 / 3,800엔(2,200엔부터 예약 가능),
　　　디너코스 5,500엔 / 6,500엔 / 8,500엔, 서비스료 디너 10%(1인 커버차지 600엔)
주소 도쿄도 지요다쿠 고지마치 2-5-2(東京都 千代田区 麹町 2-5-2 半蔵門ハウス 1F)
영업시간 11：45～14：15(L.O), 17：45～22：15(L.O)
휴무 일요일
전화 03-3239-6771
가까운 역 한조몬선(半蔵門線) 한조몬역(半蔵門駅)에서 3분
홈 페이지 http://www.elio.co.jp/

프리픽스 코스를 선도한 셰프의 레스토랑

라 벳토라 다 오치아이

ラ・ベットラ ダ オチアイ / LA BETTOLA DA OCHIAI

도쿄 이탈리안 레스토랑의 스타 중에 스타점. 예약은 쉽지 않지만 꼭 경험해볼만한 가치가 있는 레스토랑이다. 먹고 난 뒤엔 스시집보다 더 싱싱한 맛을 경험한 느낌이 들고 음식 값을 계산할 때는 감사한 기분까지 든다. 오너인 오치아이셰프는 처음엔 프렌치 음식을 배우기 위해 프랑스에 갔다가 이탈리안 음식으로 돌아선 케이스. '간단하며 신선한 요리를 저렴하게' 라는 콘셉트를 실천한 선구자이다. 80년대부터 프리픽스(정해진 금액의 코스 내에서 메뉴를 선택하는 방식)코스를 정착한 장본인으로 도쿄 내에서는 많은 레스토랑의 벤치마킹 케이스가 되었다. 점심은 사전 예약이 안 되고 오전 10시부터 접수를 받아 문 앞 칠판에 적은 뒤 기다렸다 식사하는 방식이다. 근처에 '라벳토라비즈' 가 있는데 이곳도 오치아이셰프가 운영하고 있는 곳으로 음식은 본점과 거의 유사하나 라벳톨라보다는 분위기가 좀 더 모던하다. 두 곳 모두 디너는 예약제이다.

메뉴특성

이곳의 파스타는 그 종류만 20여 가지 이상이다. 특히, 싱싱한 근해의 해산물을 사용한 것이 돋보인다. 저녁 프리픽스는 3,990엔에, 전채 두 가지, 파스타 하나, 메인 한가지로 4접시의 음식을 선택할 수 있다. 만일 두 사람이 갈 경우 모두 다른 종류를 시켜서 8종류의 다양한 이탈리아 음식을 즐길 수 있어 더욱 인기가 좋다.

| 평 | 가 | 점 | 수 |

맛	★★★★☆
분위기	★★★☆☆
서비스	★★★★⯪
벤치포인트	★★★★★

오늘의 생선 카르파쵸

와인소스에 조린 스테이크

● 추천대상 ●

프리픽스(선택형 코스요리) 중심의 메뉴 구성에 관심 있는 사람, 해산물 중심의 이탈리아 요리 개발자

● 포인트 ●

☑ 스타셰프 ☑ 프리픽스
☑ 해산물 중심 ☑ 예약방식

| 기 | 본 | 정 | 보 |

메뉴 런치코스 1,260엔(평일만), 1,890엔, 2,940엔, 디너코스 3,990엔
주소 도쿄도 주오쿠 긴자 1-21-2(東京都 中央区 銀座 1-21-2)
영업시간 [월-금] 런치 11 : 30~14 : 00, 디너18 : 30~22 : 00
　　　　　　[토 · 공휴일] 18 : 00~21 : 30 (예약제)
휴무 일요일, 첫째 · 셋째 주 월요일
전화 03-3567-5656
가까운 역 히비야선(日比谷線)히가지긴자역(東銀座駅)에서 10분, 유락초선(有楽町線)
　　　　　신토미쵸역(新富町駅)에서 5분, 각선 긴자역(銀座駅)에서 15분
홈 페이지 http://www.la-bettola.co.jp/

가격에 비해 퀄리티가 높은 작은 맛집

소리아노 ソリアーノ

메구로역(目黒駅)에서 10분쯤 걷다가 작은 다리를 건너면 흔한 상가 건물이 나온다. 그 상가 2층에 아주 작은 식당이 있다. 올라가는 계단도 건물 밖으로 있는지라 비가 오면 우산을 들고 옆으로 오는 비는 맞아가며 올라가야 된다. 테이블, 카운터 모두 합쳐도 20석이 채 안 된다. 하지만 작다고 무시하면 안 된다. 나오는 요리의 퀄리티는 어디에 내놓아도 결코 뒤지지 않는다. 이곳의 셰프도 요리의 첫 시작은 프렌치레스토랑이었으나 결국 박력 있는 이탈리안 요리에 반해서 이탈리아까지 건너가서 연수를 마쳤다. 셰프 혼자 요리를 도맡아 하기 때문에 언제 가도 변함없는 요리를 먹을 수 있다. 일인당 코베르트(coperto, cover charge, 자릿세) 300엔

메뉴특성

디너 코스는 1인 3,000엔으로 차가운 전채, 따듯한 전채, 파스타 2종류와 디저트를 먹을 수 있기 때문에 가격대비 인기가 높다. 코스를 제외하고는 메뉴판에서 선택하는데, 메뉴는 얄팍한 종이에 전채, 파스타, 메인으로 구분한 20개 정도가 적혀 있다. 따듯한 포카치아(이탈리아의 빵)도 직접 만들었다. 평일엔 런치도 영업하나 12시 반만 되어도 벌써 만석이 되고 말 정도다. 와인은 이탈리아 와인 중 키안티 와인이 많다.

| 평 | 가 | 점 | 수 |

맛 ★★★★☆
분위기 ★★★☆☆
서비스 ★★★★☆
벤치포인트 ★★★★☆

돼지고기로스그릴

문어페파로네스파케티

● 추천대상 ●

오너셰프가 운영하는 편안한 비스트로형 레스토랑에 관심 있는 분

● 포인트 ●

☑ 오너셰프 ☑ 오스테리아
☑ 소규모 ☑ 높은 퀄리티

| 기 | 본 | 정 | 보 |

메뉴 전채 1,500엔, 파스타&뇨끼(gnocchi 삶은 감자와 밀가루를 넣어 찰지게 만든 파스타의 일종, 수제비모양) 1,300엔~1,500엔, 메인 2,600엔~3,500엔 런치세트 1,000엔, 디너코스 3,000엔

주소 도쿄도 메구로쿠 시모메구로 2-21-28(東京都 目黒区 下目黒 2-21-28 セントヒルズ目黒 2F)

영업시간 [월-금] 11 : 30~14 : 00(L.O), [토·일·공휴일] 18 : 00-23 : 00(L.O 22 : 30)

휴무 화요일

전화 03-3493 1083

가까운 역 JR 메구로역(JR 目黒区)에서 12분

홈 페이지 http://www.shio.org/soriano/

맛과 가격이 착한 캐주얼 레스토랑

바칸자 *ヴァカンツァ / VACANZA*

에비스역(恵比寿駅) 동쪽 출구에서 5분쯤 걸어가다 보면 대로변에 커다란 화분들로 둘러싸인 아담한 집 한 채가 있다. 슬쩍 들여다 보면 모두 흥겹게 먹고 마시고, 주방 화덕 앞에서는 열심히 피자를 구워내고 있다. 손때 묻은 나무계단이 있는 아늑한 2층집 이탈리아피자집이다. 쫀득쫀득, 말랑말랑 화덕에서 구워 나온 커다란 피자를 거뜬히 반판 정도는 누구든지 빠른 속도로 해치울 정도이다. 흡연 가능.

메뉴특성

2명부터 주문 가능한 디너 코스의 1인 가격은 2,940엔으로, 그 구성이 꽤 매력적이다. 차가운 전채 2개, 따뜻한 전채 1개, 피자 1판, 파스타 1개, 디저트 2개를 둘이 사이좋게 나눠먹는 방식이다. 게다가 피자는 서로 다른 토핑을 half-half로 주문 가능하여 두 가지 피자를 함께 즐기는 셈이다.

차가운 전채는 '모짜렐라치즈와 토마토의 카프레제', 8가지 정도가 나오는 모둠 전채까지 종류가 다양하다. 따뜻한 전채는 '뇨끼(gnocchi 삶은 감자와 밀가루를 넣어 찰지게 만든 파스타의 일종, 수제비모양)가 들어간 퐁듀치즈에 찍어먹는 포카치아', '삶은 야채와 함께 나오는 바냐카우다 소스(bagnacauda. 피에몬테지방의 소스로 마늘, 안초비, 올리브오일이 주가 되는 소스)' 등 기본적인 메뉴를 응용한 구성으로 손님들을 즐겁게 한다.

|기|본|정|보|

메뉴 런치세트 1,050엔, 피자 1,300엔부터, 파스타 1,200엔부터
　　　디너코스 2,940엔(1인). 전채 1,200엔 내외
주소 도쿄도 시부야쿠 에비스 4-72-2(東京都 渋谷区 恵比寿 4-27-2 1F 2F)
영업시간 [월-목] 11：30～14：00(L.O), 17：30～23：00(L.O)
　　　　　[금] 11：30～14：00(L.O), 17：30～02：00(L.O)
　　　　　[토·일·공휴일] 12：00～15：30(L.O), 17：30～23：00(L.O)
휴무 연중무휴
전화 03-3440-5658
가까운 역 JR 에비스역(JR 恵比寿駅) 또는 지하철 에비스역(地下鉄 恵比寿駅)에서 5분
홈 페이지 http://www.buona-italia.jp/vacanza.htm

|평|가|점|수|

맛　　　★★★☆☆
분위기　★★★☆☆
서비스　★★★☆☆
벤치포인트 ★★★★★

카프레제

바냐카우다소스와 삶은야채

● 추천대상 ●
이탈리아 대중 음식을 한눈에 보길 원하는 분, 독특한 코스 구성에 관심 있는 분

● 포인트 ●
☑ 화덕 피자　☑ 실속 디너
☑ 쾌활한 분위기　☑ 대중적

마르게리타 피자가 맛있는 곳
세이린칸 聖林館

1995년에 Savoy라는 이름으로 시작한 피자전문점으로 2007년에 나카메구로(中目黑)로 이전하면서 세이린칸으로 다시 태어났다. 층별 면적은 작으나 3층으로 된 독특한 건물에 위치해있다. 1층은 피자를 만들고 굽는 전용공간이고 식사를 하기 위해서는 아래가 다 내려다 보이는 가파른 철제 계단을 올라가 2층, 또는 3층까지 가야 된다. 시멘트에 페인트를 칠한 듯한 벽면에 둥그런 나무테이블이 여기저기 있다. 드라이하면서도 개성 있는 실내공간을 연출하고 있다. 그런데 서비스는 아주 무뚝뚝하고 무표정한 스태프들이 많아 콘셉트인지 교육을 못 받은 건지 애매모호하다. 참, 이곳의 2층엔 카운터가 있으나 싱크대를 보면서 먹는 좁은 공간이므로 이왕이면 테이블을 차지하여 앉길 권한다.

메뉴특성

여기서 먹을 수 있는 피자는 두 종류. 토마토, 모짜렐라치즈가 듬뿍 얹어진 '마리게타' 와 토마토, 마늘, 오레가노가 있는 '마리나라' 뿐이다. 둘 중 하나만 먹으라면 마리게타를 추천한다. 피자도우는 약간 쫄깃, 폭신하다. 피자 외에 카프레제(caprese 토마토, 모짜렐라치즈, 바질을 사용한 샐러드), 프로슈토(prosciutto 햄의 총칭) 등 다른 전채도 여러 가지다. 어른이라면 피자 한판 정도는 혼자서도 충분히 먹을 수 있는 사이즈이다.

|평|가|점|수|

맛	★★★☆☆
분위기	★★★☆☆
서비스	★★★☆☆
벤치포인트	★★★☆☆

마리게타

● 추천대상
화덕용 피자 전문점 운영 및 창업에 관심 있는 사람

● 포인트
☑ 화덕 피자
☑ 철재 인테리어
☑ 마르케리타

|기|본|정|보|

메뉴 피자 1,500엔, 카프레제 1,400엔, 프로슈토 1,200엔, 맥주 650엔, 와인 3,500엔이상(스푸만테는 half 있음)
주소 도쿄도 메구로쿠 가미메구로 2-6-4(東京都 目黑区 上目黑 2-6-4)
영업시간 [월-금] 11：30~13：00, 18：00~21：30, [토] 12：00~15：00 17：00~21：30
　　　　[일 · 공휴일] 12：00~15：00, 17：00~21：00
휴무 연중무휴
전화 03-3714-5160
가까운 역 토요코선(東横線) 또는 히비야선(日比谷線)의 나카메구로역(中目黑駅)에서 5분
홈 페이지 http://www.seirinkan.jp/

요우멘야 고에몬 洋麵屋 五右衛門

파스타는 이탈리안 요리의 하나지만 이미 일본에서는 돈가스, 카레와 마찬가지로 한 끼 식사로 먹을 수 있는 요리의 범주이다. 고에몬은 이탈리아에서 들여온 면을 큰 가마에 삶아서 젓가락으로 먹는 스타일이다. 테이블의 개인 테이블냅킨 위에 나무젓가락이 얌전히 놓여 있다. 도토루(Doutor) 커피숍을 운영하고 있는 외식기업인 ㈜일본레스토랑시스템에서 운영하는 체인점이어서 어느 지역에 있는 점포도 맛이 안정되고 비슷하다. 인테리어는 '이게 파스타집이야?' 라고 되물을 정도로 수수한 음식점이다.

메뉴특성

수십 가지의 메뉴가 있는 메뉴판을 펴면 일식형 파스타부터 양식형 파스타까지 줄지어 나온다. 올리브오일, 크림소스, 토마토소스는 물론이고 간장, 두유, 유바(두부를 만들 때 생기는 얇은 막) 등을 베이스로 활용한 다양한 메뉴를 볼 수 있다. 두 가지 파스타를 시켜서 먹을 수 있는 '하프&하프(half&half)' 라는 것도 있고 그 계절의 콩, 버섯 등을 활용한 메뉴도 선보인다. 여성이 먹기엔 파스타 양이 많은 편이다. 대중 파스타의 메뉴나 운영에 관심 있는 분이라면 방문을 추천하고 싶은 곳이다.

| 평 | 가 | 점 | 수 |

맛 ★★★☆☆
분위기 ★★☆☆☆
서비스 ★★★☆☆
벤치포인트 ★★★★★

五右衛門 파스타

● 추천대상 ●

파스타 전문점에 관심 있는 분, 동양풍 파스타 메뉴 개발자

● 포인트 ●

☑ 동양풍 파스타
☑ 대중 파스타
☑ 젓가락 사용

| 기 | 본 | 정 | 보 |

메뉴 하프&하프 1,555엔, 파스타 세트(샐러드, 디저트 포함) 1,450엔
　　　 일반 파스타 1,000엔
주소 도쿄도 시부야쿠 에비스 1-7 2F(東京都 渋谷区 恵比寿 1-7 吉原ビル 2F)
영업시간 11 : 30~22 : 00
휴무 무휴
전화 03-3442-2879
가까운 역 JR 에비스역(JR 恵比寿駅) 또는 지하철 에비스역(地下鉄 恵比寿駅)에서 2분
홈 페이지 http://www.n-rs.co.jp/brand/shoplist/youmenya.html

일분도 빈틈 없는 박자 척척 회전율

미즈신사이칸 水新菜館

역에서 가까운 대로변에 위치한 중국집으로, 옛날 생각이 나게 만드는 빨간 간판의 식당이다. 12시가 되기 전부터 시작해 2시까지 줄이 서기 일쑤다. 저녁도 만석이긴 마찬가지. 점심만큼은 아니지만 오후 7시가 넘어서도 줄을 서야 할 때가 많다. 이 집의 회전은 일분의 누수도 없을 만큼 빈틈이 없다. 카운터와 테이블 좌석을 합해 모두 31석을 주방 4명에 홀 직원 2명이 담당하고 있다. 오너는 홀과 밖에 서 있는 고객들의 상황을 빈틈없이 체크하여 타이밍을 맞춘다. 주방은 메인요리 담당 한 명, 요리보조 한 명, 세척 한 명, 딤섬 한 명으로 분업이 제대로다. 만석 시간에도 주문을 하고 난 후 식사가 나오기까지 걸리는 시간이 5-7분이면 되고, 한 가지 이상의 요리를 주문해도 30초 전후밖에 차이가 없으니 종업원 모두가 매우 숙련된 상태라는 걸 알 수 있다. 또한 홀에서는 비록 손님이 밖에서 기다려도 식사를 마친 손님에게 빨리 일어서주길 바라는 눈치를 절대 주지 않는 종업원의 느긋함이 돋보인다. 70세가 넘은 주인장은 과일가게를 하다가 1972년에 중국집으로 업종을 바꾸었다. 일본인이 좋아하는 중국요리를 하고 싶어서였다는데 모든 스태프들이 일본인이다. 이 집은 어떤 테이블을 봐도 먹고 있는 손님들의 표정이 그렇게 만족스러워 보일 수가 없었던 점이 아직도 생생히 기억에 남는다.

|평|가|점|수|

맛	★★★★☆
분위기	★★☆☆☆
서비스	★★★★☆
벤치포인트	★★★★☆

삶은꼴뚜기

고추와 돼지고기볶음

● 추천대상 ●

대중 중국집의 메뉴 구성, 현지화된 중식당 성공사례에 관심 있는 분

● 포인트 ●

☑ 인기 중국집
☑ 높은 회전율
☑ 소박한 분위기

|기|본|정|보|

메뉴 마메이카무시모노(오징어요리) 840엔, 광동면 840엔, 야키소바 840엔
주소 도쿄도 다이토쿠 아사쿠사바시 2-1-1(東京都 台東区 浅草橋 2-1-1)
영업시간 11 : 30~14 : 30 17 : 30~20 : 45
휴무 일요일, 둘째 · 넷째 주토요일
전화 03-3861-0577
가까운 역 소부선(総武線) 또는 아사쿠사선(浅草線) 아사쿠사바시역(浅草橋駅) 에서 2분

맛도 좋고 가격도 싼 소박한 중국집

텐도우 天童

에비스역(恵比寿駅) 서쪽출구에서 200m 떨어져 있는 중국집. 입구는 시골 동네 중국집처럼 촌스럽고 안에 들어가도 분위기가 별반 다르지 않지만 보기보다는 나름 청결하다. 에비스역근처에 이런 소박한 곳도 있

나 싶은 생각이 든다. 명품 숍과 고급 레스토랑이 밀집해 있는 청담동에서 가장 바쁜 하루를 보내는 곳이 자장면 파는 중국집이라는 말을 들은 적이 있다. 청담동의 아무리 멋진 숍에서 근무하는 사람들도 매일 하는 식사는 값싸고 평범한 것을 먹으니, 이 중국집만은 경기를 타지 않는다고 한다. 텐도우가 바로 그런 곳이 아닐까? 요코하마 차이나타운 출신의 주인아저씨가 웃지도 않고 주문을 받고 서빙을 하고 있어 처음엔 약간 긴장도 되지만, 맛있다고 말을 걸면 소박하게 웃으며 받아주는 센스에 정감이 간다.

메뉴특성

이곳에 다녀온 사람들은 여러 음식 중에서 자기가 주문한 음식, 마파두부면 마파두부, 야채라멘이면 야채라멘이 맛있다고 하니 웬만한 걸 주문해도 실패가 거의 없다는 말이기도 하다. 쓰부타(탕수육)는 튀긴 돼지고기와 소스의 어울림이 훌륭한 케첩탕수육이다. '가지와 다진 고기볶음' 엔 밥을 추가해 비벼먹으면 그 맛이 한층 좋다. 480엔짜리 야채스프를 주문하면 3명이 먹어도 거뜬한 양이 나오니 가격대비 만족도가 무척 높다. 점심엔 세트메뉴가 700엔으로 실속 있고 저녁에는 2,3명이 맥주 한 잔에 원하는 요리와 식사까지 해도 2천 엔 정도면 거뜬하다.

|기|본|정|보|

메뉴 탕수육 1,155엔, 야채스프 480엔, 가지볶음 945엔, 라멘 600엔, 볶음밥 840엔
주소 도쿄도 시부야쿠 에비스 니시 1-3-9 1층(東京都 渋谷区 恵比寿西 1-3-9 田中ビル 1F)
영업시간 11：30～22：00
휴무 연중무휴
전화 03-3464-0410
가까운 역 JR 에비스역(JR 恵比寿駅) 또는 지하철 에비스역(地下鉄 恵比寿駅)에서 3분

|평|가|점|수|

맛	★★★☆☆
분위기	★★☆☆☆
서비스	★★☆☆☆
벤치포인트	★★☆☆☆

● 추천대상 ●
번화가에 위치한 대중 중식당 메뉴 구성 및 운영에 관심 있는 사람

● 포인트 ●
☑ 대중 메뉴 ☑ 안정감
☑ 소박한 분위기

접대에 알맞은 사천(四川)요리집

긴자 토카겐 銀座 桃花源

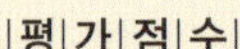

유누파이로우

마파두부

● **추천대상** ●
중국요리(사천요리) 메뉴 개발자, 고급 중식당을 운영하고자 하는 분

● **포인트** ●
☑ 사천요리　☑ 탄탄멘
☑ 마파두부　☑ 고급 접대

신바시역(新橋駅) 근처 긴자 8초메(銀座 8丁目)의 '코므즈' 라는 작은 호텔 안에 있는 중식당이다. 긴자와 가까운 곳에 위치한 고급 중식당이 으레 그렇듯 이곳도 저녁이면 접대로 무르익는다. 천정은 높고 홀은 넓은 편이며 사각 테이블에 파란색 테이블클로스가 깔려 있다. 런치타임은 저녁과는 전혀 다른 캐주얼한 분위기이다.

이곳은 평생 중국요리를 벗 삼고 있는 총주방장 가와가미(川上洋信) 셰프의 요리를 찾는 단골이 많은 중식당으로 긴자에서 사천요리하면 손에 꼽히는 곳이다. 총 30명까지 들어갈 수 있는 별실이 있고 인원이 많은 경우는 예약을 해야 한다. 점심 피크타임에는 30-40분까지도 기다려야 한다.

메뉴특성

사천요리라고 모두 매운 음식은 아니다. '유누파이로우(雲白肉)' 는 하늘에 떠 있는 흰 구름과 같이 삶은 돼지고기를 아주 얇게 썬 뒤 간장소스와 라유, 마늘 즙으로 마무리한 전채이다. 돼지고기의 삶은 맛과 얇게 썬 오이, 팔각의 향기가 나는 소스의 어울림이 무척 원숙하다. 랍스터나 야채의 볶음류를 시켜도 밸런스가 잘 맞는다. 좀 더 고급 요리를 원할 때는 걸쭉하고 진한 샥스핀 스프를 주문해보자. 그리고 사천요리의 식사에서 빠질 수 없는 것이 마파두부. 도시락 메뉴부터 동네 중식당까지 마파두부는 약방의 감초처럼 어디서든 만만한 메뉴이지만, 이곳의 마파두부를 먹으면 동네 음식과 그 수준이 다름을 금방 느끼게 된다. 매운 사천풍과 마일드한 일본풍이 있어 선택을 할 수 있는데, 맵더라도 사천풍으로 즐겨보길 바란다. 산초가 듬뿍 들어가 있어 입 안에 남을 정도이다. 너무 매워 밥과 같이 먹지 않으면 먹기 어려우나 집에 오면 금방 다시 먹고 싶어진다. 양은 많은 편이다. 면 요리로는 사천요리의 대표면, 탄탄멘을 추천한다. 탄탄멘은 산초, 땅콩 간 것, 고추 등을 이용한 국물을 적은 면인데, 이곳의 탄탄멘은 좋은 땅콩을 많이 사용하여 다른 곳에 비해 느글거리는 맛이 적고 매운맛, 고소한 맛이 잘 어우러져 있다.

| 기 | 본 | 정 | 보 |

메뉴 런치 정식세트(마파두부 등 요리 중 1개 선택, 스프, 밥 포함) 1,370엔
　　　디너코스 6,300엔(2인부터 가능)
　　　유누파이로우(中) 3,305엔, 샥스핀 스프 8,400엔, 마파두부(小) 1,890엔
　　　밥 200엔, 새우칠리소스(小) 2,730엔, 탄탄멘 1,260엔
주소 도쿄도 주오쿠 긴자 8-6-15 호텔코무즈 2층
　　　(東京都 中央区 銀座 8-6-15 ホテルコムズ 2F)
영업시간 [월-금] 11 : 30～15 : 00, 17 : 00～22 : 00 [토] 11 : 30～21 : 30
　　　　[일 · 공휴일] 11 : 30～21 : 00
휴무 연중무휴
전화 03-3569-2471
가까운 역 JR 또는 긴자선(銀座線) 신바시역(新橋駅)에서 2분
홈 페이지 http://www.ginza-tohkagen.jp/index.html

둘째가라면 서러워 할 최고의 딤섬

로우호우토이 ロウホウトイ

2005년 대만에서 넘어온 '딘타이펑' 이 명동 중앙우체국 옆에 생겼을 때, 그야말로 문전성시를 이루었다. 작은 만두를 스푼에 놓고 만두피 안의 돼지고기 육즙을 터뜨려서 뜨거운 국물을 먼저 먹은 뒤 생강과 함께 초간장을 찍어먹는 소룡포를 대중적으로 알리는 큰 역할을 한 것이 딘타이펑이라고 해도 과언이 아닐 것이다. 그 후로 내게 있어 딘타이펑의 딤섬은 딤섬의 비교 기준이 되었다. 하지만 로우호우토이에서 딤섬을 먹고 난 후 지금까지 먹었던 딤섬에 대해 다시 생각하게 되었다. 다른 요리도 그렇지만, 누가 만드느냐에 따라 딤섬이 이렇게 달라질 수 있구나 싶었다. 로우호우토이는 '먹보의 테이블' 이라는 뜻이어서 나에게는 더욱 와 닿는 단어이기도 하다.

메뉴특성

물속에 빠져 있는 딤섬이든 스팀에 쪄서 나오는 딤섬이든 모두 속이 살아 있다. 예를 들어 '고모쿠교자' 는 다섯 가지의 재료가 들어있는 딤섬인데 그 안에 땅콩까지 들어 있어 고소함과 함께 씹는 맛의 조화를 이루는 것이 인상 깊다. 그 외에 완탕멘(완탕+면)은 깔끔한 국물, 부드러운 면발에 딤섬피가 넓게 펄럭이는 전형적인 완탕교자가 들어 있어 미끌미끌한 넓은 면을 먹는 기분이다. 요리는 모두 두 종류(小,中)의 사이즈가 준비되어 있는데 메뉴 명만으로는 선택이 어려우므로 전반적인 메뉴 경험을 위해 코스를 권한다. 코스에는 보통 딤섬 2종류와 다양한 요리 및 식사, 디저트가 포함된다.

|평|가|점|수|

맛　　　　★★★★★
분위기　　★★★☆☆
서비스　　★★★☆☆
벤치포인트 ★★★★☆

● 추천대상 ●

딤섬메뉴개발자, 중국요리집 운영자

● 포인트 ●

☑ 완탕　☑ 소룡포
☑ 각종 딤섬

|기|본|정|보|

메뉴 각종 딤섬 630엔(2인 또는 4인) 완탕면(小) 1,260엔
　　　런치코스 3,160엔부터, 디너코스 5,000엔
주소 도쿄도 시부야쿠 에비스 3-48-1(東京都 渋谷区 恵比寿 3-48-1)
영업시간 11 : 30~14 : 30(L.O), 18 : 00~23 : 00(L.O)
휴무 수요일
전화 03-3449-8899
가까운 역 히비야선(日比谷線) 히로오역(広尾駅)에서 12분, JR 에비스역(JR 恵比寿駅)에서 15분
홈 페이지 http://www.long-fu-fong.com/lohotoi/lohotoi.html

도쿄에서 광동요리를 대표하는 곳

류텐몬 龍天門

중국요리처럼 친숙한 음식이 또 있을
까? 세계 어디를 가든 그 지역에 아주
옛날부터 있었던 것처럼 가장 능숙하
게 현지화 된 요리이자 가장 간편한 요
리부터 거장의 요리까지 그 폭이 넓은
요리이다. 류텐몬은 에비스가든 플레
이스 옆 웨스틴호텔 내에 있는 중식레
스토랑. 호텔이 갖는 기본적인 퀄리티
도 있겠지만 류텐몬은 재료의 사용이
나 요리의 레벨에서 한수 위인 곳이다.

도쿄 내 중국요리를 말할 때 광동요리를 대표하는 곳으로 항상 손꼽히는
곳이기도 하다. 시원스런 높은 천정의 트인 공간에서 완벽한 서비스와 함
께 하는 이벤트를 한 번 쯤은 가져볼 만하다.

메뉴특성

광동요리라고 해서 해산물 요리만이 특별히 강세인 것은 아니다. 대중적인
일반 단품 중 인기메뉴는 탄탄멘과 디저트의 앙닌도후(杏仁豆腐 아몬드파
우더로 만든 푸딩). 앙닌도후는 어디서나 먹을 수 있는 일반적인 음식이기
때문에 손님들이 다른 곳과 쉽게 비교가 가능하다. 류텐몬에서 경험한 여
러 음식들 중 파삭파삭한 카레 향이 있는 딥프라이 폭립이나 으깬 생선살
과 두부를 함께 쪄낸 요리 등은 친숙한 조리법이 아니어서 기억에 오래 남
는다.

딤섬

딥프라이폭립

|기|본|정|보|

메뉴 런치 2,080엔(평일만) / 3,470엔, 코스 5,800엔 / 9,500엔, 디너 9,500엔~47,000엔
주소 도쿄도 메구로쿠 미타 1-4-1 웨스틴호텔도쿄 2층(東京都 目黑区 三田 1-4-1
　　　 ウェスティンホテル東京 2F)
영업시간 [월-금] 11 : 30~15 : 00, 17 : 30~22 : 00
　　　　 [토 · 일 · 공휴일]11 : 30~16 : 30, 17 : 30~22 : 00
휴무 연중무휴
전화 03-5423-7787
가까운 역 JR 에비스역(JR 恵比寿駅), 지하철 에비스역(地下鉄 恵比寿駅)에서 8분
홈 페이지 http://www.westin-tokyo.co.jp/restaurant/ryutenmon/index.html

서민적인 상해 가정요리

상해요리 쇼난코쿠 上海料理 小南国

간다(神田) 비즈니스가의 작은 빌딩 지하에 위치한 중식당으로, 2006년 상해에서 유명한 쇼난코쿡(小南国)식당의 셰프를 초빙하여 오픈한 곳이다. 밖에서 보기에는 저녁 다베호다이(食べ放題, 가격한정 뷔페) 등의 문구가 붙어 있어, 값싼 영업에 치중한, 그렇고 그런 식당이 아닐까 하는 의구심이 들었다. 그런데 막상 안에 들어가니 간결한 인테리어에 중년의 여주인이 친절히 맞이해 일단 마음이 놓였다. 도쿄의 상해식당이라고 하면 아주 오래된 노포거나 너무 문턱 높은 가격대의 고급 중식당이 대부분인데, 이곳은 1,000엔 이내의 메뉴들이 많아 서민들도 쉽게 갈 수 있는 식당이다. 이 집은 의외로 고객층이 대부분 일본인이다.

메뉴특성

이 집에서 권하는 요리 중에 하나가 쇼난코국특선달걀볶음(上海炒蛋)이다. 달걀흰자는 부드럽게 볶고 그 위에 노른자를 생으로 얹어 흑식초를 넣고 비벼 먹는 요리로, 익힌 흰자 속에 섞인 고소한 노른자의 맛에 흑식초의 향미가 가해진 독특한 맛이다. 주인장의 강추 메뉴는 흑식초탕수육. 그리고 매끌매끌한 날개 같은 것이 펄럭이는 작은 만두가 들어간 상해완탕, 소흥주에 취한 닭고기(南国醉鷄)도 잊지 말고 맛보길. 디너에는 다베호다이(2시간 뷔페)도 하는데, 90종류의 메뉴 중에서 원하는 것을 주문하여 먹는 방식이다. 가격은 남성 3,500엔, 여성 3,000엔.

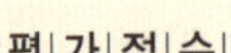

|평|가|점|수|

맛	★★★☆☆
분위기	★★★☆☆
서비스	★★★★☆
벤치포인트	★★★★☆

쇼나코쿠특선달걀볶음

흑식초탕수육

● 추천대상 ●

대중 중국요리(특히 상해요리), 뷔페식 중화요리 운영 방식에 관심 있는 분

● 포인트 ●

☑ 상해요리　☑ 가정요리
☑ 뷔페 디너

|기|본|정|보|

메뉴 쇼난코쿠 달걀볶음 980엔, 소흥주를 가미한 닭고기 780엔
　　　 상해 완탕 800엔, 흑식초 탕수육 980엔
주소 도쿄도 지요다쿠 간다스다초 1-24-21 지하1층
　　　 (東京都 千代田区 神田須田町 1-24-21 クレセント神田 B1)
영업시간 11：00〜15：00, 17：00〜22：30(L.O)
휴무 일요일
전화 03-3254-3466
가까운 역 JR 간다역(JR 神田駅)에서 3분

요코하마 차이나거리의 맛있는 중국 죽

샤텐키 謝甜記 2号店

나에게 '요코하마(橫浜) 중화거리'에 대한 정보는, 중국요리집은 수없이 많으나 관광지화 되어 생존경쟁만 남아 있는 곳, 때문에 제대로 된 맛집을 찾는 것이 어렵고 한편으론 종종 언론에서 터지는 중국 식재료의 불신사고로 화교들의 영업이 점점 어려워지고 있다는 정도가 전부였다. 어쨌든 거대한 중화거리에서 제대로 된 선별은 무척 중요하다. 그런데 샤텐키의 죽은 다행히 중화거리에 대한 나의

불신을 많이 잠재워주었다. 외관, 내관 번쩍이지 않고 지극히 평범하며 서비스도 결코 남다르지 않은데 죽만은 무난히 잘 끓여내고 있었다. 기름진 다양한 요리를 즐기는 팁도 심심치 않게 눈에 띄었다. 요코하마에 갔다가 중국 죽이 궁금한 분들이라면 가 볼만한 곳이다.

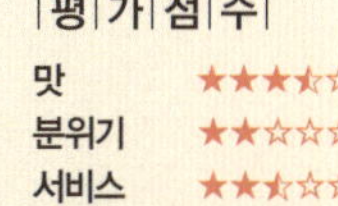

|평|가|점|수|

맛 ★★★☆☆
분위기 ★★☆☆☆
서비스 ★★☆☆☆
벤치포인트 ★★☆☆☆

야채죽

요티아오

● 추천대상 ●

죽을 중심으로 한 중국요리에 관심 있는 분

● 포인트 ●

☑ 중국죽
☑ 대중 중화요리

|기|본|정|보|

메뉴 새우죽 788엔, 야채죽 683엔, 패주죽 945엔
우메미소가 들어간 닭튀김 1,260엔, 내장야채볶음 1,418엔
주소 카나가와현 요코하마시 나카쿠 야마시타쵸 188-16
(神奈川県 橫浜市 中区 山下町 188-16)
영업시간 [월-금 · 일] 9 : 00~20 : 30 [토] 9 : 00~21 : 30
휴무 연중무휴
전화 045-664-4305
가까운 역 미나토미라이선(みなとみらい) 모토마치역(元町駅)
추카가이역(中華街駅)에서 8분
홈 페이지 http://www.shatenki-nigouten.co.jp/

샥스핀 요리로 유명한 중국요리집

츠쿠시로우 에비스본점 筑紫樓 惠比寿本店

츠쿠시로우의 외관은 규모가 큰 여느 중국집과 다르지 않다. 입구에 커다란 말린 샥스핀이 쇼윈도 안에 걸려있다는 것 정도가 다를까? 어찌 보면 그것도 특별한 것은 아니다. 고급 중국집에서 샥스핀을 다루지 않는 곳이 어디 있겠는가? 그러나 이곳을 방문하는 사람은 다른 요리와 더불어 꼭 후카히레멘(샥스핀국수)을 맛본다. 국수에 샥스핀을 넣어 (아니면 샥스핀에 국수를 넣었다?) 부드럽고 크리미한 맛을 내는 츠쿠시로우의 대표메뉴이다. 나도 이 샥스핀국수로 인해 도쿄에서 샥스핀하면 자동적으로 금방 츠쿠시로우가 생각나게 되었다. 마치 서울 한남동의 '해천' 이라는 식당의 '해천탕(생전복이 들어간 삼계탕)' 이 점포의 이미지를 굳혀놓은 것처럼, 메뉴 하나가 점포의 이미지를 바꾸어놓은 케이스라고 볼 수 있다. 물론 이집에서는 더욱 비싼 샥스핀 요리가 여러 가지 있다. 하지만 그래도 대중이 접근하기 쉬운 샥스핀 메뉴를 만들어 놓고 샥스핀전문점으로 나간 것은 좋은 전략의 예라고 볼 수 있다. 참, 코리앤더 (샹차이, 고수)를 평소 좋아하는 사람이라면 후카히레멘을 먹을 때 주문하여 함께 먹는 것도 잊지 말자.

| 평 | 가 | 점 | 수 |

맛 ★★★★☆
분위기 ★★★☆☆
서비스 ★★★☆☆
벤치포인트 ★★★★☆

토기소바

● 추천대상 ●
대표 메뉴로 성공한 브랜드에 관심 있는 사람, 샥스핀 요리 개발자

● 포인트 ●
☑ 샥스핀 요리
☑ 샥스핀 국수
☑ 단품전략

| 기 | 본 | 정 | 보 |

메뉴 런치세트 1,000엔부터, 런치코스 5,500엔, 디너코스 7,500엔부터
샥스핀이 들어간 츠유의소바 1,800엔, 샥스핀이 들어간 토기소바 2,600엔
주소 도쿄도 시부야쿠 에비스미나미 1-10-2
(東京都 渋谷区 恵比寿南 1-10-2 恵比寿３２山京ビル 1-2F)
영업시간 [월-금] 11 : 30~15 : 00, 17 : 00~22 : 30 [토 · 일 · 공휴일] 11 : 30~22 : 30
휴무 연말연시
전화 03-3760-0016
가까운 역 JR 에비스역(JR 恵比寿駅), 지하철 에비스역(地下鉄 恵比寿駅)에서 2분
홈 페이지 http://www.tsukushiro.co.jp/

일본 요리 명문 핫토리 요리학교 선생님의 손맛

무궁화 無窮花

외국에서 생활하다
보면 특이한 외국
음식보다 한국 요리
먹기가 더욱 겁날
때가 있다. 음식에
화학조미료를 너무
많이 쓰기 때문에
느끼한 뒷맛으로 인

만두국 정식

한 부담 때문이다. 그런데 '무궁화'에서 맛본 한 끼 식사는 달랐다. 롯폰기
(六本木) 미드타운(MIDTOWN) 근처 뒷골목, 평범한 빌딩 2층에 자리 잡고
있는 소박한 식당인데 비빔밥, 떡국, 찌개 등 어떤 메뉴를 시켜도 맛이 담백
하고 위에 부담을 주지 않는다. 특히 비빔밥은 무나물, 오이채, 채 썰어 볶
은 쇠고기 등 가정에서 썰어 만든 것 같은 모양새이다. 특별한 재료가 들어
간 건 아니지만 정갈하다. 알고 보니 무궁화의 신월순 사장은 핫도리요리
학교(服部栄養専門学校)에서 30년 이상 요리를 가르치고 계신 재일교포
출신 선생님이셨다. 학교에서 요리를 매우 엄격하게 가르치기로 소문난 선
생님의 맛집답게 내실을 기하는 맛과 깊이가 느껴진다. 신 선생님은 젊었
을 때부터 한국음식을 꾸준히 공부하여, 본인의 결혼식 때도 신부 스스로
결혼음식을 한식으로 장만했을 정도로 열정이 대단한 분이다. 식당 내부는
그저 평범하여 고급 접대에는 다소 무리가 따를지도 모르나 한국음식을 맛
으로 대접하고 싶다면 후회 없을 곳이다. 홀 스태프들도 친절하다. 셋째 주
주말에는 점포에서 한국요리교실도 열어 한국 전통음식 알리기에도 앞장
서고 있는 곳이다.

|평|가|점|수|
맛	★★★★☆
분위기	★★☆☆☆
서비스	★★★☆☆
벤치포인트	★★★☆☆

비빔밥

순두부찌개

● 추천대상 ●

해외의 한식당 사례에 관심
있는 분

● 포인트 ●

☑ 소박한 한식당
☑ 정갈한 맛
☑ 핫토리 선생

|기|본|정|보|

메뉴 런치 945엔부터, 디너코스 6,300엔부터
  파전 1,200엔, 구절판(3~4인) 4,000엔, 비빔밥 980엔, 삼계탕 2,100엔
주소 도쿄도 미나토쿠 롯폰기 4-12-4 2층(東京都 港区 六本木 4-12-4 飯田ビル 2F)
영업시간 11 : 30~23 : 00
휴무 일요일, 공휴일
전화 03-3470-2922
가까운 역 지하철롯본기역(地下鉄 六本木駅)에서 3분
홈 페이지 http://sin-mugunghwa.com/index.html

일본인의 입맛을 사로잡은 한국의 맛

문가 文家

|평|가|점|수|

맛	★★★☆☆
분위기	★★☆☆☆
서비스	★★★☆☆
벤치포인트	★★★★★

꽈리고추찜

김치모둠

● 추천대상 ●

인기지역에서 성공한 한식
당에 관심 있는 분

● 포인트 ●

☑ 재일교포 운영
☑ 일본인 타깃
☑ 독특한 메뉴

'문가'는 최첨단 유행의 거리, 아자부주방(麻布十番)에 위치해 있다는 점도
있지만, 오픈하면서부터 야채를 새로운 시각에서 다룬 정갈한 식당이라고
푸드 언론 관계자들 사이에서 긍정적인 입소문이 오갔던 곳이다. 그런데
막상 찾아가보니 소문과 달리 소박한 식당이어서 조금 놀랐다. 아자부주반
역에서 7분 정도 걸어 들어간 곳에 있는데 식당 앞까지 가서도 '이 문이 식
당의 뒷문이 아닐까' 하는 의문이 들었다. 작은 가정집을 개조한 식당 1층은
현관과 주방이 있고 2층엔 좌석이 있다.

레스토랑치고는 너무 장식이 없고 방 두 개에 좌식 테이블 몇 개와 방석이
전부여서 요리에 대한 까다로운 고집이 느껴지기도 한다. 외식공간에서는
어렵게 느껴지는, 바닥에 앉아 먹는 좌식형 밥상구조로 전체를 구성한 것
도 독특하다. 밥과 술을 즐기고 일어서려면 다리가 저릴 수도 있고 짧은 스
커트를 입고 가면 불편함도 감수해야 된다.

셰프 나순자 씨는 재일교포로 어릴 적부터 요리 한 우물만 판 노력가이다.
여러 가지 음식을 주문해서 먹어보면 정갈하고 깔끔하다는 것, 일본 식재
료를 가지고 많은 응용 과정을 거친 노력의 산물이라는 것이 느껴진다. 일
본에 사는 한국인이 외국인에게 한국음식을 소개할 때도 좋고 외국에서 한
국음식이 그리울 때 가도 좋다.

메뉴특성

김치는 배추김치 외에 우
엉, 샐러리김치 등을 만들
어 아삭한 식감을 주는 점
이 참신하다. 우엉김치로
만든 지지미도 있다. 한국
가정에서 먹는 꽈리고추찜
을, 일본 미야마(美山)지역
의 유명한 고추로 만들었는
데 이 집의 대표 야채메뉴
가 될 정도로 인기가 있다.
깻잎으로 밥을 싸서 주먹밥
쌈을 만들어 놓아 오니기리

에 친숙한 일본고객에게 접근한 방식도 참신한 아이디어이다. 콩비지찌개,
돼지고기김치찜, 맥적(돼지고기를 된장에 재워구운 한국전통요리) 등 외국
에 있는 일반 한식집과 다른 방식으로 접근하려는 노력이 많이 엿보인다.
일본인들은, '한국음식=매운 음식' 이라는 생각에서 벗어나 한국음식에 대
해 새롭게 생각하는 계기가 되었다고 말한다. 동동주 등 집에서 담근 전통
주가 있어 높은 평가를 받고 있다. 물론 한국인 입장에서 본다면 나오는 음
식의 양이 적고 본토 맛에 비한다면 깊은 맛이 떨어진다고 말할 수도 있겠
다. 디저트도 여러 가지가 있는데 생강과 계피를 넣은 시루떡은 달지 않고
상쾌한 뒷맛이 기분 좋다. 코스 또는 일품요리 모두 주문이 가능하다.

탕평채

| 기 | 본 | 정 | 보 |

메뉴 문가코스 3,800엔, 궁중코스 5,000엔
　　　오마카세코스(개인취향에 따라 음식 변경 가능) 4,000엔
　　　김치 600엔, 탕평채 1,200엔, 고추찜 700엔, 콩비지찌개 1,400엔
　　　깻잎쌈밥 500엔, 공기밥 300엔, 디저트 떡 500엔
주소 도쿄도 미나토쿠 모토아자부 3-10-8(東京都 港区 元麻布 3-10-8 山水莊 808)
영업시간 17 : 00~23 : 00
휴무 일요일
전화 03-3408-6055
가까운 역 남북선(南北線) 또는 오오에도선(大江戸線) 아자부주방역(麻布十番駅)에서 7분

'욘 사마' 의 외식회사가 창업한 한국 전통 음식점

고시래 高矢禮

계절야채

모둠전

● 추천대상 ●

한식의 해외진출 사례, 한국적 이미지를 현대화한 인테리어에 관심 있는 분

● 포인트 ●

☑ 서빙 방식
☑ 메뉴, 인테리어
☑ 스탭의상

해외, 특히 일본에서 한국의 이미지를 업그레이드한 겨울연가 욘사마(배용준)의 저력은 더 이상 설명할 필요가 없다. 그런 욘사마가 연기자로서 뿐 아니라 한식의 세계화를 표방하는 외식 업체의 회장으로 또 다른 변신을 시도했다. 2006년 8월, '시로가네(白金)' 라는 고급 주택가 3층 단독 건물에 들어선 고시래는 이미 일대의 랜드마크가 되어 버렸다. 한옥의 꽃살무늬 타일로 건물 전체를 덮어, 밤에는 흰 광선을 내품는 하나의 성이 된다. 입구와 사랑채에는 시골 마을에서나 볼 수 있는 솟대, 꽃담, 누마루까지 재현하여, 외국이라는 제한된 여건 속에서도 일본인들에게 한국의 스토리를 전달하고 있다. 한국음식 중에서도 대중음식만 접하며 한국음식은 '맵고, 짜다' 라는 인식이 강했던 일본인들은 고시래에서 식사를 하면서부터 자극적이지 않은 고급스러운 음식을 맛볼 수 있었다고 말한다. 한편에서는 욘사마 팬들의 후광으로 운영되는 레스토랑이라는 따가운 시선도 없진 않지만 한국음식의 고급화에 대한 역할을 수행한다는 점에서 많은 이들이 긍정적인 평

가를 내리고 있다. 2008년 9월 캐주얼버전의 주점, 고시레 2호점이 나고야(名古屋)에 오픈했다. 일본에서 한국음식으로 고급 접대를 하기에 제격이고 한국음식의 해외진출 예를 보고 싶을 때에도 딱 좋은 곳이다. 오픈 초기에는 코스요리만 가능했고 완전예약제였는데, 최근에는 일품요리도 있고 자리가 있다면 예약 없이 방문해도 가능하다.

메뉴특성

이곳의 코스는 한상차림과 코스식을 가미하고 있다. 디너코스는 우선 기본 밑반찬과 찬 음식이 놓인 상을 '상 들어갑니다.' 라는 외침과

함께 장정들이 들고 들어가며, 나머지 더운 음식은 코스식으로 서빙되고 있다. 코스가 많고 고급요리를 구현하다보니 전복찜, 어복쟁반 등 국내 일반 한정식에서도 보기 힘든 메뉴가 나올 때도 있다.

| 기 | 본 | 정 | 보 |

메뉴 런치코스 3,675엔 / 5,775엔, 디너코스 10,500엔 / 15,750엔 / 21,000엔 / 52,500엔
주소 도쿄도 미나토쿠 시로가네 1-25-19
　　　(東京都 港区 白金 1-25-19 プレシーズビル新館 1F · 2F)
영업시간 11 : 00~15 : 00(L.O 14 : 00), 17 : 00~22 : 00(L.O 21 : 00)
휴무 연중무휴
전화 03-5795-0540
가까운 역 남북선(南北線) 또는 미타선(三田線) 시로가네다카나와역(白金高輪駅)에서 3분
홈 페이지 http://www.gosireh.com/

심플한 메뉴의 소박한 태국 식당

메야우 メーヤウ

11시 반에 오픈해 12시가 되면, 벌써 1회전이 끝나고 2회전 째 손님이 열심히 그릇을 비워 가고 있다. 회사 앞 라멘집이 아니라 평범한 건물 지하에 있는 작은 태국 식당의 풍경이다. 그냥 봐서는 학생식당 같은 분위기이다. 대부분 이용객들이 단골이어서, 손님이 원하는 매운 맛의 정도를 스태프들이 거의 다 알고 있을 정도이다.

내게 도쿄 시내에서 가장 편한 태국식당으로 데려다 달라고 하면 두 번 생각할 것 없이 이곳으로 안내할 것이다. 특히 점심 피크는 볼만하니 이왕이면 이 시간에 맞춰 가 분위기를 만끽하길.

메뉴특성

카레 메뉴는 3종류로 심플하다. 그런데 그 안에 무가 들어있어 의아했는데 의외로 카레와 너무 잘 어울린다. 인기세트는 '타이카레+소고기스지(힘줄부위)조림이 들어간 타이소바(국물국수)' 다. 색다른 '바질라이스' 는 남프라(타이젓갈소스)맛이 진한 볶은 소고기와 바질이 듬뿍 들어간 밥인데 맵고 독특하다. 매운맛을 달래고 싶다면 메야우에서 직접 만드는 진한 코코넛젤리를 디저트로 꼭 챙겨 먹어 보길.

| 평 | 가 | 점 | 수 |

맛 ★★★★☆
분위기 ★★☆☆☆
서비스 ★★★☆☆
벤치포인트 ★★★★☆

타이카레

타이소바

● 추천대상
대중적인 태국식당, 매운 태국 카레에 관심 있는 분

● 포인트
☑ 대중태국식당
☑ 태국카레 ☑ 태국국수

| 기 | 본 | 정 | 보 |

메뉴 카레소바세트(小) 1,050엔, 바질라이스소바 세트(小) 750엔, 코코넛젤리 220엔
주소 도쿄도 신주쿠쿠 시나노마치 21 다이몬빌딩 B1(東京都 新宿区 信濃町 21 大門ビル B1)
영업시간 [월-금] 11 : 30~20 : 00, [토요일] 13 : 30~19 : 00
휴무 일요일, 공휴일
전화 03-3355-0280
가까운 역 JR 시나노마치역(JR 信濃町駅)에서 3분

게우차이 신주쿠점 ゲウチャイ 新宿店

신주쿠역(新宿?)쪽에 볼 일이 있으면 약속 시간을 요리조리 쪼개서라도 달려가서 먹는 국수집이다. 태국 길거리푸드코트 라멘집 '게우차이'. 이곳에 갔을 때 정말 태국의 길거리 식당 에 들어온 기분이었 다. 주방과 스태프들 은 대부분 태국인. 대

표메뉴인 면 요리에 일본인들이 좋아하는 라멘이라는 이름을 붙여 'OO타 이라멘' 이라고 부르는 게 인상적이었다. 정신없는 푸드코트 분위기라 여 성 혼자서도 당당히 즐길 수 있다.

메뉴특성

이 집에서는 쌀국수 면이든 밀가루 면이든 모두 '타이라멘' 으로 불린다. 개 인적으론 '센렉남톡무' 라는 진한 국물의 쌀국수를 즐겨먹는다. 밥에 타이 식 볶은고기와 달걀프라이가 얹어 나오는 타이정식도 일품이다. 그리고 티 라미스처럼 생긴 코코넛무스나 아이스크림도 일반 디저트숍과 전혀 다르 니 꼭 식사 마무리로 먹어보길 권한다. 많은 요리가 도시락으로 판매되고 그 샘플이 입구에 전시되어 있다.

| 기 | 본 | 정 | 보 |

메뉴 라멘 단품 550-750엔, 라이스 세트 850엔, 디저트 400엔
주소 도쿄도 신주쿠쿠 니시 신주쿠 1-1-5 루미네데파트 B2
　　　(東京都 新宿区 西新宿 1-1-5 ルミネ1 B2)
영업시간 10 : 00~22 : 00
휴무 루미네데파트 휴일에 준함
전화 03-3344-2695
가까운 역 신주쿠역(新宿駅)과 연결되어 있음
홈 페이지 http://www.keawjai.com/

| 평 | 가 | 점 | 수 |

맛　　　　★★★★☆
분위기　　★★☆☆☆
서비스　　★★☆☆☆
벤치포인트 ★★★★★

타이정식

센렉남톡무

● 추천대상 ●

면 요리 개발자, 대중적인 태국식당, 푸드코트에 관심 있는 분

● 포인트 ●

☑ 태국 면요리
☑ 푸드코트 입점 점포

태국의 기본요리를 골고루 확인할 수 있는 곳

게우차이 킨시초 본점 ゲウチャイ 錦糸町店

|평|가|점|수|

맛	★★★★☆
분위기	★★★☆☆
서비스	★★★☆☆
벤치포인트	★★★☆☆

파타이

그린커리

● 추천대상 ●

태국식당 오픈에 관심 있는 사람, 태국식당과 식자재유통에 관심 있는 분

● 포인트 ●

☑ 태국 캐주얼 요리
☑ 정식 요리

'킨시초(錦糸町)'는 도쿄의 중심지에서 다소 떨어진 지역으로, 아시아 여러 나라 사람들이 많이 살고 있어 아시아 음식이 많이 발달된 곳 중 하나이다. 이곳은 태국 식재료 수입회사 P.K.SIAM에서 직영하는 본점으로 1990년에 시작했다. 시간이 나름 흘렀을 것 같은 건물에 세련되진 않았으나, 누가 봐도 태국식당 같은 분위기를 물씬 풍기는 곳이다. 일본 같지 않게 내부공간이 넓고, 셰프 및 홀 스테프가 태국인이어서 본국의 분위기가 많이 난다.

메뉴특성

태국의 캐주얼한 음식부터 정식요리까지 골고루 맛볼 수 있는 곳으로 제격이다. 톰양쿵, 그린카레, 파타이, 각종 시푸드요리 등 전반적으로 요리가 안정되어 있으며 허브를 듬뿍 사용하는 편이다.

|기|본|정|보|

메뉴 런치세트 950엔, 디너코스 3,000엔부터(디너는 봉사료 10%)
　　　커리 1,260엔, 씨푸드요리 1,890엔
주소 도쿄도 스미티쿠 고토바시 1-11-9
　　　(東京都 墨田区 江東橋 1-11-9 ピーケイサイアムビル)
영업시간 11 : 30～16 : 00, 16 : 00～22 : 00
휴무 월요일
전화 03-3634-9991
가까운 역 JR 긴시초역 (JR 錦糸町駅) 3분
홈 페이지 http://www.keawjai.com/

게우차이 메구로점 ゲウチャイ 目黒店

'게우차이' 의 또 다른 점포로, 유일하게 태국 궁중음식을 표방하고 있는 곳이다. 실내에 들어가면 태국 전통문양의 소품들이 눈에 많이 띈다. 궁중요리를 내는 만큼 타 점포에 비해 가격이 다소 높지만, 맛이 세련되어 대중음식과 다른 복합적인 맛을 내고 있다. 이곳을 집중적으로 이용하는 태국요리 단골 팬들은 도쿄 제일의 맛이라는 칭찬을 아끼지 않고 어떤 메뉴든 입에 맞는다고 평한다.

|평|가|점|수|

맛 ★★★★☆
분위기 ★★★☆☆
서비스 ★★★☆☆
벤치포인트 ★★★☆☆

런치세트

레스카레

● 추천대상 ●

태국 궁중요리, 태국 레스토랑 오픈에 관심 있는 사람

● 포인트 ●

☑ 태국 궁중 요리

|기|본|정|보|

메뉴 런치 1,050엔부터 (디너는 봉사료 10%)
파타이 1,200엔, 토도만부라 (타이풍생선과 야채튀김) 1,200엔, 세트 4,500엔 내외
주소 도쿄도 시나가와쿠 가미오사키 2-14-9 B1
(東京都 品川区 上大崎 2-14-9 目黒コーワビル B1)
영업시간 11 : 30~22 : 00, [월–금] 런치메뉴 11 : 30~14 : 00
휴무 둘째 · 셋째 주 월요일
전화 03-5420-7727
가까운 역 JR 메구로역(JR 目黑駅)에서 2분
홈 페이지 http://www.keawjai.com/

도쿄에서 만난 진정한 베트남의 맛

미레이 ミレイ

도쿄에서 만난 진정한 베트남의 맛이
라고 할 만하다. 미레이가 있는 카마
다역(蒲田駅)은 도심에서 떨어져 있
는 곳으로 식당 위치 또한 역 뒤, 골목
에 위치하고 있다. 그러나 막상 안에
들어가면 수작업 디자인으로 따뜻하

게 연출해 놓았고, 그 골목에 걸맞지 않게 세련된 젊은 여성들로 가득 차 있
다. 예약을 하려면 여러 번 시도해야 될 정도로 인기가 있다. 열악한 입지에
있어 그 맛집의 내공이 더욱 빛나는 케이스이다.

메뉴특성

이곳의 콘셉트는 '야채 듬뿍 베트남 음식' 이다. 전채인 고기가 들어간 '생
야채춘권' 은 평소 먹었던 퍽퍽한 춘권에 대한 기억을 확 뒤엎어버린다. '반
베오비' 라는 쌀가루 반죽에 작은 건새우를 얹어 찐 것으로 반들반들한 쌀
반죽피 감촉에 건새우 잔향이 기분 좋게 남는다. 그 뒤 베트남에 여행가서
이것이 '후에' 라는 지방에서 많이 먹는 음식이라는 것을 알게 되었다. 심플
하게 파와 조개만 볶아 나오는 '바지락볶음' 은 바지락의 향과 쫀득함이 남
아 있고 베트남의 루아모이 생강을 넣어 국물도 그렇게 시원할 수가 없다.
베트남의 부침개 '반세오' 또한 추천하고 싶은 푸짐한 요리이다. 얇은 부침
개 안에 숙주, 새우, 고기 등이 들어간 반달모양으로 그것을 잘라서 상추나
바질, 오이 등과 함께 싸먹는 요리이다. 베트남 샤브샤브, 향채 얹은 통 생
선튀김, 파파야샐러드, 닭다리향초구이 등 현지와 맞대결해도 손색없는 다
양한 메뉴가 있어 어느 것을 시켜도 후회하지 않게 된다.

|기|본|정|보|

메뉴 코스 2,500엔, 고기와 생선 요리 1,200엔 내외
　　　나마춘권 630엔, 면류 800엔부터
주소 도쿄도 오타쿠 카마다 5-1-4 2층(東京都 大田区 蒲田 5-1-4 関根ビル 2F)
영업시간 17 : 00~22 : 00
휴무 월요일
전화 03-3732-3185
가까운 역 JR 카마타역(JR 蒲田駅)에서 7분

|평|가|점|수|

맛　　　★★★★★
분위기　★★★☆☆
서비스　★★★☆☆
벤치포인트 ★★★★☆

반베오비

반세오

● **추천대상** ●
열악한 입지에서의 성공사
례를 확인하고 싶은 분, 베
트남 음식 개발자

● **포인트** ●
☑ 베트남요리　☑ 야채 중심
☑ 열악한 입지　☑ 여성단골

캐주얼 음식을 업그레이드한 베트남 요리

키친 *キッチン / KITCHEN*

유명한 레스토랑이 모여 있는 니시아자부(西麻布) 작은 빌딩 2층에 자리하고 있는, 좌석 17개가 전부인 레스토랑이다. 젊은 여성 3명이 운영하고 있는데 그 중 한 명이 오너이다. 푸드코디네이터 출신 오너는 호치민에서 반년, 하노이에서 1년 동안 요리 공부를 해 다소 베트남 북부요리가 강하다. 이곳에 대한 평가는 좋고 나쁨의 차이가 크다. 양도 적도

비싸고 너무 여성취향적인 데다 너무 예쁜 것만 추구한다고 무시하는 평도 있지만, 화학조미료 맛이 전혀 없고 야채를 많이 사용하며 아담한 카페에서 깔끔한 음식을 먹을 수 있다고 높은 평가를 하는 이도 적지 않다. 베트남의 캐주얼 음식을 가지고 분위기를 업그레이드해 가격도 높게 받고 원하는 고객층을 확실히 자리매김해 놓은 것에는 높은 점수를 주고 싶다.

메뉴특성

테이블에 놓여있는 깨, 칠리, 간장, 마요네즈 베이스의 네 가지 소스를 마음껏 선택할 수 있게 세팅해 놓은 것도 고객의 호감을 불러일으킨다. 촉촉한 '생춘권'의 조화와 특색 있는 비빔밥 '마제마제고항(고기와 야채가 들어간 비빔밥)'이 유독 인기이다. '반세오(베트남부침개)'는 너무 바싹 익혀 변형된 모양이 된 것이 약간 맘에 걸렸지만. 인기 있는 레스토랑이라 예약을 해야 한다.

반세오

마제마제고항

● 추천대상 ●

카페 스타일 베트남 음식점, 평범한 요리를 재탄생시키는 데 관심 있는 분

● 포인트 ●

☑ 캐주얼 요리
☑ 카페 분위기　☑ 여성오너

|기|본|정|보|

메뉴 마제마제고항(고기와 야채가 들어간 비빔밥) 1,300엔
　　　 반세오(베트남부침개) 2,000엔
주소 도쿄도 미나토쿠 니시아자부4-4-12 2F
(東京都 港区 西麻布 4-4-12 ニュー西麻布ビル 2F)
영업시간 18 : 30~23 : 00
휴무 일요일, 공휴일
전화 03-3409-5039
가까운 역 히비야선(日比谷線) 히로오역(広尾駅)에서 7분

베트남 부침개 반세오전문점

반세오 사이공 バンセオ サイゴン / BAHNXEO SAIGON

2007년 10월 오픈한 유라쿠초역(有楽町駅) 앞 빌딩 '이토시아' 지하에 있는 베트남 부침개 '반세오' 전문점이다. 쇼윈도를 통해서 반세오를 만드는 전 과정을 다 지켜볼 수 있게 해 놓았다. 10분 정도 지켜보면 반세오 만드는 것을 간단히 마스터 할 수도 있다. 우리나라 부침개전문점에 가보면 부침개 작업을 주방이 아닌, 입구에서 펼침으로써 고객을 유인하는 것과 같은 원리이다. 문 앞에는 베트남에서 흔히 볼 수 있는 길거리 리어카도 놓여 있고 테이크아웃도 가능하게 만들어 놓았다. 단품으로 긴자 한복판 빌딩 지하까지 진출한 예로 한 번쯤 가볼만하다.

|평|가|점|수|

맛 ★★★☆☆
분위기 ★★★☆☆
서비스 ★★★½☆
벤치포인트 ★★★★☆

파파야샐러드

남프랑스소스병 Nuớc mấm Fish sauce

● **추천대상** ●
단품 대중메뉴 개발자, 베트남 음식에 관심 있는 사람

● **포인트** ●
✓ 베트남 부침개
✓ 출입문 앞 퍼포먼스

반세오

|기|본|정|보|

메뉴 반세오 1,200엔부터(3종류), 파파야 샐러드 980엔, 쌀국수 850엔
주소 도쿄도 지요다쿠 유라쿠초 2-7-1 유라쿠초 이토시아빌딩 B1
　　　(東京都 千代田区 有楽町 2-7-1 有楽町イトシア B1
영업시간 11 : 00~23 : 00
휴무 이토시아빌딩 휴일에 준함
전화 03-3211-0678
가까운 역 JR 유락초역(JR 有楽町駅)에서 1분
홈 페이지 http://www.blueceladon.com/saigon.html

카페 같은 분위기에서 즐기는 인도 카레와 난

구르가온 *グルガオン*

소위 제 3세계 음식점에 갈 때면, 너무 강한 향신료향이나 생경한 인테리어 때문에 적응하는 데 시간이 오래 걸리거나, 아니면 이로 인해 다시 찾는 것이 꺼려지는 경우가 종종 있다. 이는 한식으로 해외진출을 할 때 참고할만한 사항이 아닌가 싶다. 전통을 고수할 것이냐, 그 나라 입맛과 분위기에 맞게 타협을 할 것이냐를 두고 논의가 계속되고 있기 때문이다. 정답은 없겠지만 무난한 방식은 너무 튀지 않게 자기 나라 문화를 녹아들게 하여 현지인들이 새로운 맛집이 어느 나라식인지 크게 의식하지 않고 즐기게 하면 최고가 아닐까 싶다. 난 구르가온에 들어가면 편안한 카페에서 인도 카레를 즐기는 기분이 든다.

메뉴특성

카레 종류만 하더라도 20여 가지. 물론 인도인 셰프가 오픈 키친에서 쉼 없이 난을 굽고 있다. 어떤 카레를 시켜도 특색 있고 맛의 밸런스가 딱 맞다. 난은 부드러워 맛뿐 아니라 그 말랑한 감촉까지 보통의 난과 다른데, 정신 없이 먹다 보면 손톱 사이가 새까맣게 숯덩이 찌꺼기로 가득 차고 만다. 디너엔 음료부터 가정식 디저트까지 즐길 수 있는 코스를, 점심은 삼색카레 실속세트를 추천한다.

탄수리치킨

| 평 | 가 | 점 | 수 |

맛	★★★★☆
분위기	★★★★☆
서비스	★★★★☆
벤치포인트	★★★☆☆

● **추천대상** ●

인도 요리 메뉴 개발자, 한식 해외진출의 응용에 관심 있는 사람

● **포인트** ●

☑ 카레&난 ☑ 카페분위기
☑ 안정감

| 기 | 본 | 정 | 보 |

메뉴 런치 삼색 카레세트 1,000엔
　　　디너코스 2,600엔(샐러드, 탄두리, 커리, 난/밥, 디저트, 음료)
주소 도쿄도 주오쿠 긴자 1-6-13 지하1층(東京都 中央区 銀座 1-6-13 銀座106ビル B1F)
영업시간 11 : 30~15 : 00, 17 : 00~23 : 00
휴무 연중무휴
전화 03-3563-0623
가까운 역 지하철 긴자역(銀座駅)에서 4분, JR 유락초역(JR 有楽町駅)에서 5분
홈 페이지 http://www.dhabaindia.com/gurgaon/index.html

바나나 잎 위에 놓인 남인도의 다양한 카레

다바인디아 *ダバインディア*

'다바인디아' 는 식당이란 의미의 남인도레스토랑이다. 우선 식당에 들어서면 높은 천정과 벽이 온통 블루로 파란 동굴에 들어온 기분이다. 맨 안쪽 주방 근처에는 큰 철판에 인도 부침개, 도사를 굽고 있는 사람과 난을 돌리는 인도인의 모습이 보인다. 또 심심치 않게 인도인이 앉아 있는 모습도 보이고 모든 면에서 인도의 매력이 물씬물씬 풍겨난다. 도쿄엔 인도레스토랑이 꽤 많은데 아직도 대다수가 북인도 쪽이다. 일본인 미야자키(宮崎陽) 씨가 오픈하여 성공한 브랜드이다.

메뉴특성

이 집의 명물 중 하나는 미루스(meals 남인도정식)이다. 바나나 잎 위에 놓인 6개의 작은 종지에 다양한 카레와 밥이 나온다. 바나나 잎을 내는 이유는 그 위에 밥을 뭉쳐가며 손으로 먹어도 된다는 의미지만 인도인이 아니고서야 어디 감히 손을 쓰겠는가? 일단 나온 쟁반정식만 봐도 흐뭇하다. 전라도에 가서 백반상을 받은 기분이랄까. 종지 5개는 육류 1가지, 생선류 2가지, 야채 2가지의 카레와 스프 1개로 구성되는데, 처음 봐서는 뭐가 스프고 카레인지 알쏭달쏭하다. 그리고 밥은 인도 쌀밥(바스마티)을 먹을 것인지 일본 쌀밥을 먹을 것인지 선택하게 한다. 상식적으로는 인도 쌀이 당연히 어울린다고 생각되는데, 일본쌀과 무척 잘 맞는다는 것이 스태프의 의견이다. 그래도 나는 인도 쌀을 주문했다. 카레는 역시 헐렁헐렁(?)한 밥이

맛 ★★★★☆
분위기 ★★★★☆
서비스 ★★★☆☆
벤치포인트 ★★★★★

도사세트

디바미루스

● **추천대상**
남인도 음식이 성공적으로 안착한 케이스에 관심 있는 분

● **포인트**
☑ 남인도 정식 ☑ 분위기
☑ 도사 ☑ 묽은 카레

제격이지 생각하면서. 재미있는 것은 여기에 오는 일본인은 인도 쌀을 선호하고 인도인은 카레와 일본쌀이 잘 맞는다고 말한단다. 코

코넛밀크의 단향이 나는 새우카레, 삼바루(sambar 매운 향신료)카레, 치킨카레, 생선카레, 매콤하게 볶은 야채, 매콤한 라사무(rasam)스프 등 하나하나 특색이 있다. 그리고 밥 옆에는 '바바도' 라는 얇고 바삭한 스낵(일본에서는 남인도 센베이라고 한다)과 인도빵(차파티)을 튀긴 '푸리' 가 있다. 그래서 밥, 바바도, 푸리를 이 카레, 저 카레에 적셔도 먹고 얹어도 먹고 이것저것 섞어도 먹는데, 어떻게 먹어도 맛이 좋다.

그리고 빠뜨릴 수 없는 음식인 '도사'. 맷돌에 간 쌀가루와 콩을 발효시켜 만든 반죽을 얇게 부쳐낸 남인도 대표음식 중 하나이다. 이 레스토랑도 도사 만드는 기술자를 구하기가 어렵다고 하는데 그만큼 도사는 현지의 맛과 기술이 필요한 음식임에 틀림없다. 크레페처럼 촉촉하지도 않고 스낵처럼 바삭하지도 않고 우리 부침개처럼 무겁지도 않다. 플레인도 있지만 감자, 양파, 고기 간 것 등 들어간 재료에 따라 종류도 여러 가지다. 내가 주문한 감자도사에는 얇은 도사 안에 부드러운 감자카레가 들어 있었다.

| 기 | 본 | 정 | 보 |

메뉴 다바미르스(정식) 2,100엔, 도사 740엔, 코스 2,800엔 / 3,150엔
　　　인도맥주 630엔부터
주소 도쿄도 주오쿠 야에스 2-7-9(東京都 中央区 八重洲 2-7-9)
영업시간 11 : 15~15 : 00, 17 : 00~23 : 00
휴무 연중무휴
전화 03-3272-7160
가까운 역 도쿄역(東京駅) 10분 거리, 교바시역(京橋駅) 5분 거리
홈 페이지 http://www.dhabaindia.com/

푸근한 아프리카 가정 야채요리
사파리 サファリ / SAFARI

'아프리카요리'하면 악어고기 조각이나 우악스런 요리 한 상이 펼쳐져야 할 것 같지 않은가? 나를 이곳에 데려간 일본인은 여행을 좋아하며 야채와 와인을 선호하는 친구였는데, '사파리'에 갔다 와서 아프리카에 대한 자기의 선입견이 무너졌다며 나도 체험해봐야 한다고 내 손을 끌고 갔다. 이곳은 아프리카 중 에티오피아인

셰프 완다상

렌탄콩샐러드

튜니지아타진

● 추천대상 ●
특이한 외국 요리 개발이나 레스토랑 운영에 관심 있는 분

● 포인트 ●
☑ 에티오피아 ☑ 가정 요리
☑ 야채 중심 ☑ 진한 커피

이 만드는 가정요리 식당이다. 에티오피아인, 완다상 셰프는 우리보다 호기심이 더욱 강해 아프리카를 떠나 일본에 오기 전까지 여러 나라를 체험했는데, 신기하게 한국에서도 몇 년간 생활한 적이 있어 한국말까지 하니 어찌나 놀랍던지…. 이 집의 한쪽 벽에는 광야의 사자가 그려져 있지만 전체적인 분위기가 너무 소박하여 사자에게 미안한 생각이 들 정도다. 25석 안팎의 작은 레스토랑인 사파리는 2008년 2월에 오픈했다.

메뉴특성

완다상 셰프는 아프리카동쪽 에티오피아 음식만으로는 대중적이지 못한 것 같아 폭넓게 아프리카대륙을 포괄하는 음식으로 두루뭉술하게 콘셉트를 정했단다. 물론 악어 같은 진귀한 재료가 들어간 음식도 있지만 전반적으로는 야채와 콩이 많이 들어가고 기름은 적게 사용한 담백하고 건강한 가정식 음식이다. 이집트 등 아프리카요리를 몇 번 먹어본 적은 있지만, 아

프리카는 워낙 넓은 대륙이고 다른 지역에 비해 경험도 적어 본고장의 맛과 얼마나 비슷한지는 비교하기 어려운 것이 사실이다.

감자, 참치, 달걀이 들어가고 위에 치즈가 얹어져 있는 스페인오믈렛(또는 그라탕)같은 튀니지의 '타진', 그린피스와 야채에 넛맥, 로즈마리 등을 넣고 겉을 통깨에 굴린 뒤 튀긴 담백한 맛의 북아프리카요리 '타메야', 부담 없이 한 접시도 거뜬히 먹을 수 있는 '렌탈콩샐러드'를 와인과 함께 먹고 마지막 식사로 제격인 '피너츠스튜'를 주문했다. 새우, 감자, 양배추 등 야채가 들어간 피너츠스튜를 피타브레드(Pitta Bread, 주머니 모양의 중동지역의 요리빵)나 다보(직접 만든 빵으로 기름이 없이 단백)로 찍어 먹는데, 스튜에는 피너츠 향이 기분 좋게 물씬 난다. 식사를 마치면 세계에서 유명한 에티오피아의 진한 커피에 '체라담'이라는 아프리카 허브를 몇 개 띄워서 마시게 된다. 술로는 아프리카맥주도 있다. 아프리카 음식에도 자극적인 것이 있냐는 질문에, 아프리카고추를 이용한 주홍빛 소스를 가져와 빵에 찍어 먹어보란다. 한국고추 맛과 달리 더욱 자극적인 것이 매섭게 뒤에 남는다. 메뉴 중에는 간혹 매운 음식도 있지만 대개 순한 음식만으로 구성해 놓았다.

피넛스튜

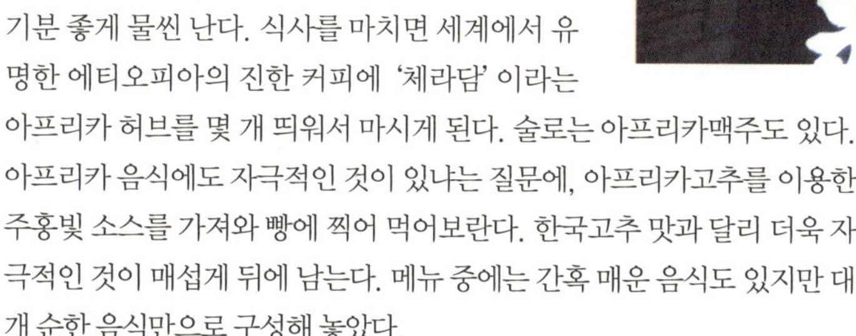

| 기 | 본 | 정 | 보 |

메뉴 런치 세트 900엔 내외,
　　　렌탈콩샐러드 900엔, 피넛츠스튜 1,250엔, 타메야 800엔, 튜니지아타진 900엔,
　　　와인 3,200엔부터
주소 도쿄도 미나토쿠 아카사카 3-13-1 2층(東京都 港区 赤坂 3-13-1 ベルズ赤坂 2F)
영업시간 11 : 00~15 : 00 17 : 00~23 : 00
휴무 연중무휴
전화 03-5571-5854
가까운 역 가까운역 치요다선(千代田線) 아카사카역(赤坂駅)에서 5분,
　　　　　긴자선(銀座線) 아카사카미츠케역(赤坂見附駅)에서 10분
홈 페이지 http://safariakasaka.blog17.fc2.com/

그리스의 랩샌드위치 기로스전문점
히로스 히로 ヒーロス・ヒーロー / GYROS HERO

기로스

기로스

● 추천대상 ●

카페 창업 예정자, 카페 메뉴 개발자, 카페 인테리어와 콘셉트에 관심 있는 분

● 포인트 ●

☑ 기로스 카페
☑ 세련된 패스트푸드
☑ 건강식

상호에서도 알 수 있듯이 그리스의 말이식 샌드위치 '기로스' 전문점이다. 일본어로는 기로스가 히로스라고 발음된다. 대부분의 기로스에는 양상추와 토마토가 들어가 건강식이라는 느낌이 있다. 일본에 들어온 해외음식들

중에서 헬시 푸드로 마케팅하기 쉬운 음식을 꼽는다면 베트남음식, 한국음식, 지중해 쪽 음식이다. 일단, 야채가 집중적으로 사용되고 고기 사용 양이 적으면 헬시푸드의 반열에 올라,

특히 여성을 주타깃으로 판매전략이 세워지게 된다. 서울에서 '기로스' 라는 기로스전문점이 젊은 여성 취향 카페의 제 1실험장인 이대 앞에 생긴 것도 마찬가지의 원리이다.

그리스의 패스트푸드를 내세우고 있는 곳이나 일반 패스트푸드보다는 훨

씬 이국적인 카페 분위기이
다. 상쾌한 파랑을 이미지
색으로 내세우고 전면의 출
입문을 활짝 열어 마치 '맘
마미아'에 나오는 그리스 사
람들은 이런 곳에서 한 끼를
때울 것 같다.
런치는 와세다(早稻田)대학
이 멀지 않아 학생과 주변 직
장 인 이 주 로 이 용 한 다.
2004년 7월에 오픈하여 영
업하고 있다.

메뉴특성

메인 메뉴로는 기로스와 버
거류가 있다. 약간 찰기가
느껴지는 빵에 야채와 고기를 넣고 마는 기로스의 인기 메뉴는 양고기
(ramb)과 비프가 반반씩 들어간 것이다. 그 밖에 치킨, 피시, 햄, 모짜렐라
와 토마토 등의 여러 조합이 있으니 내용물 선택의 폭은 패스트푸드 햄버
거처럼 폭넓다. 그 중 요구르트 베이스의 '차지키소스'가 가장 인기이다.
미소스(mythos) 등 아테네의 맥주도 있다.

| 기 | 본 | 정 | 보 |

메뉴 히로스(기로스) 390엔, 히로스포테이토 세트 700엔,
　　　히로스샐러드 세트 780엔, 샐러드 500엔 내외
주소 도쿄도 신주쿠쿠 다카다노바바 2-14-5(東京都 新宿区 高田馬場 2-14-5)
영업시간 [월-금] 11 : 00〜22 : 00 [토 · 공휴일] 11 : 00〜20 : 00
휴무 일요일
전화 03-3205-8207
가까운 역 JR 다카다노바바역(JR 高田馬場駅)에서 3분
홈 페이지 http://www.gyros-hero.com/

술 그리고 안주

이자카야(居酒屋) & 다치노미(立ち飲み)

이자카야는 술과 함께 요리를
제공하는 외식공간을 말한다.
맥주, 니혼슈(일본주), 일본소
주 등을 기본으로 판매하고 있
으나 요즘은 그 형태가 다양해
져 와인이나 일부 하드리쿼를
판매하기도 한다.

이자카야는 원래 술을 판매하
던 곳에서 간단히 술 맛을 보
거나 한잔씩 술을 마시던 것에
서 유래하였으며, 그 뒤 간단

한 안주도 제공하는 방식으로 발전하였다. 1970년대까지만 해도 이자카야는 남성 샐러리맨 중심의
전통술을 마시는 곳으로의 이미지가 강했으나 여성의 사회진출이 활발해지면서 이제는 남녀구분
이 없이 여성모임이나 가족까지도 드나드는 곳이 되어 버렸다.

그리고 80년대에는 체인점 이자카야가 활발하게 발생했다. 가격도 싸면서 여러 가지 술과 음식을
즐길 수 있는 연회공간으로서의 체인점이 급속도로 발달했다. 활발한 체인점의 예로는 와타미(和
民)´와라와라(笑笑), 아마타로우(甘太?)등을 들 수 있다. 크게 보면 이자카야 내에는 야키도리(燒き
鳥 닭꼬치) 전문점, 오뎅전문점, 야키니쿠 중심의 이자카야, 오코노미야키(お好み燒き)중심의 이자
카야 등이 포함된다.

그리고 이자카야에 가면 우선 '오토시(お通し)'라는 작은 종지에 미니 샐러드 등 각 점포마다 특색
있는 메뉴를 주문에 관계없이 내오는데 이는 주문한 음식이 나오기 전까지 즐기라는 의미로 시작
되었으나, 요즘은 자릿세의 역할을 하고 있다. 일인당 300엔~500엔 정도가 보통이다.

또 일본인들은 이자카야에 들어서면 '토리아에즈 비루(とりあえずビール 우선 맥주)' 라고 말하며 생맥주를 우선 한잔하고 자신이 원하는 술을 마시는 게 일상적인 일로 되어 있다. 소주를 마시는 데 있어서도 물을 희석해서 먹는 '미즈와리(水割り)', 얼음만 넣어 먹는 '락', 그냥 술만 마시는 '스트레이트' 로 나누고 있으나, 보통 미즈와리가 보편적이다. 본 책에 나오는 '엔' 은 외식업체에서 하는 체인점의 형태이고 '하츠시마' 와 '호우사쿠' 는 오너가 이끄는 작은 규모의 전형적인 이자카야다.

'다치노미(立飲み)' 는 서서 마시는 술집을 통칭하는 말이다. 즉 스탠딩 바이다. 어원은 이자카야처럼 옛날에 술을 판매하는 곳의 한 귀퉁이에서 서서 마시던 것에서 시작되었다. 예전의 다치노미는 서민 남성샐러리맨이 귀갓길에 한잔 하는 술집의 광경이었으나 2000년대 들어서면서 외식 발상의 전환으로 소위 '물이 좋은 지역' 에 멋진 다치노미가 생기기 시작하여 지금은 젊은 여성도 드나드는 장르의 술집이 되었다. 다치노미도 이자카야처럼 전통방식만이 아니라 스페인바, 프랑스 비스트로 방식 등 여러 장르를 다 포괄하고 있다. 대중적인 간단한 바(bar)나 스탠딩 비스트로에 관심이 있다면 도쿄의 다치노미를 집중 탐구할 만하다. '후지코니시' 는 비스트로 형식의 다치노미로 이 시대의 와인 트랜드를 볼 수 있는 곳 중 하나이다.

재료의 순수성을 학인할 수 있는 곳

후쿠와우치 福 わうち

|평|가|점|수|

맛	★★★★☆
분위기	★★★☆☆
서비스	★★★☆☆
벤치포인트	★★★☆☆

그 계절의 야채

야채초절임

● **추천대상** ●

요리 중심의 이자카야, 생선을 활용한 일식응용요리에 관심 있는 사람

● **포인트** ●

☑ 요리 중심　☑ 좌식 홀
☑ 심야영업　☑ 메뉴판

미식가들 사이에서 합리적인 가격, 신선한 재료, 맛있는 음식, 술 마시기 편한 집으로 알려져 있다. 사람들은 '음식이 맛있는 일식집' 혹은 '이자카야'라고 생각하지만 오너는 '우린 밥집일 뿐이다.'라고 말한다. 그의 말처럼 밥과 잘 어울리는 메뉴들이 많다. 하지만 그렇게 수수한 곳만은 아니다. '시로가네(白金)'라는 곳이 조용한 주택가긴 하지만 그 주택가 속에는 내공 있는 맛집들이 숨어 있곤 하는데 그런 집 중 하나라고 보면 된다. 들어가서 신발을 벗고 올라가는, 전체가 좌식형 홀이다.

메뉴특성

일단 들어가면 음료와 음식 메뉴판이 나오는데, 모두 어려운 한자로 써 있는데다 가격까지 없는 메뉴이다 보니 대략 난감하다. 유일하게 가격이 쓰여 있는 것은 코스메뉴 뿐이다. 기본코스가 일인(1人)분에 6,300엔부터 시작한다. 이 코스는 12접시로 구성되는데 구성 대비 가격에 대한 만족도가 높다. 첫 방문이라면 코스를 이용하는 게 좋고 좀 더 이자카야 분위기에 익숙해진 분이라면 하나하나 메뉴를 골라 먹는 것이 좋다. 그것도 제철 음식으로 말이다. 초가을에 갔을 땐 햇꽁치구이를 시켜봤다. 겉은 살짝 구워지

고 안은 꽁치회 같이 나왔
다. 지금까지 먹어보지 못
한 부드럽고 환상적인 꽁치
맛으로 미디움레어 꽁치라
고 말하고 싶었다. 모듬사
시미는 계절 사진 한 장을
감상하는 것 같다. 대부분
의 생선은 와사비 간장에
살짝 찍어먹지만 우니(성
게)는 맨 김에 올려 소금을
살짝 뿌려 먹으면 우니 향
을 더 잘 즐길 수 있다. 더
운 철에 방문한다면 농어과
의 '이사기' 구이를 시켜보
자. 크기도 맛도 좋아 자신

코스에 나오는 모둠전채

도 모르게 술잔을 더하게 될 것이다. 이 집은 회, 구이, 찜 등 계절 생선 요
리가 주특기이고 밥의 종류도 다채롭다. 카레, 토로로고항(밥 위에 마를 갈
아 얹은 것), 오차즈케(녹찻물에 말은 밥) 등 하나하나가 편안한 맛이다. 그
외 생선뿐 아니라 국내산 육류요리도 있으니 생선을 싫어하는 고객도 걱정
할 필요가 없다. 좌석이 20석 정도이기 때문에 이른 저녁시간을 원하면 예
약을 하는 편이 좋다. 늦은 시간까지 영업하므로 신선한 일식을 밤늦게도
즐길 수 있다.

| 기 | 본 | 정 | 보 |

메뉴 코스(12품) 6,600엔/8,400엔/10,500엔(단품 주문 가능)
주소 도쿄도 미나토쿠 시로가네 1-28-2 1층(東京都 港区 白金 1-28-2 サーラ白金 1F)
영업시간 [월-금] 17 : 30〜02 : 00 [토] 17 : 30〜24 : 00
휴무 일요일
전화 03-5739-0264
가까운 역 지하철 시로가네다카다와역(地下鉄 白金高輪駅)에서 3분

물 좋은 동네의 인기만점 이자카야

아오 青

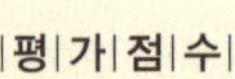

|평|가|점|수|

맛 ★★★☆☆
분위기 ★★★☆☆
서비스 ★★★★☆
벤치포인트 ★★★★☆

고니튀김

성게 & 연어알돈부리

● 추천대상 ●
일식 창작요리, 소규모 세련
된 이자카야를 구상하는 분

● 포인트 ●
☑ 단품요리 ☑ 실속코스
☑ 사케&소주
☑ 물 좋은 고객층

맛있는 음식과 술을 즐기는, 그것도 심야족이 좋아하는 동네, 그리고 싱글들이 자주 찾는 작은 바가 많은 지역 중에 하나가 요요기우에하라(代代木上原)이다. 연예인도 많고 전문직 여성 싱글도 많은 동네, 그곳에 '아오'가 있다. 술을 부르는 수 십여 종의 단품 요리가 대부분 천 엔 이하의 착한 가격들로 시작한다. 카운터 8석에 테이블 8석이 전부인 '아오'. 카운터에 앉아서 쉴 틈 없이 움직이는 셰프의 손길만 봐도 심심할 짬이 없다.

메뉴특성

'아오'의 추천코스는 2,700엔에 6품을 먹을 수 있는 실속 코스이다. 단품 선택이 자연스럽지 않거나 첫 방문이라면 코스 선택이 무난하다. 전채, 생선회, 야키모노(구이), 아게모노(튀김) 등을 중심으로 6품이 나온다. 그 하나하나에 제철 야채와 싱싱한 생선이 조화를 이루고 셰프의 아이디어가 더해진다. 메뉴 선택 전에 나오는 웰컴 디시로는 살짝 데친 가늘고 긴 파에 시라스(잔멸치)와 가츠오부시가 뿌려져 나온다. 촉촉한 파에 배어 나오는 잔잔한 소금기가 입맛을 잘 돋운다. 고사리와 닭 모래집 무침엔 생강과 미소(된장)소스가 들어가 있는데, 닭 모래집의 쫄깃함과 시소(깻잎과 비슷한 일본 야채), 생강향의 조화가 예상외로 자연스럽다. 죽순에 빙어튀김, 검지 손가락만한 작고 날씬한 무 한쪽, 비스킷 위에 얹어진 부드러운 장조림풍의 쇠고기가 전채이다. 죽순과 게가 들어간 부드러운 두부튀김이 걸쭉한 녹말소스에 들어가 있어 한 수저씩 떠먹을 때마다 와사비 향이 같이 한다. 그 외에 갯방어, 고등어, 패주가 나오는 오늘의 스시. 두릅나무 줄기를 넣고 구운 닭요리. 물컹한 촉감이라 좀 놀라게 되지만 싱싱함이 느껴지는 고니(생선내장) 튀김. 다음 음식을 기다리는 설렘으로 한 접시씩 마치다 보면 어느새 코스가 끝나게 된다. 식사는 추가로 시켜야 되는데 꼭 먹어보길 바

데친파와 가쯔오부시

죽순과 게가 들어간 두부튀김

그날의 전채

란다. 성게&연어알돈부리는 따뜻한 흰밥에 가는 오이채, 그 위에 싱싱한 성게, 연어알이 소복이 덮여 나온다. 일반 돈부리집(덮밥)과는 다른 깔끔한 마무리이다. 사케와 소주도 30여 종류로 광범위하고 설명도 친절하다. 주문하면 소믈리에가 와인의 첫잔을 시음하며 와인상태를 확인하듯, 스태프가 꼭 자신이 사케 맛을 확인한 뒤 내준다. 예약을 하는 것이 좋다.

| 기 | 본 | 정 | 보 |

메뉴 코스(22시 L.O) 2,700엔, 오크라와 베이컨유바 무침 850엔, 게 물만두 900엔, 구운 새조개와 파초된장 무침 800엔.
니혼주 700엔부터(소주 · 생맥주 · 와인까지 다양)

주소 도쿄도 시부야쿠 니시하라 3-24-12(東京都 渋谷区 西原 3-24-12)

영업시간 18 : 00～02 : 00

휴무 수요일

전화 03-3485-8808

가까운 역 오다큐센(小田急線) 요요기우에하라역(代代木上原駅)에서 5분

아키다 지방의 술과 향토요리를 맛볼 수 있는 곳
나마하게 なまはげ

강원도의 감자옹심이나 전라도 장터의 팥칼국수는 듣기만 해도 고향의 투박한 음식들을 상상하게 만든다. 아키다(秋田) 출신의 도쿄인들은 고향의 맛을 찾아서 또는 자기 고향의 음식을 객지 사람들에게 자랑하기 위해서 이곳, 나마하게를 찾는다. 아키타는 도쿄에서 북동방향에 위치하고 있고 쌀과 생선, 사케가 유명한 농업중심의 지역이다. 아키타요리인 만큼 메인 식재료는 아키타에서 가져온다. 실내는 시골의 움막 형식의 개별 방으로 되어 있어 고개를 숙이고 들어가는 것도 재미있다. '나마하게'는 악을 징벌하고 복을 가져오는 무서운 인상을 한 캐릭터로 아키타를 대표하는 주요무형민속문화재이다. 이 음식점에서는 매일 오후 7시 15분과 10시에 나마하게가 돌아다니며 고함을 질러 흥을 돋우는 이벤트를 벌이고 있다.

메뉴특성

'기리탄포(きりたんぽ 切蒲英)'라는 아키타 지방의 쌀을 거칠게 빻아서 지은 밥을 닭 육수에 넣어 끓이는 요리는 거친 맛의 별미이다. 꼬치에 끼워 구운 알이 통통한 하타하타(도루묵), '히나이도리(比內鷄)'라는 아키타의 유명 닭요리 또한 맛볼 수 있다. 냄비요리의 국물 맛은 간장 빛깔이 진해 촌스러우나 일단 먹어보면 담백한 맛에 시골 간장과 된장 맛을 느낄 수 있다.

|평|가|점|수|

맛	★★★☆☆
분위기	★★★☆☆
서비스	★★★★☆
벤치포인트	★★★★☆

기리탄포나베요리

● **추천대상** ●
이벤트, 지방 음식의 도시진출 케이스에 관심 있는 분

● **포인트** ●
✓ 향토 요리
✓ 이벤트 맛집

|기|본|정|보|

메뉴 코스 3,980엔부터, 키리탄포나베요리(1인분) 1,980엔, 하타하타 구이 580엔
아키타지역 맥주 890엔
주소 도쿄도 주오쿠 긴자 8-5-6 9층(東京都 中央区 銀座 8-5-6 中島商事ビル 9F)
영업시간 [월·화·일·공휴일] 17 : 00~23 : 00, [수·목·토] 17 : 00~03 : 00
[금·공휴일 전날] 17 : 00~04 : 00
휴무 연중무휴
전화 03-3571-3799
가까운 역 지하철 긴자역(地下鉄 銀座駅)에서 5분
홈 페이지 http://namahage.hy-system.com/ginza.html

아오모리 지방의 향토 음식과 프렌치의 만남

보와 뷔르 BOIS BERT

지방 음식을 도시로 가지고 올 때는 어떻게 하면 그 모습 그대로를 가져올까 고심하는 것이 보편적인데 보와뷔르는 아오모리(靑森)의 시골 음식을 비스트로(bistro)라는 채에 걸러 다시 한 번 응용 버전을 내놓았다. 아오모리는 혼슈(本州)의 가장 북쪽에 있는 지역으로 사과와 생선이 유명한 시골이다. 아직 도쿄에는 아오모리의 식재료를 내세운 곳이 별로 없다 보니 한층 주목을 받고 있다. 신바시(新橋)와 토라노몽역(虎ノ門駅) 사이의 평범한 건물 지하에 있는데 들어가면 아오모리의 마츠리(축제)에 나오는 여러 그림이 한쪽 벽면을 장식하고 있다. 곧잘 만석이 되기 때문에 예약을 하는 것이 좋다. 와인과 아오모리 지방 술이 구비되어 있다.

메뉴특성

아오모리 향토요리를 약간 퓨전화한 방식이다. 아오모리식 비스트로 음식이라고 말하는 것이 정확할 것 같다. 패주는 프랑스의 에스카르고(달팽이) 요리처럼 에샬롯(프랑스의 양파 종류), 마늘 등이 들어간 소스를 얹어 오븐에 구워 낸다. '드래콘로스트' 라는 기름이 잘 빠진 작은 치킨구이는 아주 매운 소스를 찍어 먹도록 했다. 메뉴를 구성하는 많은 식재료가 매일 아오모리로부터 현지 직송되고 있다.

패주구이

드래콘로스트

● 추천대상 ●

향토요리와 비스트로의 결합, 안주가 풍부한 와인바에 관심 있는 사람

● 포인트 ●

☑ 아오모리 요리
☑ 와인, 지방술
☑ 비스트로

|기|본|정|보|

메뉴 잔멸치가 듬뿍 들어간 시저샐러드 1,260엔 크로닌쿠(흙마늘) 피자 1,050엔
아오모리샤모롯크로스트(반 마리) 3,150엔, 성게 파스타 1,890엔
런치(스파게피 · 카레 등) 900엔부터

주소 도쿄도 미나토쿠 신바시 1-13-4 지하1층(東京都 港区 西新橋 1-13-4 B1F)

영업시간 [화-금] 런치 12 : 00~14 : 00, [월-금] 디너 18 : 00~21 : 30
[토요일] 디너 18 : 00~20 : 30

휴무 일요일, 공휴일

전화 03-5157-5800

가까운 역 긴자선(銀座線) 토라노몬역(虎ノ門駅) 3분, JR 신바시역(JR 新橋駅)에서 7분,
미타선(三田線) 우찌사이와이쵸역(内幸町駅)에서 2분

홈 페이지 www.bois-vert.jp

10여 가지 이상 산지별 쌀을 직접 선택할 수 있는 이자카야

고메후쿠 米福

계절생선구이

쇠고기스지국

● 추천대상 ●
특수 장르 맛집, 가정식 요
리에 관심 있는 사람

● 포인트 ●
☑ 쌀밥전문점 ☑ 가정요리
☑ 이자카야

어릴 때에는 반찬이 맛있어야 한 끼가 맛있다고 느끼고 샌드위치를 먹을 때에는 속에 든 재료가 푸짐해야 제대로 만들었다고 생각했다. 그런데 어른이 되면서 그 생각이 조금씩 변하게 되었다. 밥 자체만 맛있으면 반찬이 부족해도 꿀맛으로 느껴지고 샌드위치의 가장 중요한 기본은 빵맛이라는 것을 차츰 알게 되었다. '고메후쿠(米福)'는 한자 그대로 쌀을 기본으로 하는 프로 가정요리집이라고 볼 수 있다. 평범하지만 깔끔한 점포로, 조용하고 맛깔스런 이자카야로, 한편으로는 밥맛이 끝내주는 밥집으로 미식가들의 입에 오르내리고 있다. 근처에 이와 같은 쌀밥전문점인 자매점 '코코로마이(心米)'도 운영중이다.

메뉴특성

밥에만 특기가 있는 것이 아니라 안주의 종류도 꽤 많다. 안주는 제철 사시미부터 생선구이 등 보통 이자카야에서 볼 수 있는 것들이 많으나 그 나오는 모양새와 맛은 체인점 술집의 안주와 절대 다르니 이름만으로 판단하지

말고 이것저것 주문해보자. 쇠고기근육국(牛スジ塩煮込み)은 한국의 쇠고기국 같이 맑은 형태에 스지(쇠고기 근육)가 들어가 있어 고기의 쫄깃함이 좋다. 술 마시는 중간쯤에 시키면 안성맞춤이다. 술을 마시다 대화가 무르익을 즈음에 밥을 주문해 놓자. 약 20분 정도 걸리기 때문에 미리 주문하는 것이 좋다. 밥 종류는 테이블 위의 메뉴판에도 쓰여 있고 벽에도 쓰여 있는데 보통 10가지 이상의 각 산지별 쌀 중에서 원하는 것을 고르면, 그때부터 토기에 밥을 짓는다. 흰밥 이외에 오리고기나 야채 등을 처음부터 섞어 만드는 밥도 있다. 미소시루는 별도이나 국물 맛이 구수하니 곁들이면 밥맛을 더욱 높일 수 있

밥토기

다. 그리고 밥과 함께할 반찬으로는 와사비츠케, 간장절임다시마, 가지츠케 등 3종 츠케모노(채소절임)가 있다. 안주류의 양은 적은 편이다.

| 기 | 본 | 정 | 보 |

메뉴 흰쌀밥 (1인분) 900엔
　　　타키코미고항 (다른 재료를 넣어 지은 밥 1인분) 1,500~1,700엔
　　　3종 반찬 600엔, 쇠고기 근육국 850엔, 계절 야채찜 1,000엔
주소 도쿄도 시부야쿠 에비스 2-13-10 (東京都 渋谷区 恵比寿 2-13-10)
영업시간 16 : 30~24 : 00 (L.O 22 : 30)
휴무 일요일, 공휴일
전화 03-5739-1678
가까운 역 히비야선(日比谷線) 히로오(広尾駅)역에서 12분,
　　　JR 에비스역(JR 恵比寿駅)에서 15분

신선한 生物 안주가 맛있는, 이자카야

엔 시부야점 えん 渋谷店

유바샐러드

두유샤브샤브의 돼지고기

● 추천대상
이자카야 및 선술집 메뉴개
발자, 자연식자재 및 두부
응용요리에 관심 있는 분

● 포인트
☑ 규모 큰 이자카야
☑ 신선한 생선 ☑ 인테리어
☑ 두유샤브샤브

어떤 지하철역이든 역사 근처에는 각양각색의 이자카야 천지다. 그러나 막상 몇 점포 다니다 보면 이름만 다를 뿐 메뉴나 운영 방식이 너무 비슷한 점포들이 많다. 이는 이자카야 회사의 매뉴얼에서 느껴지는 일률성이라고 볼 수 있다. 에다마메(껍질째 삶은 콩), 시샤모(빙어)구이부터 줄줄이 나오는 이자카야 메뉴가 일반적이다. 하지만 '엔'은 구성이 사뭇 다르다. 물론 이곳도 17개 점포를 가지고 있는 체인점이지만, 매뉴얼에 따르면서도 생물의 신선함을 전달하는 것이 큰 차이다. 시부야점(渋谷店)은 시부야역의 역세권 안에 있어 접근성이 좋다. 그리고 복잡한 거리의 빌딩 안에 있지만 안에 들어가면 시부야가 아니라 한적한 도심 밖의 멋진 외식공간에 들어온 것 같은 생각이 든다. 중앙에 높은 대나무를 세우고 그 둘레로 고객이 둘러앉게 만든 카운터 좌석도 특이하고 인위적으로 창가를 만들어 창 밖에 미니 정원을 일본풍 가든으로 꾸며놓은 공간 활용의 감각도 눈에 띈다. 대부분 창업을 할 때, 가게 이름 때문에 많은 사람들이 고민을 하는데 '엔'이라는 가게 명의 의미를 보면서 참고하면 어떨까 한다.

첫 번째의 '엔(緣)'은 사람과 사람, 좋은 재료와 술, 점포와 고객 등의 '인연'이라는 뜻이고 두 번째의 '엔(宴)'은 여유 있는 공간 내 '연회'의 의미이다. 세 번째의 '엔(塩)'은 요리의 기본 '소금(가염)'의 의미이고 마지막 '엔(円)'은 공처럼 둥근 '활기'의 상징이란다.

총 좌석이 220석으로 단체 예약에도 적합하고 카운터, 테이블, 좌식으로 자리가 마련되어 있어 마음대로 좌석을 선택할 수 있게 한 점도 눈여겨 볼만하다. '엔'은 일식 식자재를 이용한 일식 델리, 이자카야 등을 폭넓게 다루고 있는 ㈜BYO에서 운영하는 곳이다.

메뉴특성

다른 이지카야 비해 생선을 잘 다루기 때문에 사시미나 제철 생선구이 등을 선택하기 바란다. 또 직접 만든 두부와 유바요리도 인기이다. 특히 두유에 돼지고기를 샤브샤브해서 먹는 요리는,

두유 베이스의 샤브샤브로 기름기 있는 돼지고기를 색다르게 먹는다는 것이 참신하다. 그리고 가격도 음식의 퀄리티에 비해 저렴한 편이다.

| 기 | 본 | 정 | 보 |

메뉴 두유샤브샤브(2~3인분) 1,300엔, 유바샐러드 830엔, 돼지고기된장구이 850엔, 게가 들어 간 야키타마고 700엔

주소 도쿄도 시부야쿠 시부야 1-24-12 시부야동영프라자 11층(東京都 渋谷区 渋谷 1-24-12 渋谷東映プラザ 11F)

영업시간 [월-목] 17 : 00~23 : 30 [금 · 토 · 공휴일 전날] 17 : 00~03 : 00
[일 · 공휴일] 16 : 00~23 : 30

휴무 12월 31일, 1월 1일

전화 03-5468-6196

가까운 역 JR 시부야역(渋谷駅)에서 2분

홈 페이지 http://www.izakaya-en.com/

신바시 먹자골목의 정감 있는 오야지의 맛

하츠시마 初島

폰즈속의 멍게

무와오이의 스케모노

● 추천대상 ●

가족이 운영하는 소형 맛집,
남성취향의 선술집 메뉴 개
발자

● 포인트 ●

☑ 부부운영 ☑ 작은 선술집
☑ 실속런치 ☑ 남성취향

긴자 8초메(銀座 8丁目)는 접대에 적합한 고급 일식당과 바가 많은 곳인데 반해 횡단보도 건너편에 있는 신바시역(新橋駅)은 샐러리맨들이 바글바글한 소박한 밥집과 술집이 가득하다. 마치 신사동 먹자골목 마냥 오야지(아저씨)풍으로 정신이 없다. 식당이 수없이 많은 곳에서 맛있는 집을 찾기는 더 어려운 법. 특히 밤중에 가면 정신이 없을 정도로 불야성을 이룬다. 그 가운데 나도 신바시 오야지가 된 기분으로 오너 사토우(佐藤吉秋)씨가 운영하는 '하츠시마'를 찾았다. 카운터 10석이 전부로 매우 좁기 때문에 술 마시다 안쪽의 화장실에만 가려고 해도 카운터에 앉은 사람들에게 '미안합니다'를 여러 번 말해야 된다. 매일 아침 츠키지시장(築地市場)에서의 장보기부터 점심, 밤의 술손님 안주까지 부인과 함께 모두 맡아 요리하는 가족형 소형 맛집이다.

사토우씨는 복어취급자격증도 가지고 있다. 젊었을 때 복어전문점에서 오래 일했다고 한다. 지금은 가게가 작아 겨울철 예약에 한해서만 복어요리를 한다.

메뉴특성

카운터 안쪽으로 벽면에 뭐라뭐라 쓰
여 있는 메뉴가 붙어 있는데, 그 메뉴
를 한 눈에 알아볼 정도가 되려면 오야
지술집에 많이 익숙해져야 가능하다.
그러나 작은 가게이므로 메뉴판에 없
는 메뉴라도, 당일 물 좋은 생선이 있
으면 사토우 씨의 솜씨로 회를 뜨거나
구워서, 또는 조려서 척척 나온다. 대
부분 맥주와 소주를 가장 많이 마시는

런치세트

데, 소주로 시작하고 싶다면 처음엔 무기(보리)소주를 한잔하고 그 뒤부터
향이 강한 이모(고구마)소주로 하면 어떨까? 모리아와세사시미(모둠회)를
시키면 이 집의 생선취급 솜씨가 보통이 아님을 바로 확인할 수 있다. 마구
로(참치), 오징어, 조개, 시메사바(초절임고등어), 도미 등 하나하나가 보기
에도 싱싱하고 먹어도 뒷맛까지 시원하다. 간혹 복어의 시라코(내장)도 맛
볼 수 있다. 겉은 구워 갈색을 띠는데 깨무는 순간 부드럽고 은은한 단맛이
푸딩 같이 물컹하다. 하나하나가 전부 안주로 제격이다. 물론 생선의 조림
도, 구이도 맛이 잘 배어있다. 술 마시다 출출하면 오차즈케(녹찻물에 말은
밥)로 마지막 속까지 풀고 가자. 밥 위에 짭짤히 맛이 벤 마른 연어를 잘게
부순 것, 김, 매실 등이 녹찻물과 함께 잘 어우러져 나온다. 무와 오이의 츠
케모노(무, 오이 등의 채소절임)도 잊지 말고 같이 먹길. 점심은 그날의 생
선요리 조림(니자카나)이나 구이(야키자카나)가 950엔. 생선구이와 조림을
반반씩 시켜도 된다. 이때 미니생선회, 국, 밥이 나오니, 이게 바로 한 상이
다. 밥은 무료 추가도 가능.

에다마에

| 기 | 본 | 정 | 보 |

메뉴 저녁은 둘이 먹고 마시며 안주 5~6가지 먹으면 7,000엔 안팎정도
주소 도쿄도 미나토쿠 신바시 3-13-2(東京都 港区 新橋 3-13-2)
영업시간 12 : 00~13 : 30, 18 : 00~11 : 00
휴무 토 · 일요일, 공휴일
전화 03-3578-0486
가까운 역 JR 또는 긴자선(銀座線) 신바시역(新橋駅)에서 3분

수수한 옛 이자카야를 느낄 수 있는 곳

호우사쿠 豊作

시금치나물

● 추천대상 ●
소박한 가정식 이자카야 메
뉴에 관심 있는 분

● 포인트 ●
☑ 가정요리 ☑ 가족운영
☑ 소박한 분위기

광고 덕에 '고향의 맛, 다시다' 가 대중들의 머릿속에 각인된 적이 있었다. 그래서 웃지 못할 에피소드도 많은데 식당에서 일하는 분들이 '우리는 인공조미료를 절대 사용하지 않아요.' 라고 말하고는 뒤돌아서서 쇠고기 다시다를 아낌없이 사용하기도 했다고. 미원은 인공조미료, 쇠고기 다시다는 자연조미료로 생각했기 때문이다. 고향의 맛을 모토로 한 광고의 승리냐 아니냐를 떠나서 모든 이들이 가슴으로부터 고향의 손맛을 간절히 바란다는 것만은 확실하다.

우리말로 그대로 읽으면 '풍작' 인 이곳은 고향 어머니의 손맛을 느낄 수 있는 맛과 분위기이다. 외관도 내부도 너무 수수하다. 13명 남짓 앉을 수 있는 약간 꺾어진 카운터가 있고 그 안에는 인상 좋은 중년의 아저씨가 아주 분주하다. 무언가 굽고 뒤집고 하다가 다시 도마 앞으로 돌아와 사시미도 뜨고, 쉴 틈이 없다. 그 옆엔 이것저것 도우랴, 손님들 주문을 받으랴 바삐 왔다갔다하는 부인이 있다. 안쪽 깊숙이에는 장아찌 등 기본 맛을 잡는 어머니가 계시다. 가족형 이자카야다. 일본인이 편안해하는 일반적인 식사와 안주가 보고 싶다면 딱이다.

메뉴 특성

니쿠자가(고기와 감자를 간장에 조린 것), 각종 생선조림과 구이, 각종 튀김류, 꼬치류 등 일본인 입장에서 보면 옛 생각도 나고 시골에 계신 어머니 음식도 떠올리게 되는 메뉴가 대부분이다. 그런 메뉴가 족히 50개는 넘는다. 술안주만 있는 것이 아니고 오니기리, 소바, 우동 등 식사류도 충분하다. 친구들이랑 오는 사람들이 많지만 혼자 오는 사람도 약 1/3정도. 손님들 모두가 만족스럽다는 표정이고 안에서 음식 만드는 주인은 마치 새참을 준비하는 농부의 표정처럼 보인다.

나스마루야키(なす丸燒き)는 가지를 구워서 껍질을 벗긴 뒤 가지 모양 그대로에 가츠오부시가 얹어져 나오는데, 거기에 간장을 뿌려서 먹는 요리이다. 맛과 먹는

방법은 다르나 가지를 쪄서 길게 찢은 뒤 초무침해서 먹는 한국식 가지요리가 생각난다. 마제타라우마이(まぜたらうまい)는 '섞으면 맛있다' 의미로 재미있는 계절메뉴이다. 잘게 썬 마, 낫또, 오크라(각이 진 고추모양의 일본야채) 등 점액질이 있는 재료와 마구로, 오징어 등 신선한 바다 재료를 섞어 먹는 것인데, 더없이 상큼한 술안주이다.

제철 생선구이든 조림이든, 이름의 의미를 잘 모르면 아무거나 손가락으로 찍어도 편안한 음식이 나오니 안심해도 좋다. 특히 '야키오니기리'는 오니기리에 간장을 발라 숯불에 천천히 굽는 것으로 시간이 걸리므로, 잊지 말고 미리 주문해 놓는 것이 좋다. 제대로 구우니 꼭 맛보시길. 이것저것 시켜도 안심할 수 있는 가격이다. 그리고 처음에 나오는 오토시(おとうし 작은 그릇에 맨 처음 나오는 입맛 돋우는 음식. 요즘은 자릿세 같은 개념이기도 함)는 오는 사람마다 다르다. 주인장이 주고 싶은 것을 한 종지씩 주기 때문에 같은 일행이라도 서로 다른 반찬을 받게 된다. 1층은 카운터만 있고 2층은 좌식이다. 2층에는 가라오케시설도 있어 15명까지 회식장소로 빌릴 수 있다.

| 기 | 본 | 정 | 보 |

메뉴 나스마루야키 480엔, 꽁치소금구이 650엔, 각종 튀김 420엔부터,
마제타라우마이 600엔, 오니기리 210엔, 야키오니기리 260엔,
고향세트(밥, 국, 츠케모노) 420엔, 생맥주 540엔
주소 도쿄도 미나토쿠 시로가네 1-28-16(東京都 港区 白金 1-28-16)
영업시간 17：00〜01：00(L.O 24：00)
휴무 월요일, 셋째 주 화요일
전화 03-3446-3059
가까운 역 남북선(南北線) 또는 미타선(三田線) 시로가네다카나와역(白金高輪駅)에서 4분

오픈과 동시에 만석이 되는 야키도리집

쿠시와카마루 串若丸

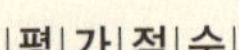

츠쿠네꼬치

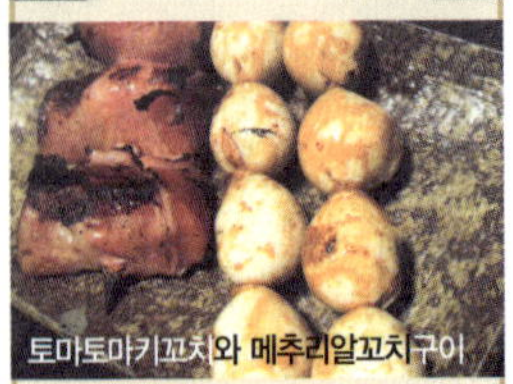

토마토마키꼬치와 메추리알꼬치구이

● 추천대상 ●

야키도리 메뉴 및 안주, 소규모 전문점의 예약 및 운영에 관심 있는 사람

● 포인트 ●

✓ 명물 야키도리
✓ 엄격한 예약방식
✓ 다양한 안주

나카메구로(中目黑)에서 유명한 야키도리집이라고 익히 들어왔는데, 실제로 가보니 그 명성이 바로 확인이 된다. 일요일 5시 반에 갔는데도 이미 식당 안은 만석이고 카운터 중앙 야키도리 불판은 신나게 연기를 품고 있다. 예약 없이 온 손님은 식당 앞 종이명부에 이름을 적어 놓고 근처에 서서 이름이 호명되기를 기다려야 한다.

오후 6시도 안된 식당의 풍경이라고는 믿기 어려웠다. 예약하면 자리를 확보할 수 있으나 시간은 단 2시간만 허용된다. 1시간 반쯤 되면 라스트오더를 하라고 정확하게 스태프가 오고 2시간이 되면 반드시 자리를 비워줘야 된다. 내 돈 주고 먹어도 지켜야 될 것이 참 많다(?). 워킹게스트로 가서 기다린 뒤 시간에 구애받지 않고 먹든지 기다리지 않는 대신 2시간 동안만 즐기든지, 참 어려운 선택을 해야 한다. 작은 점포에 비해 테이블이 빡빡이 들어차 있고 간혹은 합석도 해야 한다. 야키도리는 한 개 한 개 주문이 가능하기 때문에 이동 포스를 들은 스태프들이 주문을 받으며 돌아다닌다. 전화 예약가능한 시간은 오후 1시부터 5시까지로, 영업시간에는 영업에만 집중한다고.

메뉴특성

맨 처음 나오는 오토시(おとうし 작은 그릇
에 맨 처음 나오는 입맛 돋우는 음식. 요즘
은 자릿세 같은 개념이기도 함)는 무 간 것
에 시라스(잔멸치)가 얹혀 나온다. 거기에
간장을 살짝 부어 입안을 개운히 하고 생맥
주를 한 잔하며 본격적으로 야키도리에 몰
입한다. 예약한 경우, 제한시간이 2시간이
기 때문에 처음에 넉넉히 메뉴를 주문하는
것이 좋다. 먹으면서 늦장을 부렸다가는 아
쉬움을 남기며 나와야 하기 때문이다. 이 집
의 기본 솜씨를 볼 수 있는 메뉴로는, 츠쿠
네(닭고기 완자)를 비롯하여, 테바사키(닭
날개), 내기니쿠(닭과 파를 번갈아 끼운 기
본형 야키도리), 도리레바(닭간), 츠나기모
(모래주머니)등이 있다. 이 때 시오(그냥 소

금으로만 구움)나 츠유(소스)를 선택하라고 한다. 원재료를 맛을 잘 느끼고
싶다면 시오를 주문하는 게 좋은데, 이 집은 소스도 잘 어울리니 같이 비교
해보면 좋겠다. 야키도리 집이라고 닭만 고집할 필요는 없다. 시오엔도우
(완두콩), 토마토마키(구운 토마토꼬치), 치즈삐마키(치즈, 피망, 베이컨 꼬
치구이), 우즈라다마코(메추리알 구이) 등도 맛있고 재미있는 안주거리이
다. 전체적으로 다른 야키도리 집에 비해 양도 많고 가격도 합리적이다.

| 기 | 본 | 정 | 보 |

메뉴 각종 꼬치(1개) 180엔~350엔, 오토시(1인) 350엔, 오차즈케 450엔,
　　　 오니기리(1개) 200엔, 야키도리코스(7종류) 1,800엔
주소 도쿄도 메구로쿠 가미메구로 1-19-2(東京都 目黑区 上目黑 1-19-2)
영업시간 07 : 30~24 : 00
휴무 연중무휴(정월휴가는 제외)
전화 03-3715-9292
가까운 역 토요코선(東横線) 또는 히비야선(日比谷線)의 나카메구로역(中目黑駅)에서 5분

닭 사시미부터 냄비요리까지, 세련된 닭요리집

하시다야 나카메구로점 はし田屋 中目黑店

서울의 신사동 가로수길이나 서래마을과 비슷한 느낌의 '나카메구로(中目黑)' 지역에서 인기를 얻고 있는 세련된 닭요리집이다. 특히 국물이 있는 닭냄비요리가 유명하다. 나카메구로의 하천가에 있는 나무 이층집으로, 간판에는 분위기 있는 손글씨의 나무 명판이 걸려있다. 막상 들어가면 캐주얼한데 밖에서 보면 안보다 더 고급스러워 보이는 집이다. 이곳은 모항공사 승무원들이 도쿄에 오면 자주 가는 닭요리집으로 적극 추천해 찾아가게 되었는데, 전반적으로 맛이 순한 편이었다. 때문에 한국음식의 양념 맛에 깊게 젖어 있는 사람이라면 밋밋하다고 느낄 수 있겠다. 하지만 재료를 취급하는 방식이나 응용 요리는 많이 참고할 만하다. 시부야(渋谷)와 나카메구(中目黑) 두 곳에 있다. 홈페이지에 들어가면 닭이 알을 낳는 제스처를 취하는데 그것이 각각의 메뉴바가 되는 것이 재미있다.

메뉴특성

닭으로 유명한 아키타현(秋田県)의 품질보증 닭을 사용하여 닭사시미도 마음 놓고 먹을 수 있다. 때문에 으레 술 한 잔 하는 사람들이면 제일 먼저 주문하는 안주가 '닭사시미모둠' 이다. 연한 닭가슴살에 츠다찌(레몬과 유사하게 생긴 일본과일)를 뿌린 뒤 간장에 찍어 먹고 모래주머니와 심장은 와사비를 살짝 얹은 뒤 간장에, 그리고 간은 소금기름에 찍어 먹는다. 먹고 나면 '어라, 고소하고 부담 없네.' 라며 생으로 먹는 닭 맛에 대한 그 동안의 선입견이 달아나게 된다. 닭 요리 뿐만 아니라 산지가 표시된 안주거리도

|평|가|점|수|

맛 ★★★☆☆
분위기 ★★★☆☆
서비스 ★★★★☆
벤치포인트 ★★★★★

아스파라거스 안주

도리시오냄비

● 추천대상 ●
닭요리 개발, 전통과 현대가 조화된 인테리어에 관심 있는 분

● 포인트 ●
☑ 닭사시미 ☑ 닭냄비요리
☑ 인테리어

다양한데, 특히 후쿠시마현(福島県)의 아스파라거스가 인상적이다. 살짝 데쳐 나온 25cm 길이의 아스파라거스를 맨손으로 들고 먹으며 각자의 술을 마신다. 여러 안주를 즐긴 뒤에는, 고대하던 냄비요리를 주문하면 된다. 네 종류의 냄비요리 중에서 대표적인 것이 소금맛과 미소맛인데, 심플한 국물 맛이 좋다면 당연히 소금맛을 선택하도록. 냄비 안에는 야채, 두부, 우엉이 들어 있고 직접 갈아 만든 닭고기의 츠쿠네(つくね 닭고기 완자)가 들어간 순하고 깔끔해 보이는 국물을 눈앞에서 끓게 세팅해 놓는다. 맛이 배어들면 각자의 공기에 덜어 유주코우쇼오(유자가 들어간 소금양념)를 취향대로 넣어 즐긴다. 냄비요리를 거의

먹어갈 즈음이면 직접 만든 우동을 넣고 너무 퍼지기 전에 먹으면 되는데, 이 때 가츠오부시나 매실절임을 함께 곁들이면 또 다른 양념 맛이 난다.

| 기 | 본 | 정 | 보 |

메뉴 도리시오냄비(1인분) 1,980엔, 도리미소냄비(1인분) 1,880엔,
닭모둠사시미 1,280엔, 각종 산지직송 야채 250엔부터,
아스파라가스 480엔, 오야코돈부리 2,500엔

주소 도쿄도 메구로쿠 가미메구로 1-15-8(東京都 目黑区 上目黑 1-15-8)

영업시간 18：00~03：00

휴무 연중무휴

전화 03-6278-8248

가까운 역 토요코선(東橫線) 또는 히비야선(日比谷線)의 나카메구로역(中目黑駅)에서 7분

홈 페이지 http://www.hashidaya.com/

한국인과 일본인의 입맛을 동시에 사로잡은 야키니쿠

스태미나엔 スタミナ苑 豊洲店

'도요스(豊洲)'는 도쿄만(東京湾)이 매립된 곳으로, 옛날에는 쓰레기매립지였다. 하지만 이제는 거대한 쇼핑몰 '라라포트(Lalaport)'가 생겨 도쿄 시민들의 관심이 집중되고 있다. 또 여러 오피스빌딩들이 점점 숲을 이루어가고 있다. 그런 도요스역(豊洲駅) 바로 앞에 1950년부터 시작한 원조 야키니쿠 식당이 있는데 바로 스태미나 '엔'. 이 집의 고객은 대부분 일본인으로, 고기의 밑간이 독특하여 그 맛으로 단골을 잡고 있다. 2006년 라라포트에도 입점하여 성업 중이다. 평일은 새벽 2시까지 영업하며 늦은 밤 요기도 가능하다.

메뉴특성

보기에는 진하고 매워 보이는 약간 붉은 기의 소스에 고기가 재워져 있지만, 먹어보면 전혀 맵지 않고 구웠을 때 감촉이 올리브오일에 잘 마리네이드된 고기를 먹는 듯하다. 이 집의 특제 소스에 재워둔 고기는 우선, 호르몬(대창)이나 갈비부터 먹으면 좋다. 그리고 규탄(소 혀), 하라미(횡경막) 등은 소금구이로 즐기는 것이 그 자체의 맛을 느끼기에 제격이다. 특히 최상품 하라미(究極ハラミ 횡격막)는 세 쪽이 나오는데 두툼한 것이 3cm 정도는 되어 보인다. 지글지글 불판에 기름을 약간 뺀 뒤 미디움레어로 구워 먹으면 부드러움과 감칠맛이 최고다. 특선과 일반 고기의 가격차이가 다소 큰 편이기에 경제적으로 즐기고 싶다면 일반 레벨의 고기를 시켜도 충분히 맛있다.

|평|가|점|수|

맛 ★★★★☆
분위기 ★★★☆☆
서비스 ★★★★☆
벤치포인트 ★★★★☆

최상품 하라미

규탄

● 추천대상
교포가 운영하는 야키니쿠 집 성공사례를 보고 싶은 분

● 포인트
☑ 특제 소스 ☑ 내장 요리
☑ 재일교포 운영

|기|본|정|보|

메뉴 최상품 하라미 2,100엔, 호르몬 980엔, 죠탄시오야키(상품의 소 혀 구이) 1,580엔, 갈비 1,150엔, 육회1,000엔, 비빔밥 680엔, 냉면 1,100엔, 와인(1병) 1,600엔부터
주소 도쿄도 고토쿠 도요스 4-1-1 토요스비아 3층
　　(東京都 江東区 豊洲 4-1-1 トヨスピア21 3F)
영업시간 [월-토] 17：00〜02：00, [일·공휴일] 17：00〜24：00
휴무 연중무휴
전화 03-5560-0029
가까운 역 유락쵸선(有楽町線) 토요스역(豊洲駅)에서 1분
홈 페이지 http://www.sutamina-en.com/

비싼 만큼 가치 있는 최상의 고기 맛

키라쿠데이 きらく亭

지하철역에서도 너무 멀어 도보로 찾아가
는 데는 꽤 시간이 걸리는데다 막상 찾아
가도 너무 한적한 곳이라, '이런 곳에 있
는 식당이 그렇게 유명하다니…' 라는 생
각이 든다. 누구나 아는 유명식당에서 야
키니쿠로 폼 잡고 접대하고 싶다면 '죠죠
엔(http://www.jojoen.co.jp/)' 정도의
고깃집에 가면 되지만 내실 있는 야키니
쿠집을 찾는다면 이곳이 좋지 않을까 싶

다. 한번 다녀온 일본인이라면 고기만은 이 집이 최고라는 찬사를 아끼지
않는다. 지하에 위치한 야키니쿠지만 무연로스터를 사용하기 때문에 연기
에 찌들지 않은 깔끔하고 단정한 분위기의 점포이다.

메뉴특성

갈비가 매우 부드럽고 감칠맛이 돈다. 특히 이 집의 고기메뉴 중 특선(特選)
이라는 표시가 붙어 있는 상품의 고기에 대해서는 먹는 이마다 맛있다는
말을 아끼지 않는다. 메뉴의 가격표를 보면 꽤 비싼 고기값이지만 고급 야
키니쿠전문점에 익숙한 이들은 그 품질에 비한다면 이 집의 가격이 그렇게
비싼 것은 아니라고 말한다. 런치에는 야키니쿠를 세트로 값싸게 즐길 수
있다. 또 얼큰하고 진한 소고기국 세트는 속을 풀어주게끔 잘 끓여 내와 한
국음식과 매우 유사한 형태를 띠고 있다.

|평|가|점|수|

맛	★★★★☆
분위기	★★★☆☆
서비스	★★★☆☆
벤치포인트	★★★☆☆

갈비

밑반찬

● 추천대상 ●
일본식 야키니쿠 성공사례,
어려운 입지에서 성공한 고
깃집을 보고 싶은 분

● 포인트 ●
☑ 최상품 고기
☑ 무연 로스터 ☑ 고급접대

|기|본|정|보|

메뉴 갈비 1,200엔, 하라미 1,200엔, 호르몬 850엔, 특상 탕(소 혀) 2,500엔
　　　특선갈비 3,000엔, 특선 모듬 세트 5,000엔부터
　　　런치세트 800~900엔(야키니쿠+밥+스프+김치)
주소 도쿄도 미나토쿠 미나미아자부 4-11-26 지하 1층
　　　(東京都 港区 南麻布 4-11-26 南麻布 ビル B1F)
영업시간 11 : 30~14 : 00, 디너 17 : 00~24 : 00
휴무 연중무휴
전화 03-3442-0729
가까운 역 남북선(南北線) 또는 미타선(三田線) 시로가네다카나와역(白金高輪駅) 10분
　　　히비야선(日比谷線) 히로오역(広尾駅) 15분
홈 페이지 http://www.kirakutei.net/

독특한 소스로 일본인을 사로잡은 교포형 야키니쿠

야키니쿠 다이키 燒肉 大喜

도요스역(豊洲駅)에서 걸으면 15분 이상, 택시로는 기본요금의 거리. 역에서 쉽게 갈만한 거리가 아님에도 불구하고 늘 고객들로 넘치는 고깃집이다. 안에 들어가면 일본 연예인 사인이 꽤 걸려있다. 재일교포 이원길 오너는 고객

의 95%가 일본인이라고 말하며 인기의 첫 번째 비결은 고기를 재우는 소스라고 단언한다. 일본 현지 야키니쿠처럼 달지도 않고 한국갈비양념처럼 진하지도 않은 그 중간쯤 되는 농도에 약간 고추기름 같은 붉은 기가 도는 소스가 비밀의 노하우란다. 어쨌든 이 맛에 매료된 단골들은, 작은 고깃집을 늘 혼잡하게 만든다. 홀과 주방을 부부가 책임지고 있어 맛에 일관성이 있다. 가격도 합리적이다.

메뉴특성

야키니쿠를 좋아하는 소위 선수급 고객들은, 우선 레바(간) 사시미와 육회를 먹은 뒤 고기를 굽기 시작한다. 하라미(횡경막), 탕(혀), 미노(제1 위장) 등을 중심으로 먹으며 일반적인 고기로는 로스와 갈비를 시켜 먹는다. 한국의 고깃집과 비교해 볼 때, 일반 고기와 내장류가 혼합되어 있는 형태이다. 고기는 시오(소금)나 타래(양념)를 선택할 수 있는데 하라미를 주문한다면 시오로 즐기는 것이 제격이다.

|평|가|점|수|

맛 ★★★★☆
분위기 ★★☆☆☆
서비스 ★★★☆☆
벤치포인트 ★★★★☆

갈비

내장무침

● **추천대상** ●
일본인 입맛에 맞춘 교포형 야키니쿠 맛에 관심 있는 사람

● **포인트** ●
☑ 특제소스 ☑ 교포운영
☑ 내장구이 ☑ 부부운영

|기|본|정|보|

메뉴 미노 900엔, 특상 하라미 1,350원, 갈비 1,260엔, 특선 1,600엔, 육회 1,000엔
　　　탕 1,600엔, 호르몬 650엔, 대구탕 우동 900엔, 곰탕국밥 800엔
주소 도쿄도 고토쿠 에다가와 1-11-12(東京都 江東区 枝川 1-11-12)
영업시간 [월-토] 런치 11 : 30~13 : 30, 디너 17 : 00~22 : 30 [일] 17 : 00~22 : 30
휴무 화요일
전화 03-3647-8256
가까운 역 유락쵸선(有楽町線) 토요스역(豊洲駅)에서 15분(택시로 기본요금)

내장 요리 마니아가 추천하는 곳

야마다야 山田屋

도쿄 신주쿠(新宿) 근처의 신오오쿠보(新大久保)가 규모면에서 제일 큰 코리아타운이라면 미카와시마역(三河島駅) 근처는 전쟁 후 남게 된 제주도 출신의 한국인을 중심으로 만들어진 코리아타운이라고 볼 수 있다. 이 근처에 위치한 내장요리집 야마다야. 내장은 고기와 같이 등급이 구분되어 있지 않기 때문에 돈을 많이 준다고 해도 좋은 부위를 납품 받을 수 있다는 보장이 없다. 옛날에는 이런 현상이 더욱 심했다. 그래서 버려지거나 등급조차 없는 내장을 요리로 먹고 만들어 파는 일이, 생활이 어려웠던 한국인들이 많이 살던 동네에서 더욱 번창할 수밖에 없었다. 미카와시마(三河島)에서는 일본에서 호르몬(내장)을 식자재로서 인식하기 전부터 호르몬 요리를 해왔고 독자적인 호르몬 공급라인을 가지고 전문요리집이나 한국식당들이 주로 운영하고 있었다.

메뉴특성

메뉴가 어렵다. 일본인이라도 야키니쿠나 고기 부위에 관심 없는 사람이라면 잘 모를 것 같은 용어들이다. 소는 물론이고, 무균이라며 돼지고기도 사시미나 무침으로 나온다. 돼지고기 자궁인 코부로코, 소의 미노(제 1위장), 하라미(횡경막), 그리고 일반적인 로스부위 등 메뉴가 다양하다. 만일 야키니쿠에 관심이 많은 사람이라면 재료의 용어를 알고 가자. 고기 및 내장의 신선도에 비해 가격이 저렴하다.

● 추천대상 ●

일본의 내장 요리, 대중적 야키니쿠 구성에 관심 있는 분

● 포인트 ●

☑ 생 돼지고기 회
☑ 내장구이 ☑ 야키니쿠

|기|본|정|보|

메뉴 레바(간) 사시미 800엔, 특상 갈비 2,300엔, 상 갈비 1,800엔, 갈비 1,100엔
돼지호르몬 · 각종 부위 700엔~900엔, 각종 스프(국) 550~1,000엔
주소 도쿄도 아라카와쿠 히가시닛포리 3-18-10(東京都 荒川区 東日暮里 3-18-10)
영업시간 [화-토] 런치 12 : 00~14 : 00, 디너 17 : 00~22 : 00
휴무 일요일, 월요일
전화 03-3807-6787
가까운 역 JR 미카와시마역(JR 三河島駅)에서 10분

연한 간장국물 베이스의 관서 전통 오뎅

오오타후쿠 大多福

아담한 옛 일본 주택에 들어서는 느낌으로 오랜 역사를 가늠케 한다. 입구부터 카운터가 넓게 펼쳐져 있고 그 안쪽으로는 오뎅 시루 안에서 각종 오뎅 재료들이 끓고 있다. 카운터 양쪽으로는 큰 좌식 방이 넓게 펼쳐져 있고 2층도 있다. 오사카(大阪)에서 하던 오뎅집을 1915년에 이곳으로 옮겨왔단다. 3대째인 주인장과 그 형제 삼남매, 그리고 부인들까지 모두 이 오뎅집에서 일하고 있다. 오뎅집에 그 많은 식구가 붙어 일하며 먹고 살 수 있냐고? 말이 오뎅집이지 안으로 들어가면 꽤 넓은 식당이다. 큰 아들은 일본의 유명한 요리학교 '츠지'(辻調理師専門学校)를 졸업하고 아버지의 업을 잇고 있다. '츠지'에서 그와 함께 공부했던 나의 지인은 그 당시 반에서 '오오타후쿠' 집 아들이라면 부잣집 학생으로 통했다고 전해준다. 오뎅의 대표 계절은 당연히 겨울인데, 이 집은 여름에도 맛있는 오뎅으로 알려져 있다. 간장베이스 국물이어서 진해 보이지만 국물을 마셔보면 빛깔에 비해 간이 약한 것을 알 수 있다. 이것이 도쿄(관동, 関東)와 다른 관서(関西)의 맛이라고 설명해 준다.

메뉴특성

일본 오뎅의 내용물은 매우 다양하다. 간장 맛이 잘 배인 무, 다시마 말이, 당근, 구운 두부, 치쿠와(우리가 말하는 오뎅에 가장 가까운 것) 등은 말할 것도 없고 문어, 낙지, 마구로(참치)와 파 꼬치, 고사리까지 다양하다. 특히 '한뺀' 이라는 흰살 생선과 달걀흰자로 가볍고 폭신하게 만든 빵같이 생긴 것도 별미이다. 그리고 유부 안에 은행, 버섯 등이 들어간 주머니, 모찌가

맛　★★★★☆
분위기　★★★★☆
서비스　★★★☆☆
벤치포인트　★★★★★

오뎅(무와 구운두부)

유부주머니 오뎅의 단면

● 추천대상

노포 성공사례, 고단가 코스로 매출을 유지하는 노하우를 보고 싶은 분

● 포인트

☑ 관서오뎅　☑ 차메시고향
☑ 대가족형 점포
☑ 디너코스

들어간 주머니 등 다양하다. 오뎅을 다 즐긴 뒤
'차메시고항(茶가 들어간 밥이란 의미이나 이 집
에서는 이름의 참의미와 다르게 나옴)'을 꼭 주
문해 보길. 차가 들어간 밥이 아니라 간장과 다시
마 우린 물로 지어서 밥이 갈색이 나기 때문에 이
름을 이렇게 지었다고 한다. 차메시고항을 시켜
서 2/3는 츠케모노(무, 오이 등의 채소절임)와 함
께 즐기고 남은 밥은 오뎅 국물을 부어 즐기면 마
지막이 깔끔하다.

그날의 오뎅 국물은 매일 걸러서 기름기와 찌꺼
기를 없애고 다음날 새로운 국물과 합쳐진다고 하니 카운터 앞의 오뎅 국
물은 그 역사가 한 없이 길고도 길다. 오뎅 하나만으로는 객단가가 낮기에
이 점포는 디너에는 사시미를 포함한 코스 메뉴를 만들어 단체를 받고 있
다. 그러다보니 제대로 먹고 마시면 1인당 1만 엔까지도 나오곤 한다.

| 기 | 본 | 정 | 보 |

메뉴 오뎅 1개 110~530엔(35-40여 종류),
　　　코스(사시미, 오뎅 등 8가지) 5,250엔, 사시미(1인분) 1,900엔
주소 도쿄도 다이토쿠 센조쿠 1-6-2(東京都 台東区 千束 1-6-2)
영업시간 [3월-9월] [월-토] 17 : 00~23 : 00　[일 · 공휴일] 17 : 00~22 : 00
　　　　　[10월-2월] [월-토] 17 : 00~23 : 00　[일 · 공휴일] 16 : 00~22 : 00
휴무 일요일(공휴일일 경우 월요일 휴무)
전화 03-3871-2521
가까운 역 JR 이리야역(入谷駅)에서 10분
홈 페이지 www.otafuku.ne.jp

이곳을 빼고 도쿄의 비스트로를 말할 수 없다

오자미 듀 방 オザミデヴァン / AUX AMIS DES VINS

비스트로의 올드스타로 와인을 좋아하고 비스트로를 즐기는 사람이라면 누구나 '아~~그 곳!' 하며 알 정도이다. 3층으로 되어 있어도 늘 붐비기 때문에 좌석이 있을지 늘 걱정이다. 언뜻 보면 작은 골목에 비닐 천

막이 쳐져 있는 긴자의 옹색한 식당처럼 보일 수 있지만, 레스토랑 내부의 내공은 장난이 아니다. 테이블과 테이블 사이는 좁고 별 특별한 장식도 없는데, 분주하게 움직이며 와인 병 코르크를 따는 스태프들과 제각기 흥겨운 테이블의 손님 모두가 어우러져 파리의 비스트로를 방불케 한다. 좋은 와인을 많이 구비해 놓았고 와인 가격도 적당하다는 것이 인기의 비결 중 하나이다. 서비스 스태프들의 와인이나 음식에 대한 지식수준도 높다. 평일은 새벽2시까지 하므로 2차, 3차도 가능하다.

메뉴특성

맨 처음 갔을 때 가장 놀라왔던 것은 치즈 안주였다. 많은 인원이 함께 갔기 때문에 네 접시의 치즈가 나왔는데 치즈 종류만 10여 가지 이상에 그 치즈에 맞춘 꿀과 잼의 매칭 실력이 놀라웠다. 와인은 300여 가지를 갖춰놓고 있고 그 중에서도 프랑스의 꼬드드론과 부르고뉴와인이 매우 충실하다. 음식은 코스도 있으나, 알라카르테(일품요리)를 주문해 와인을 마시는 사람들이 많은 편이다.

|기|본|정|보|

메뉴 디너코스 5,000엔, 런치 세트 1,800엔부터(토 · 공휴일만), 샐러드 900엔, 메인 알라카르테 1,500~1,700엔, 서비스료 10%
주소 도쿄도 주오쿠 긴자 2-5-6(東京都 中央区 銀座 2-5-6)
영업시간 17 : 30~02 : 00(토 · 공휴일 24 : 00까지)
휴무 일요일
전화 03-3567-4120
가까운 역 지하철 긴자역(銀座駅)에서 5분, JR 유락초(JR 有楽町駅)에서 7분
홈 페이지 http://www.auxamis.com/

|평|가|점|수|

맛 ★★★★☆
분위기 ★★★☆☆
서비스 ★★★★☆
벤치포인트 ★★★★☆

모둠치즈

로스트비프

● **추천대상** ●
와인구성이 훌륭한 비스트로 운영에 관심 있는 분. 비스트로와 바의 서비스에 관심 있는 분

● **포인트** ●
☑ 와인구성 ☑ 분위기
☑ 스태프 ☑ 치즈구색

파리의 분위기를 느낄 수 있는 참신한 비스트로

르 누가 ル・ヌガ / LE NOUGHT

밖에서 보면 카페같이 보이나, 안에 들어가면 입구에 작은 테이블이 있고 바로 앞에 오픈 주방이 보인다. 그리고 높은 천정의 2층으로 안내되면 영락없이 파리의 비스트로에 들어온 기분이 된다. 오픈한 지 얼마 안 되어 가보았는데, 서비스와 분위기, 메뉴특성, 와인리스트가 범상치 않아 보였다. 알고 보니 유명한 프렌치 레스토랑 '시노와(chinois)' 의 자매점이란다. 뉴욕이나 도쿄에 이미 자리 잡은 유명한 프렌치 레스토랑들이 가장 많이 오픈하는 형태가 자매점 비스트로인데, '누가' 도 그중 하나이다. 이 집의 지배인은 '시노와' 오너의 부인으로 무척 미인(美人)이다. 고객도 여성 비중이 높은 편이다.

메뉴특성

메뉴는 60여종 정도로 다양하며 양도 많고 재료도 신선하다. 남프랑스와인, 보르도세컨드와인 등 넉넉한 와인리스트가 준비되어 있다. 와인도 음식도 충분하니 서로간의 매칭 테스트도 가능하다. 특히 소시지모둠(charcuterie)에는 소시지, 파테(pate, 원래는 가금육이나 돼지의 간, 생선 등에 파트라라는 밀가루 반죽을 입혀 오븐에 구워낸 것이나 밀가루를 사용하지 않는 것도 많다.), 테린(terrine, 육류나 야채 등을 틀에 넣어 젤리처럼 굳힌 요리)등이 나온다. 프랑스식을 많이 따르고 있지만 식사류만은 오므라이스 등 친숙한 일본의 대중적인 단품을 넣고 있다.

|기|본|정|보|

메뉴 전채 1,000엔 미만, 육류 요리 2,000엔부터,
　　　 머슈룸크레송 샐러드 1,470엔, 오므라이스 1,890엔
주소 도쿄도 주오쿠 긴자 6-12-2(東京都 中央区 銀座 6-12-2 東京銀座ビル 1F)
영업시간 [월-금] 17 : 30~01 : 00(L.O 01 : 00)　[토요일] 12 : 00~02 : 00(L.O 01 : 00)
　　　　　 [일 · 공휴일] 12 : 00~23 : 00(L.O 22 : 00)
휴무 연중무휴
전화 03-6254-5105
가까운 역 히비야선(日比谷線)히가시긴자역(東銀座駅)에서 5분, 각선 긴자역(銀座駅)에서 7분
홈 페이지 http://lenougat.jp/index.htm

돼지머리와 족발 파테

소시지모둠

|평|가|점|수|

맛　　　　　★★★★☆
분위기　　 ★★★★☆
서비스　　 ★★★★☆
벤치포인트 ★★★★☆

● 추천대상 ●
아늑한 분위기의 비스트로에 관심 있는 분

● 포인트 ●
☑ 메뉴특성　☑ 와인리스트
☑ 여성 취향　☑ 볼륨감

인적 드문 뒷골목에서 새어나오는 불빛

비스트로 모르 ビストロ·モール / BISTRO MHOLL

그날의 샐러드

포토푀

● 추천대상 ●
한적한 곳에 점포 오픈을 구
상하고 계신 분, 비스트로의
음식과 분위기에 관심 있는
사람

● 포인트 ●
☑ 가정 요리 ☑ 오픈주방
☑ 오너셰프

이곳을 찾은 날은 비가 부슬부
슬 내리던 날이었다. 들어서면
바로 앞에 카운터가 있고 그 뒤
로는 오픈 주방이 있다. 카운터
를 거쳐 들어가면 테이블이 나
온다. 이곳은 야마모토(山本洋
史) 셰프가 서버인원 한 명을 두
고 혼자 모든 요리를 맡아 하는
작은 비스트로다. 주방이 오픈
되어 있으므로 셰프의 움직임을

다 볼 수 있어 재미있다. 서울에 비유하자면 홍대나 가로수길의 대로에서
는 많이! 떨어져 인적이 적은 뒷골목에서 불빛을 밝히고 있는 비스트로 같
다. 술도 적당히 팔고 수제 음식도 만들어 파는 곳에 관심이 있다면 참고할
만한 점포이다.

메뉴특성

비가 내리는 날, 술도 그립고 국물도 그리워 주문했던 와인 한 잔에 포토푀
(pot-au-feu, 고기, 야채가 들어간 가정식 스프). 기름기 없는 소의 볼살
과 우엉, 무, 당근, 샐러리, 감자가 큼직큼직 들어간 맑은 스프다. 포토푀는
오래 끓인 국물요리로 프랑스의 겨울 가정요리라고 볼 수 있다. 긴 유럽의
겨울, 가정에서 여러 가지 재료를 이용하여 끓인 맑은 스프로, 어릴 적 엄마
가 맑게 끓여 준 쇠고기무국이 생각날 정도였다. 어떤 요리를 시켜도 모두
들어서기 전의 기대치보다는 만족감이 높은 편이다.

|기|본|정|보|

메뉴 알라카르테 600엔부터(메인 1,500엔 내외), 포토푀(2-3인분) 3,500엔
　　　와인(병) 3,300엔부터, 와인(글라스) 500엔부터, 런치 1,000엔부터
주소 도쿄도 시부야쿠 에비스 2-17-18 (東京都 渋谷区 恵比寿 2-17-18 小海ハイツ 1F)
영업시간 12：00~14：00(L.O), 18：00~02：00(L.O)
휴무 부정기적
전화 03-5789-4366
가까운 역 히비야선(日比谷線) 히로오 (広尾駅)역에서 12분, JR 에비스역(JR 恵比寿駅)에서 15분
홈 페이지 http://mholl.seesaa.net/

라 피초리 도 루 루 ラ ピッチョリードルル / LA PITCHOULI DE LOU LOU

프렌치레스토랑으로 유명한 '셰토모(Chez Tomo)'의 자매점이다. 적당히 어두운 조도에 전체적으로 나무소재를 사용했기 때문에, 처음 들어가 앉아도 1시간 전부터 앉아 있던 것 같은 기분이 든다. 이름이 길고 어려운데 '라피초리' 는 프랑스와 스페인에 걸쳐 있는 '바스크(Basque)' 지방의 편안한 브라세리(Brasserie, 점심과 저녁시간에 구애받지 않고 술과 밥을 파는 프랑스의 캐주얼 식당)의 의미란다. 자리에 앉으면 커다란 접이식 칠판을 들고 와서 메뉴를 선택할 수 있게 하는 것이 인상 깊다. 밤늦게까지 영업하는데 늦은 밤, 편한 술과 밥을 먹고 싶은 사람들에게 매우 인기가 좋다. 그런데 지하철역에서 15분은 족히 걸리기 때문에 작정하고 걸어가야 된다.

메뉴특성

이곳의 셰프는 당연히 '셰토모' 레스토랑에서 수련 기간을 거쳤기 때문에 요리를 먹으면 일반 비스트로와 달리 탄탄한 기본기가 느껴진다. 돼지발과 돼지 귀를 우리나라의 족편처럼 만든 것에 에샬롯(프랑스의 양파종류)과 상큼한 소스가 곁들여 나오는 이 집의 인기 메뉴를 먹어 보면 '아, 비스트로 음식이구나' 하는 느낌이 팍팍 온다. 배가 출출하다면 오믈렛이나 깔끔한 생크림 맛의 감자그라탕도 제격이다.

|평|가|점|수|

맛	★★★★☆
분위기	★★★★☆
서비스	★★★☆☆
벤치포인트	★★★★★

파테

돼지발 & 돼지귀 요리

● 추천대상

프랑스 향토색 짙은 인테리어 및 조명에 관심 있는 분, 비스트로 메뉴 개발에 관심 있는 분, 와인리스트 및 리스트북에 고심하는 분

● 포인트

☑ 깔끔메뉴　☑ 인테리어
☑ 와인리스트

|기|본|정|보|

메뉴 돼지발과 돼지 귀를 젤리화한 요리 990엔, 수제 소시지 로스트 1,150엔, 야마나시현(山梨県) 유기농 야채 그린 샐러드 750엔, 오리콩피 1,800엔, 와인(글라스) 800엔부터
주소 도쿄도 시부야쿠 에비스 2-23-3 1층(東京都 渋谷区 恵比寿 2-23-3 1F)
영업시간 19：00~L.O 3：00
휴무 월요일
전화 03-3440-5858
가까운 역 히비야선(日比谷線) 히로오(広尾駅)역에서 12분, JR 에비스역(JR 恵比寿駅)에서 15분
홈 페이지 http://www.chez-tomo.com/loulou/index.html

유기농 와인이 있는 소믈리에의 아담한 공간

르 갸르손 드 라 비뉴

ル・ギャルソン・ドゥ・ラ・ヴィーニュ / LE GARCON DE LA VIGNE

약간 내려간 반지하의 공간이지만, 지하라는 답답함보다는 오히려 더욱 아담하게 느껴진다. 문도 활짝 열어놔서 언제나 편하게 들어오라고 손짓하는 듯하다. 소믈리에 겸 오너인 이이노(飯野瑞樹) 씨는 다른 레스토랑에서 소믈리에를 했던 경험을 가지고 프랑스로 넘어가 2년간 본격적으로 와인 만드는 공부를 하고 돌아온 케이스이다. 특히 자연와인(포도를 자연농법으로 재배하고 최대한 첨가물을 배제한 와인)에 관심을 쏟아 본인의 비스트로에도 자연와인을 많이 구비해 놓고 있다. 포도 재배를 공부한 까닭에 가게 이름도 '포도밭의 남자' 라는 뜻의 프랑스어다.

메뉴특성

다른 비스트로에 비해 알라카르테의 수가 다소 적어 보이나 어떤 메뉴를 주문해서 안정감이 있다. 제철을 맞은 '호타루이카(꼴뚜기)' 와 유채에 마스터드소스를 가미한 샐러드는 십분 계절감을 느끼게 한다. '하코네(箱根)산 돼지로스트' 는 야들야들하여 와인과 잘 어울리는 요리이다. 물론 와인 선택은 음식에 맞춰 '포도밭의 남자' 가 잘 골라주니 걱정하지 않아도 되나, 음식 가격에 비해 와인 가격은 다소 높은 편이다.

| 평 | 가 | 점 | 수 |

맛 ★★★★☆
분위기 ★★★⯪☆
서비스 ★★★⯪☆
벤치포인트 ★★★☆☆

● **추천대상** ●
소믈리에 겸 오너가 운영하는 비스트로에 관심 있는 분, 반지하의 효율적 구성의 인테리어에 관심 있는 분

● **포인트** ●
☑ 유기농와인 ☑ 소믈리에
☑ 인테리어 ☑ 반지하

| 기 | 본 | 정 | 보 |

메뉴 런치코스 1,200엔 / 1,600엔 / 2,800엔, 디너코스 3,800엔 / 6,000엔
각종 전채류 1,500엔, 메인(생선, 각종 육류) 2,200엔
주소 도쿄도 시부야쿠 히로오 5-17-11(東京都 渋谷区 広尾 5-17-11)
영업시간 12 : 00~14 : 00(L.O), 18 : 00~23 : 00
휴무 일요일
전화 03-3445-6626
가까운 역 히비야선(日比谷線) 히로오역(広尾駅) 에서 4분
홈 페이지 http://www.le-garcon.jp/

콘 콤브르 コンコンブル / CON-COMBRE

입구의 창문에 흰색 페인트로 쓴 프랑스어 메뉴가 가득하다. 우리나라 동네 밥집 출입문에 동태찌개, 청국장 등이 쓰여 있는 것과 마찬가지라고나 할까. 안에 들어가면 빨간 의자, 빨간 테이블클로스부터 시작해 전체 분위기가 영락없이 프랑스의 편한 선술집이다. 이토우(伊藤宏之) 셰프는 어깨에 힘주는 프렌치가 아니라 누가 먹어도 친근한 분위기를 느끼게 하고 싶다는 것이 일관된 주장이다. 거기에 가격도 본고장과 다름없는 거품을 뺀 가격 그대로를 유지하기 위해 노력한단다. 점심은 줄서서 기다렸다 먹어야 하고 저녁은 서둘러서 예약해야 될 정도로 인기다. 점심은 2회전 이상을 하고 있다.

메뉴특성

파테, 슈프로트(양배추절임), 로스트치킨 등 비스트로적인 메뉴를 주문해서 캐주얼한 와인과 함께 먹으면 제격이다. 런치도 너무 만족스럽다. 1,000엔부터 시작하는 원트레이(one-tray)방식이다. 그날의 메인(닭다리 크림소스 조림, 다진 쇠고기가 들어간 토마토구이 등), 샐러드, 빵, 디저트, 커피까지 함께 나온다. 만일 1,000엔 세트에 나오는 메인 두 가지를 모두 먹고 싶다면 500엔만 더 내면 된다. 점심 글라스와인은 200엔(초미니 와인잔)에 마실 수도 있으니 생각할 수 없는 가격에 런치프렌치 정찬을 먹는 기분이다.

|기|본|정|보|

메뉴 점심세트 1,000~1,8000엔, 디너코스 3,800엔. 간단 메뉴 400엔부터,
　　　알라카르테(단품요리) 1,500엔 내외
　　　와인(글라스) 500엔부터, 와인(병) 2,300엔부터
주소 도쿄도 시부야쿠 시부야 1-12-24(東京都 渋谷区 渋谷 1-12-24 707 渋谷ビル 1F)
영업시간 11：30~14：00, 17：00~22：30
휴무 연중무휴
전화 03-5467-3320
가까운 역 JR 시부야역(JR 渋谷駅)에서 6분

|평|가|점|수|

맛 ★★★☆☆
분위기 ★★★☆☆
서비스 ★★★☆☆
벤치포인트 ★★★★☆

닭다리 크림소스 조림

● 추천대상 ●
프랑스 분위기를 충분히 살린 비스트로에 관심 있는 분

● 포인트 ●
☑ 친근한 프렌치　☑ 가격
☑ 런치세트　☑ 분위기

비스트로 비비엔느 ビストロ・ヴィヴィエンヌ / BISTROT VIVIENNE

새먼 커틀릿

로스트비프

● 추천대상 ●
일상적인 프랑스 요리를 취급하는 소규모 비스트로에 관심 있는 분

● 포인트 ●
☑ 소믈리에 ☑ 소규모
☑ 프랑스 요리

비비엔누의 오너 '사이토(斉藤順子)' 씨는 예전에 파리의 비스트로에서 소믈리에로 일한 바 있고 일본의 와인매체에도 심심치 않게 등장하는 와인전문가이다. 그녀는 긴자의 '비스트로 라 마리지엔느 (La Marie Jeanne)'의 공동 운영자였다. '마리지엔느' 는 다양한 와인을 일괄 3,900엔에 판매하는 비스트로로, 와인바를 찾는 이들에게는 유명한 긴자의 명소이다. 그러던 그가 2008년 3월 호흡을 맞출 수 있는 소믈

리에와 셰프를 만나, 긴자 가부키좌 (歌舞伎座)극장 옆길에 독자적으로 둥지를 튼 곳이 바로 비비엔느이다. 매장 위치가 긴자와 츠키지시장에서 멀지 않기 때문에 소규모 비스트로의 샘플로 국내 음식전문가들을 모시고 안내했던 곳이기도 하다.

메뉴특성

4,000엔~6,000엔 정도의 와인 가격에 맞춰서 먹을 수 있는, 일상적인 프랑스 요리라고 생각하면 된다. 퍽퍽하지 않은 '시골풍 파테(pate, 가금육이나 돼지의 간, 생선 등에 파트라는 밀가루 반죽을 입혀 오븐에 구워낸 것이나 밀가루 사용하지 않는 것도 많다.)' 는 어떤 와인과도 잘 맞는 안주감

부단노와르와 구운사과

시골풍파테

이다. '부단노와르(boudinnoir)' 는 돼
지 피에 다른 야채가 들어간 우리의 옛
날 맛 순대의 프랑스 버전으로 농후한
맛이 일품이다. 촉촉하면서도 기분 좋게
흩어지는 '쿠스쿠스 (Cous Cous, 북아
프리나와 유럽의 지중해권에서 즐겨먹
는 음식으로 파스타를 만들 때 쓰는 점
성이 없는 밀가루 세몰리나 드럼에서 추
출한 것으로 보기에는 좁쌀같이 보임)는
직접 만든 소시지와 함께 먹게 나온다.

양고기로스트

와인을 어느 정도 마시고 취기를 다소 추스리고 싶을 땐, '어니언그라탕스
프' 을 꼭 주문해보자. 뜨거운 온도를 제대로 맞춰 나오는데, 구운 양파의
단맛이 술 마신 노곤함을 개운하게 풀어 준다.

| 기 | 본 | 정 | 보 |

메뉴 와인(글라스) 800엔부터, 어니언그라탕스프 800엔, 부단노와르 1,100엔,
   파테 1,000엔, 런치세트 1,050엔부터
주소 도쿄도 주오쿠 긴자 4-13-19(東京都 中央区 銀座 4 丁目 13-19)
영업시간 11 : 30~13 : 30, 18 : 00~22 : 00(마감시간은 다소 유동적)
휴무 일요일
전화 03-6273-2830
가까운 역 히비야선(日比谷線) 히가시긴자역(東銀座駅)에서 2분

중년 남성에게 인기 있는 일본풍 비스트로

비스트로 보쥬 ビストロ ヴォージュ / BISTRO VORGE

문어샐러드

파테

● 추천대상 ●

안주부터 식사메뉴까지 현지화된 비스트로에 관심 있는 분

● 포인트 ●

☑ 일본풍 양식
☑ 다양한 메뉴
☑ 남성 취향　☑ 작은 맛집

카운터 앞의 음식들

리에토와 구운토스트

긴자(銀座) 대로 뒷골목의 좁은 골목길, 여러 개의 식당과 바(bar)가 다닥다닥 들어서 있는 평범한 건물 안에 있는 작은 밥집풍 비스트로. 유사한 건물 틈에 끼어 있어 처음 갈 때는 일본 현지인들도 헤매곤 한다. 12명이 앉을 수 있는 카운터와 두 개의 테이블이 전부이다. 카운터에는 그날의 메뉴인 안주감들이 큰 접시에 담아져 있어, 코앞에 보이는 접시의 음식을 콕 찍어서 주문해도 된다. '예쁘고 아기자기' 와는 거리가 먼, 다소 아저씨들의 털털함이 느껴지는 분위기이다. 이곳은 어떤 장르의 수식어를 붙여도 소화해낼 것 같은 점포이다. 비스트로, 바, 일식형 밥집, 스낵 등등. 그래도 한가지로 정리하라면 일본식이 가미된 아저씨풍 비스트로라고 말할 수 있겠다. 오너가 건너편 바(bar)도 함께 운영하기 때문에 손님이 넘치면 바로 앞 가게로 안내하고 술과 음식은 보쥬에서 가져다가 즐기게 한다. 그래도 분위기까지 제대로 즐기려고 한다면 보쥬로 가는 것이 좋다.

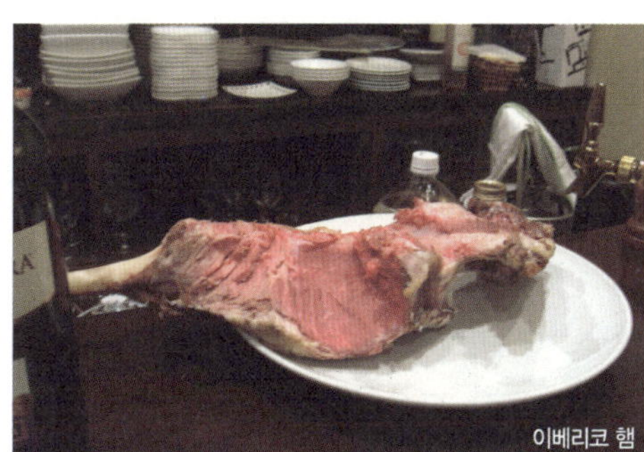
이베리코 햄

메뉴특성

비스트로에 가면 습관적으로 주문하게 되는 것
이 그 집에서 직접 만든 파테(pate, 가금육이나
돼지의 간, 생선 등에 파트라라는 밀가루 반죽
을 입혀 오븐에 구워낸 것이나 밀가루 사용하
지 않는 것도 많다.). 언뜻 보면 생고기인가 싶
은 붉은색의 두툼한 파테가 나오는데 씹히는 질감도 있고 고기 맛이 풍부
하다. 이것이야말로 프랑스에 있는 작은 읍내 장날(?)의 맛이 아닐까 싶다.
계절 생선인 아지(정갱이)와 매실이 들어간 리에토(rilletes 돼지, 토끼, 닭
등의 지방을 조려서 만든 페이스트)는 구운 토스트와 함께 나와 발라먹는
다. 약간 비린 듯한 아지와 매실을 섞어서 먹으면 묘한 맛이 나는데 의외로
와인과 함께 먹기엔 심심치 않은 맛이다. 일본의 양식집처럼 오므라이스,
스파게티 등 식사 종류도 많다. 뭘 시켜도 두 명이 거뜬히 먹을 양이고 촉촉
하게 기름진 맛으로 알차다.

| 기 | 본 | 정 | 보 |

메뉴 런치세트(파스타 또는 메인, 샐러드, 스프, 커피) 1,000엔
각종 요리 1,000엔부터, 파스타 1,200엔부터
와인 3,000엔부터(소비세 별도)
주소 도쿄도 주오쿠 긴자 6-4-16 花椿빌딩 2층(東京都 中央区 銀座 6-4-16 花椿ビル 2F)
영업시간 11 : 30~14 : 00, 18 : 00~23 : 00
휴무 일요일, 공휴일, 둘째 주 토요일
전화 03-3574-2075
가까운 역 지하철 긴자역(銀座駅) 또는 JR 유락초역(JR 有楽町駅)에서 10분 안팎

바게트가 명물인 브라세리

브랑제리 파티스리 비론 시부야점

ブーランジェリー・パティスリー・ヴィロン 渋谷店 / BOULANGERIE PATISSERIE VIRON

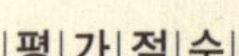

바케트

니스풍샐러드

● 추천대상 ●

긴 영업시간에 따른 다양한
형태의 운영방식에 관심 있
는 분

● 포인트 ●

☑ 영업형태　☑ 명물 바게트
☑ 메뉴구성　☑ 모닝세트

10대, 20대가 넘쳐 늘 혼잡한 시부야역
(?谷?)에서 도쿄백화점 본점으로 걸어
가면 빨간 파사드 빵집이 나온다. 1층은
빵집, 2층은 브라세리(Brasserie, 점심
과 저녁시간에 구애받지 않고 술과 밥을
파는 프랑스의 캐주얼 식당). 2층으로
올라가는 입구는 늘 몇 명쯤 앉아서 대
기하는 손님이 있고 그 옆엔 대기자 이
름이 적힌 종이가 있다.

이른 시간이 아니고서는 어느 정도 기다
리는 게 보통이다. 프랑스의 제분회사'VIRON' 의 '레토르도르' 라는 밀가
루를 사용한 바게트는 도쿄 내 프랑스빵의 진수로 소문이 나 있다. 시부야
점과 도쿄점 두 개 점포에서 하루에 굽는 바게트만 약 800~900개라고 한
다. 그 바게트를 기본으로 해, 2층의 브라세리는 하루 종일 여러 장르의 식
당 형태를 거치게 된다.

진한 갈색 테이블에 빨간 의자와 천정 그리고 나무 칸막이 등 프랑스의 편
한 카페나 브라세리를 연상시키는 분위기이다.

메뉴특성

오전의 모닝타임에는 빵에 집중할
수 있는 세트가 준비되어 있다. 바구
니에 바게트, 크루아상, 곡물이 들
어간 빵 등이 가득 채워져 나오고
6-7여 가지의 잼, 꿀과 함께 커피나
홍차를 즐길 수 있다. 빵을 좋아하는
사람이라면 가슴 뿌듯한 한 상이 아
닐 수 없다. 그 뒤 런치는 메뉴판에
있는 기본 메뉴 외에 그날의 메뉴가
적힌 칠판을 가져와 부연설명을 더
하는 방식이다. 메인에 빵과 음료를

즐기는 코스(2,100엔)와 거기에 디저트나 전채를 한 가지 더 추가할 수 있
는 코스(2,940엔)가 있다. 겉은 딱딱한데 안은 찹쌀떡 같이 쫀득쫀득한 느
낌의 바게트에 치킨이 들어간 니스 풍 샐러드, 홍차 한잔이면 만족스러운
포만감이 느껴진다. 거기에 디저트를 더하고 싶다면, 계절 과일이 컴포트
(compote, 과일을 시럽에 졸인 것)된 파르페(예 : 피치 멜바)를 주문하면 더
없는 호사이다. 점심이 끝나면 일반적인 음료와 디저트를 제공하는 카페
타임이고 그 뒤 디너가 시작된다. 디너는 보르도나 부르고뉴 등 각 지역의
와인과 파테, 샐러드, 돼지고기 등 여러 가지 육류 요리를 주문하여 즐기는
방식이다. 메뉴 하나하나가 다소 비싸다는 생각도 들긴 하지만 양이 충분
해 2-3명이 가서 골고루 시킨 후 빵과 요리와 술을 즐기면 어느 정도 식대
절약이 될 것 같다.

파르페

| 기 | 본 | 정 | 보 |

메뉴 모닝세트 1,260엔, 런치코스 2,100엔/2,940엔,
　　　디너(전채부터 메인까지, 알라카르테) 1,000-4,000엔
주소 도쿄도 시부야쿠 우타가와초 33-8(東京都 渋谷区 宇田川町 33-8 塚田ビル 1F)
영업시간 9 : 00~12 : 00(L.O 11 : 00), 12 : 00~15 : 00(L.O 14 : 00),
　　　디너 19 : 00~24 : 00(L.O 22 : 30), 카페 9 : 00~18 : 00(L.O 17 : 00)
휴무 연중무휴
전화 03-5458-1770
가까운 역 JR 시부야역(JR 渋谷駅)에서 5분

합리적인 가격의 놀라운 와인리스트

구엔 グエン / NGUYEN

하마마츠초역(浜松町駅) 근처는 긴자(銀座)에서도 시나가와(品川)에서도 멀지 않은 도심임에도 불구하고 샐러리맨들에게는 흔한 이자카야 밖에 없는 세련되지 못한 동네로 인식되고 있다. 때문에 '하마마츠초역 근처에 프렌치?' 라면 다들 갸우뚱하며 찾게 된다. 역에서는 멀지 않지만 골목골목 여러 맛집 속에 파묻혀 있어 약간 헷갈릴 수 있으니 주소나 약도를 세심히 보며 찾아가야 된다. 작은 골목 안 빨간색 건물에 프랑스 국기가 펄럭이는 곳이 있다. 평면적이 적은 1,2층으로 된 소규모의 단독 건물이다. 1층은 오픈키친과 테이블 세 개가 전부이고 2층도 거의 비슷한 규모이다. 붉은 계통의 의자와 새파란 테두리의 접시, 파란 테이블냅킨 등 진한 컬러의 매칭이 긴장을 풀어 놓을 수 있게 편안함을 준다. 만일 많은 인원이 갈 경우, 디너 코스가 3,000엔에 가능하고 와인까지 포함해서 먹는다면 대개 일인 5,000엔 정도면 가능하다. 그 때 코스는 전채부터, 생선, 육류, 디저트까지 정갈한 음식이 풀코스로 나오니 그 맛과 가격에 진심으로 감사하게 된다. 요일에 따라 다르지만 예약하는 편이 좋다.

메뉴특성

이 집은 한 가지 요리가 2인용과 3-4인용으로 구분되어 있는 게 많다. 따라서 2인용의 소(小)요리를 저렴한 가격에 여러 종류 시킬 수 있어 편리하다. 와인마니아들은 이곳의 와인리스트를 보는 순간 깜짝 놀란다. 종류도 많을 뿐더러 와인 한 병 가격이 2,000엔 대부터 시작하기 때문이다. 여러

오믈렛

구운토마토

● 추천대상 ●

합리적인 가격의 프렌치 와인과 메뉴 구성에 관심 있는 분

● 포인트 ●

☑ 캐주얼 프렌치
☑ 와인리스트
☑ 저가와인 ☑ 글라스와인

명이 가서 오늘은 어떤 와인을 마실까보다는
오늘은 몇 병을 마실까를 고민하는 곳이라고
하는 편이 맞을 것 같다. 물론 와인을 가볍게
마시는 손님을 위해서 약 10개 정도의 글라스
와인도 준비해놓고 있으니, 주량이 많지 않
은 사람 또한 다양한 와인 중에서 고를 수 있
다. 프렌치풍이지만 메뉴에 파스타도 들어
있어 편한 식사도 가능하다. 대개의 비스트
로가 그렇듯, 여기도 기본 메뉴판이 있고 그
외 그날의 추천 메뉴가 있어 메뉴 선택의 폭
이 넓다. 처음엔 이탈리아햄과 물소모짜렐라
치즈로 첫 와인을 건배하고 그 뒤 푸아그라나
돼지고기로 만든 파테(pate, 가금육이나 돼
지의 간, 생선 등에 파트라라는 밀가루 반죽
을 입혀 오븐에 구워낸 것이나 밀가루 사용하
지 않는 것도 많다)와 함께 빵을, 감자와 버섯
이 들어간 따뜻한 오믈렛, 스페어립
(sparerib, 돼지갈비)로스트, 그리고 파스타
등을 먹는다면 풀코스에 가까운 구성이 된
다. 빵은 별도 유료 주문이나 한번 주문하면
계속 무료로 추가가 가능하다.

코스내 전채

| 기 | 본 | 정 | 보 |

메뉴 런치 세트 1,000엔
 디너 이탈리아 햄과 모차렐라치즈 980엔(2인용) / 1,460엔(3~4인용),
 포크파테 750엔 / 1,120엔, 감자와 버섯의 시골풍 오믈렛 780엔,
 스페어립로스트 1,380엔 / 2,060엔, 오늘의 파스타 1,050엔 / 1,580엔 빵 190엔(1인)
 와인(병) 2,000엔부터, 와인(글라스) 650엔부터
주소 도쿄도 미나토쿠 하마마쓰초 1-23-6 (東京都 港区 浜松町 1-23-6)
영업시간 11 : 30~15 : 00 (L.O 14 : 00), 17 : 30~24 : 00 (L.O 22 : 00)
휴무 일요일, 공휴일
전화 03-5733-2263
가까운 역 JR 하마마쯔초 (JR 浜松町駅) 북쪽출구에서 5분
가까운 역 http://www.nguyen.jp/

정육점 식당 같은 바비큐 전문점

반핏쿠르 마루노우치점 *ヴァンピックル 丸の内店 / VINPICOEUR*

|평|가|점|수|

맛 ★★★★☆
분위기 ★★★★☆
서비스 ★★★★☆
벤치포인트 ★★★★★

푸와그라꼬치

리에토

● **추천대상**

비스트로 창업 예정자, 그릴 중심의 와인 안주 개발자

● **포인트**

✓ 와인리스트
✓ 푸아그라 꼬치
✓ 통돼지

고기안주가 맛있다는 말을 듣고 찾아간 곳이어서 거한 야키니쿠집을 상상했는데, 가보니 고급 오피스가인 마루노우치(丸の内)지역의 건물 지하에 위치한 그저 평범해 보이는 비스트로 모양새이다. 하지만 안으로 들어가니 오픈 주방 내 분홍빛 조명 아래 통돼지 한 마리가 떡 하니 옆으로 걸려 있다. 임팩트가 화끈하다! 한국에서도 정육점 식당 콘셉트의 고깃집에 가면 저렴한 분위기에 빠져들어, 그날 예상했던 것보다 고기를 더 추가하는 경향이 있는데, 이곳 또한 돼지를 통으로 걸어 놓음으로써 고객들의 마음을 무장해제시켜 편하게 더 먹고 한잔이라도 더 마시게끔 분위기를 조장한다. 카운터 앞 주방에는 숯불구이 시설이 있고 구울 때 포도가지를 넣어 고기 풍미를 높이고 있는 것도 마케팅포인트로 내세우고 있다. 이곳은 도쿄 비스트로계의 지존 '오자미듀방' 계열의 점포이다.

메뉴특성

바비큐전문점이어서 여러 가지 꼬치식 구이와 와인에 어울리는 파테(pate, 가금육이나 돼지의 간, 생선 등에 파트라라는 밀가루 반죽을 입혀 오븐에 구워낸 것이나 밀가루 사용하지 않는 것도 많다), 리에토(돼지, 토끼, 닭 등

오믈렛과 오이피클

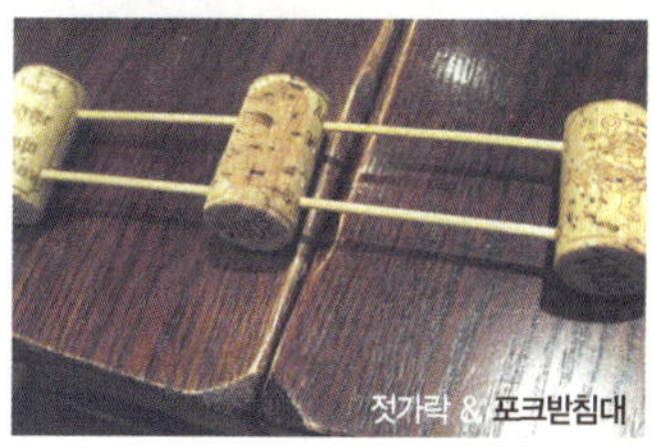
젓가락 & 포크받침대

의 지방을 조려서 만든 페이스트) 등의 안주류, 풍성한 와인리스트를 갖추고 있다. 특히 푸아그라소테(소테: 버터를 녹인 프라이팬이나 철판에 굽는 방법)가 꼬치에 끼워져 나오는 바비큐가 인상적이다. 푸아그라는 정통프렌치레스토랑의 고급 코스에서나 볼 수 있다는 선입견을 무너뜨리는 메뉴였다. 런치에는 푸아그라돈부리(덮밥)까지 선보인다. 또 다른 추천 메뉴는 '로스트포크'. 일주일간 숙성한 돼지고기로 굽는데 그 모양은 평범하나 감칠맛의 깊이가 다르다. 와인에 맞는 술안주가 고민 중이라면 다양한 메뉴를 주문해서 비교시식해 보도록 권한다.

| 기 | 본 | 정 | 보 |

메뉴 런치세트 1,260엔부터, 닭간파테 735엔, 돼지고기테린 787엔, 야채 피클 630엔,
　　　푸아그라(1꼬치) 1,260엔, 계절야채구이 315엔, 돼지고기그릴(1꼬치) 399엔,
　　　꼬치오마카세코스 2,940엔 / 4,200엔

주소 도쿄도 지요다쿠 마루노우치 3-3-1 신동경빌딩 B1F
　　　(東京都 千代田区 丸の内 3-3-1 新東京ビル B1F)

영업시간 [월-금] 11 : 30〜15 : 00(L.O 14 : 00), 17 : 00〜23 : 00(L.O 22 : 00)
　　　　　[토 · 일 · 공휴일] 11 : 30〜22 : 30(L.O 21 : 30)

휴무 연중무휴

전화 03-6212-1011

가까운 역 각선 도쿄역(東京駅) 또는 JR 유락초역(JR 有楽町駅)에서 7분정도

홈 페이지 http://www.auxamis.com/vinpicoeur_marunouchi/

초심자부터 마니아까지 와인 마시기 좋은 작은 아지트

크로 드 미얌 クロ ド ミャン / CLOS DE MIAM

어두운 조명의 작은 방에 들어선 것 같다. 이곳은 프렌치 레스토랑이라기보다는 와인 마시기에 좋은 작은 아지트다. 또는 식사가 충실한 비스트로라고 말하고 싶다. 전체 좌석 20석 중에 6석이 카운터인데, 스시집의 카운터처럼 테이블보다 인기가 높다. 주방이 고객의 카운터보다 낮게 들어가 있어, 그 안에서 펼쳐지는 셰프의 박력 있는 요리 솜씨를 보며 음식을 즐길 수 있다. 특히 이 집은 규모에 비해 와인리스트가 매우 충실하여 와인초심자부터 마니아까지 찾는 인기 있는 가게다.

메뉴특성

음식은 일품요리만 가능한데 워낙 양이 많아 여자 두 명이 간다면 애피타이저 두 접시에 메인 한 접시만 시켜도 남을 정도이다. 매일 칠판에 쓰인 그날의 요리가 20여 가지나 되고 그 밖의 기본 메뉴도 있다. 메뉴 선택을 어려워하는 고객들에겐, 스태프들이 학교에서 칠판을 가리키며 설명하듯 친절하게 응대해 준다. 감자, 연근 등 지방 산지직송 유기농 야채를 그릴에 구워 한 접시에 담은 야채 모둠도 인기 메뉴. 가운데 푸아그라가 들어가 있는 4cm높이의 다진 양고기구이 위에 달걀 프라이를 얹고 별도의 야채소스가 따라 나오는 요리도 인상 깊었다. 와인은 병당 4,200엔부터 시작하는데 여러 명이 간다면 글라스와인에 비해 병으로 마시는 것이 경제적이다.

|평|가|점|수|

맛	★★★★☆
분위기	★★★☆☆
서비스	★★★☆☆
벤치포인트	★★★☆☆

모짤렐라치즈와 루꼴라

푸아그라 양고기구이

● 추천대상 ●

볼륨감 있는 안주, 작은 공간 내 오픈주방의 활용에 관심 있는 분

● 포인트 ●

✓ 와인리스트
✓ 양고기구이
✓ 어두운 조명 ✓ 아늑함

|기|본|정|보|

메뉴 야채 구이 1,800엔, 푸아그라가 들어간 양고기구이 2,600엔
　　　와인(글라스) 945엔, 와인(병) 4,200엔부터
주소 도쿄도 주오쿠 긴자 7-3-13(東京都 中央区 銀座 7-3-13
　　　ニューギンザビル 1호관 2F)
영업시간 18 : 00~24 : 00
휴무 일요일
전화 03-5568-4777
가까운 역 신바시역(新橋駅) · 유라쿠초역(有楽町駅) · 긴자역(銀座駅) 8분 거리

비스트로 마더 문 나카메구로점

ビストロマザームーン中目黑店 / BISTRO MOTHER MOOM

코베(神戸)에서 잘 알려진 카페의 지점이다. '마더 문(Mother Moon)' 은, '달(moon)의 어머니(mother)' 란 의미인 '지구(earth)' 를 의미하는 것으로, '어머니와 같은 지구' 라는 슬로건으로 고객들에게 대자연의 은혜와 안락함을 베풀겠다는 뜻으로 시작한 카페 회사이다. 술을 마셨거나 저녁 식사를 한 후 달콤한 디저트가 먹고 싶어도 늦은 밤 영업하는 디저트카페가 없어서 서운했던 심야족 미식가들에게, 맛있는 케이크가 많은 비스트로형 카페로 추천하고 싶은 집이다. 블루베리케이크, 바나나케이크, 펌프킨케이크, 레어치즈케이크 등 직접 만든 케이크를 낮이나 밤이나 어떤 시간에도 즐길 수 있어 더욱 매력적이다. 분위기는 어두운 편이나 누구에게도 간섭받지 않고 오래 앉아 있어도 편안하다. 음식은 런치메뉴부터 저녁 카페 메뉴까지 다양. 오후 6시까지는 카페에서 직접 만든 케이크 2종류와 음료를 940엔 판매하고 있다.

| 평 | 가 | 점 | 수 |

맛　　　★★★☆☆
분위기　★★★☆☆
서비스　★★★★☆
벤치포인트　★★★☆☆

치즈플레이트

● 추천대상 ●

심야 케이크카페, 비스트로형 카페 운영 및 창업에 관심 있는 분

● 포인트 ●

✓ 메뉴 구성 ✓ 분위기
✓ 심야영업

| 기 | 본 | 정 | 보 |

메뉴 각종 음식 580엔부터 1,000엔 안팎까지, 글라스와인 580엔,
　　　치즈단품 500엔, 런치 1,050엔부터
주소 도쿄도 메구로쿠 가미메구로 3-7-8 2층(東京都 目黑区 上目黑 3-7-8 世拡ビル 2F)
영업시간 11 : 30〜02 : 00(L.O 01 : 00)
휴무 월요일
전화 03-3711-6855
가까운 역 토요코선(東横線) 또는 히비야선(日比谷線)의 나카메구로역(中目黑駅)에서 5분
홈 페이지 http://www.mothermoon.co.jp/

새벽에도 이탈리안 코스메뉴를 즐길 수 있는 곳

다르 맛토 니시아자부점

ダルマット 西麻布店 / DAL-MATTO

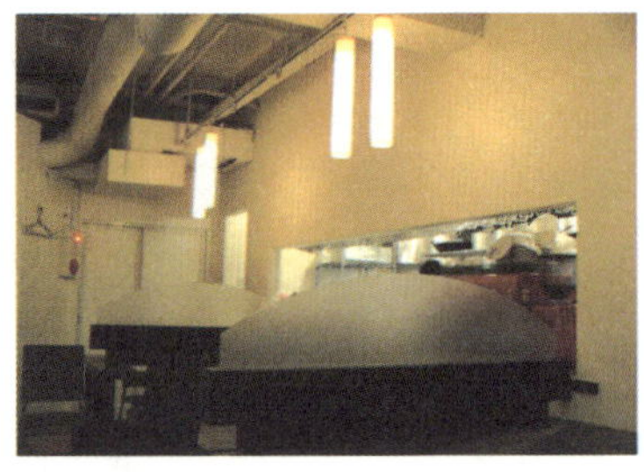

이름난 레스토랑들의 격전지라고 할 수 있는 니시아자부(西麻布)에 위치한 다르맛토. 이곳을 맡고 있는 이는 30대 중반의 히라이마사토(平井正人) 셰프다. 히라이 셰프는 이탈리아에서 연수를 마친 후 도쿄 '라벳토라'의 '오치아이' 셰프에게서 기본기를 배웠다. 그 뒤 다른 유명 레스토랑을 걸쳐 2004년도에 다르맛토를 오픈했다. 영업시간은 특이하게도 오후 6시부터 다음날 새벽 4시까지. 야심한 새벽에 수준 높은 이탈리안 코스메뉴를 즐길 수 있다는 게 독특하다. 히라이 셰프는 음식점에 근무하는 사람들이 일을 마치고 제대로 된 신선한 요리, 그것도 풀코스를 먹고 와인을 마실 곳이 없다는 데 착안해 콘셉트를 정했다고 한다. 의외로 고객들에게 많이 어필되어 이제는 예약을 하기 어려운 레스토랑이 되어 버렸다.

메뉴특성

와인과 함께 먹기 좋으나 위에 부담을 주지 않는, 배부르지 않은 요리를 만드는 것이 늘 고민이란다. 코스를 주문하면 아뮤즈부쉐(Amuse-bouche, '입안을 즐겁게 하는 요리' 라는 뜻으로 식전 주과 함께 하는 가벼운 요리), 야채, 사시미, 약간의 육류, 미니 리조트 등이 전채로 나오고 이어 파스타와 메인 요리가 나온다. 미식가들의 심야 2, 3차를 즐겁게 하는 이탈리아 식당이다. 인기의 여세를 몰아 2006년 5월에 에비스점도 오픈했다.

|평|가|점|수|

맛　　　　★★★★☆
분위기　　★★★☆☆
서비스　　★★★☆☆
벤치포인트 ★★★★☆

사시미와 고니

그날의 아뮤즈부쉐

● 추천대상 ●
심야 이탈리아 레스토랑 운영에 관심 있는 사람

● 포인트 ●
☑ 심야영업 ☑ 해산물요리
☑ 와인 리필

|기|본|정|보|

메뉴 코스 5,000엔 전후(알라카르테 가능)
　　　하우스 와인 1,500엔(리필 가능), 와인(글라스) 800엔
주소 도쿄도 미나토쿠 니시아자부 1-10-8 지하1층
　　　(東京都 港区 西麻布 1-10-8 第2大晃ビル B1F)
영업시간 18 : 00〜04 : 00(L.O 02 : 00)
휴무 월요일
전화 03-3470-9899
가까운 역 지하철 롯본기역(地下鉄 六本木駅)에서 8분
홈 페이지 http://www.dal-matto.com/

고급스럽고 심플한 이탈리안 다이닝&바
리스토란티노 바르카 リストランティーノ バルカ / RISTORANTINO BARCA

반 지하 카운터 10석에 테이블 1개라는 얘기를 들으면 협소한 레스토랑처럼 생각되는데 막상 들어가면 길게 늘어선 카운터와 흰색이 쿨한 느낌을 주고, 은은한 조명이 생각했던 이미지를 완전히 바꿔놓는다. 키가 작은 사람도 자기의 개성을 살려 패션에 센스를 가미했을 때 키에 대한 생각이 전혀 들지 않는 것과 마찬가지가 아닐까 싶다. 내게는 레스토랑 스타일의 멋지고 은은한 조명을 보고 싶은 고객들을 모시고 가는 대표적인 공간이기도 했다. 바르카 일대의 유명한 레스토랑 '아로마후레스카' 출신 셰프(田窪)의 레스토랑이라고 하면 알 만한 사람들은 이미 안심하는 곳이다. 예약은 1주일 전부터만 받는다. 코베르토(coperto, 자릿세)가 1인 800엔으로 비싼 편인데, 은근히 손님을 제한하는 전략이기도 하다.

메뉴특성

맨 처음 나오는 포카치아, 그리시니(수분 함량이 적은 긴 막대의 빵)와 옅은 초록빛의 올리브오일만으로도 맛있는 요리가 가능할 정도이다. 봄이 시작될 때 먹은 '프랑스 르와르산 화이트 아스파라거스와 온천 달걀'. '웬 아스파라거스에 달걀?' 이라고 생각했는데 노릇노릇하게 구운 아스파라거스를 부드러운 달걀에 찍어 먹는다는 발상과 매칭이 전혀 어색하지 않다. 트뤼플(송로버섯) 풍미의 카르보나라도 부담스럽지 않은 정도의 리치함을 가지고 있다. 이탈리아와인을 잘 선별하여 구비하고 있기 때문에 6,000~7,000엔의 와인으로도 꽤 만족스럽다. 알라카르테(일품요리)만 있다.

|기|본|정|보|

메뉴 전채 1,600엔부터, 파스타 1,800엔 내외, 메인 3,000~6,000엔 내외 서비스료 5%
주소 도쿄도 시부야쿠 에비스 2-22-10 지하 1층
(東京都 渋谷区 恵比寿 2-22-10 広尾リバーサイド GB1F)
영업시간 18 : 00~02 : 30(L.O)
휴무 일요일
전화 03-5449-4798
가까운 역 히비야선(日比谷線) 히로오(広尾駅)역에서 12분,
JR 에비스역(JR 恵比寿駅)에서 15분

|평|가|점|수|

맛 ★★★★☆
분위기 ★★★★☆
서비스 ★★★★☆
벤치포인트 ★★★★★

화이트아스파라거스와 온천달걀

● **추천대상** ●
고급 이탈리아 바&다이닝 운영에 관심 있는 사람

● **포인트** ●
☑ 멋진 조명
☑ 모던한 분위기
☑ 자릿세

6개월 이상 기다린 끝에 간 옹색한 식당

야마기시쇼쿠도우 山岸食堂

오징어 안쵸비소스 파스타

포르노 테이크

밤에 보면 새어 나오는 불빛으로 식당임을 알 수 있지만 낮에 보면 마치 폐업한 집의 형상 같아 옹색한 식당이라고까지 표현하는 이도 있다. 남루한 옷을 걸친 철학자가 세상의 이치를 밝히는 정의를 내놓아 세인들을 깜짝 놀라게 하듯, 이곳 또한 보기와는 달리 정석으로 만든 음식을 내놓고 있다. 점포나 더벅머리 셰프의 모습이, 손님의 기대치를 최대한 낮춰놨기에 음식이 더 높은 평가를 받는다고 할 수도 있겠지만, 그래도 꼭 한번 가볼 만한 곳이다. 야마기시에서 처음 런치코스를 먹고 맛있어서, 디너의 음식과 분위기도 알고 싶어 2월에 예약을 시도하였더니 그 해 9월이나 예약이 가능하다고 했다. 카운터와 테이블 전부 합해서 16좌석이 전부인 이곳은 보통 상반기 3-4월 안에 그 해 연말 예약이 완료된다고 한다. 다음해 예약은 금년 12월부터 받는다. 런치는 다행히 당일 예약이 가능한데 보통 8시30분 정도면 마감된다. 어쨌든 디너 예약을 하고 6개월 이상을 기다린 끝에 간 곳. 셰프가 요리를 만들고 보통 나이 드신 어머니가 서빙을 돕는데 그날은 어머니가 안 계셔서 셰프 혼자 음식도 만들고 서빙까지 하는 날이었다. 그런데도 무척 느긋하게 주문도 받고 와인을 따서 병도 건네주고 그릇이 없으면 설거지도 해가며 그 많은 음식을 만들고 있었다. 허름한 카운터 앞에는 종종 이가 빠진 접시까지 포함해서 그릇이 수북이 쌓여 있는데 그 틈

스모크새먼카나페

새로 셰프가 만드는 요리를 보는 것만으로도 이벤트의 역할을 충분히 한
다.

메뉴특성

오랜 시간을 벼르고 간 곳이기에 식탐을 부리지 않을 수 없었다. 토마토에
올리브오일만 뿌려 나오는 심플 그 자체의 '프루츠토마토샐러드', '패주마
리네샐러드', 크림치즈가 아낌없이 들어 있는 '스모크새먼카나페', '생햄
크레페', 셰프의 실력을 가늠할 수 있는 '버섯오믈렛' 등을 전채로 맛보았
다. 파스타는 토마토소스든 크림소스든 모두 그날 만든 생면에 어우러져서
나온다. 물론 메인 요리인 스테이크 실력도 잊지 말고 봐야 된다. 런치는 파
스타세트를 파는데 빵, 샐러드, 파스타(원하는 것 선택), 커피까지 나온다.
직접 만든 생면은 당일 30인분까지 만든다.

| 기 | 본 | 정 | 보 |

메뉴 런치 세트 1,200엔, 전채 1,200~1,300엔, 오늘의 메인 1,500엔부터
　　　파스타 1,000-1,400엔, 와인(글라스) 600엔
주소 도쿄도 주오쿠 긴자 2-14-20(東京都 中央区 銀座 2-14-20 池田ビル 1F)
영업시간 11 : 30~14 : 00(L.O 13 : 30), 18 : 30~21 : 30
휴무 토 · 일 · 공휴일
전화 03-3544-3236
가까운 역 히비야선(日比谷線) 히가시긴자역(東銀座駅)에서 8분,
　　　　유락초선(有楽町線) 신토미쵸역(新富町駅)에서 5분, 각선 긴자역(銀座駅)에서 13분

파스타 챔피언의 맛을 잇는 이탈리안 비스트로

오로 오스테리아 オロ オステリア / ORO OSTERIA

|평|가|점|수|

맛 ★★★☆☆
분위기 ★★★☆☆
서비스 ★★★☆☆
벤치포인트 ★★★★☆

● 추천대상 ●

오스테리아 창업예정자, 파스타 응용에 관심 있는 메뉴 개발자

● 포인트 ●

☑ 참신한 아이디어
☑ 수제파스타
☑ 시칠리아 와인

2008년 7월 1일에 오픈했으니 얼마 안 된 신참이다. 어떤 조직이든 신출내기는 참신하고 아이디어가 톡톡 튄다. '오로'는 참신한 아이디어와 시작한 지 얼마 안 되는 기특한 노력의 흔적이 여기저기 묻어난다. 오스테리아라는 말은 이태리어로 캐주얼한 맛집의 표현이다. 쉽게 말하면 일본의 이자카야나 프랑스의 비스트로라고 볼 수 있다. 테이블과 카운터를 합쳐 20석. 이곳은 ㈜아이디(アイディー)라는 외식회사에서 점주 겸 셰프에게 책임을 주고 운영케 하는 곳이다. 이곳의 셰프는 파스타 세계 챔피언 마르코모리의 유망한 제자여서 더욱 주목을 받고 있다.

메뉴특성

셰프의 아이디어가 느껴지는 요리가 꽤 된다. 여름에 갔을 때, 생선 카르파초에 작은 수박조각이 뿌려져 있었다. '웬 수박?' 하고 다들 고개를 갸우뚱했는데 먹어보니 싱싱한 흰살생선 사시미에 수박의 부드러운 아삭함이 더해져 생각 이상으로 잘 어울렸다.

카프레제는 모차렐라 치즈 위에 복숭아 퓌레가 듬뿍 얹어져 있었다. 서로

맞을까 또 한 번 갸우뚱했는데, 웬걸, 향과 질
감 모두 찰떡궁합이다. 제철과일을 이용하려
는 셰프의 노력이 엿보인다. '트릿파(trippa,
소의 위와 토마토를 넣어 조린 음식으로 이탈
리아 지방마다 맛이 다른 것이 특징)와 콩 그라
탕은 냄새나 질김 등에 대한 내장의 인상을 말
끔히 없애주고, 고소하고 부드러운 맛에 와인
을 더 마실 수 있게 한다.

이 집 셰프의 자랑 중 하나는 수제 파스타이다. 아주 가는 면의 냉파스타부
터 10여 가지의 메뉴가 있어 선택하는 것부터 갈등이다. 흰색의 잔새우가
들어간 페페론치노(올리브오일 베이스)는 적당한 수분에 부드러운 면, 잔
새우의 향과 질감이 싸하게 돈다. 전반적으로 편한 재료에 소화에도 좋은
요리들이다. 오픈한 지 얼마 되지 않았는데도 점심에도 손님이 많다.
와인은 이태리와인 중 싸면서도 마시기 편한 남쪽 시칠리아 와인이 많은
편이다.

| 기 | 본 | 정 | 보 |

메뉴 전채 800엔부터, 메인 1,500엔, 파스타 850–1,800엔
　　　 와인(글라스) 500엔부터, 와인(병) 2,000엔부터
주소 도쿄도 주오쿠 긴자 3-11-8(東京都 中央区 銀座 3-11-8 銀座 K's ビル1F)
영업시간 11：30~14：00(L.O), 17：30~22：30(L.O)
휴무 일요일, 공휴일
전화 03-6226-3680
가까운 역 히비야선(日比谷線) 히가시긴자역(東銀座駅)에서 3분
홈 페이지 http://oroid.blog19.fc2.com/

유럽의 카페 바 같은 맛과 분위기

아쿠아 비노
アクアヴィーノ / ACQA VINO

|평|가|점|수|

맛	★★★☆☆
분위기	★★★★☆
서비스	★★★☆☆
벤치포인트	★★★★☆

그린샐러드

나폴리탄

● **추천대상** ●
카페 운영 또는 창업에 관심 있는 분, 카페 분위기 연출자

● **포인트** ●
☑ 카페바 ☑ 분위기
☑ 풍성한 메뉴

햇살 가득한 낮에 아쿠아비노 앞을 지나자면 들어가고 싶은 유혹을 참기 어려울 때가 많다. 점심에는 들어가서 파스타라도 먹어야 될 것 같고 오후에는 야외테라스에 앉아 카푸치노 한 잔이면 시간이 그냥 흐를 것 같다. 밤에는 바냐카우다(bagnacauda. 피에몬테 지방의 소스로 마늘, 안초비, 올리브오일의 주가 되는 소스)샐러드라도 시켜 놓고 와인 한잔에 친구랑 수다 한 보따리를 실컷 풀어야 할 것 같다.

누구에게 간섭 받지 않고 앉아 있을 수 있는 부담 없는 분위기이다. 녹색 바탕에 쓰여 있는 아쿠아비노라는 간판 아래에는 푸른 화초가 가득하다. 안에 들어가면 빨간 테이블보에 나무의자가 있고, 이것저것 적혀 있는 나무 칠판이 있는 생기 넘치는 카운터가 유럽에 있는 카페바에 들어온 기분이다.

아쿠아비노는 이탈리아어로 생명의물(Acqua vita)과 와인(Vino)의 합성어로서, 이곳에 오면 건강하게 된다는 의미이다. 지하에 있는 '아쿠아팟짜'가 이 카페보다 더 유명한 이탈리안 레스토랑이다.

메뉴특성

이탈리아햄이나 파테(pate, 가
금육이나 돼지의 간, 생선 등에
파트라라는 밀가루 반죽을 입혀
오븐에 구워낸 것이나 밀가루 사
용하지 않는 것도 많다)부터 계
절메뉴까지 풍성하다. 가을에 갔
을 때 꽁치사시미를 맛있게 즐겼던 기억이 난다. 런치도 토마토소스 파스
타인 '나폴리탄', 베이컨, 햄, 각종 야채, 버섯과 그리고 이탈리아 빵이 세
트로 된 '브런치 플레이트' 등 볼륨감이나 맛의 만족도가 높다. 데일리 글
라스와인도 화이트, 레드 4~5종류가 있어 병으로 주문하지 않아도 다양하
게 음식과 매칭 가능하다.

| 기 | 본 | 정 | 보 |

메뉴 런치 : 브런치플레이트 1,575엔, 파스타 1,050엔, 현미플레이트 1,050엔
　　　디너 : 반야카우다&야채 840엔, 시골풍 파테 1,050엔
　　　와인 630엔(글라스) / 3,800엔(병) *평균예산 런치 1,000엔대, 디너 4,000엔대
주소 도쿄도 시부야쿠 히로오 5-17-10(東京都 渋谷区 広尾 5-17-10 EAST WEST 1F)
영업시간 [월-토] 런치 11 : 30~16 : 30, 티타임 16 : 30~18 : 00,
　　　　　디너 18 : 00~23 : 00(L.O)
　　　　　[일 · 공휴일] 런치 11 : 30~16 : 30, 티타임 16 : 30~18 : 00,
　　　　　디너 18 : 00~21 : 30(L.O)
휴무 연중무휴
전화 03-5447-5503
가까운 역 히비야선(日比谷線) 히로오역(広尾駅)에서 5분
홈 페이지 http://www.acquapazza.co.jp/vino

40여 가지의 타파스 요리가 있는 스페인 바

에르 페스카도르 エル · ペスカドール / EL PESCADOR

|평|가|점|수|

맛　　　★★★★☆
분위기　★★★☆☆
서비스　★★★★☆
벤치포인트 ★★★★★

올리브오일에 담긴 정어리

해산물파에야

● 추천대상 ●
타파스 요리, 대중적인 스페인 레스토랑 운영에 관심 있는 분

● 포인트 ●
✓ 타파스 요리
✓ 합리적 가격
✓ 흥겨운 분위기

우리나라에서도 타파스(tapas, 스페인에서 주요리를 먹기 전에 작은 접시에 담겨져 나오는 소량의 전채요리)방식을 응용하는 사례가 점차 늘고 있는데 일본에서는 스페인음식이 2001년부터 대중적으로 유행하게 되었다. 그리고 요즘은 도쿄에서 이자카야에 맞먹는 감각으로 사람들에게 다가가는 친근한 장르가 되었다. 나에게 도쿄에서 가격대비 만족도가 높은 스페인식당을 추천하라면, 제일 먼저 이곳이 떠오른다.

작은 접시에 이것저것 골고루 먹을 수 있는 타파스요리는 너무 흔하지만 그 안의 음식 맛은 제각각. 셰프(清水雄)는 스페인의 남부 안다르시아(Andalucia)에서 1년간 연수를 받은 후, 이곳을 오픈한 스페인마니아이다. 지금도 매년 한 번씩 스페인에 가서 메뉴 개발 업데이트를 하고 있다. '스페인음식, 너무 맛있어요' 라고 말할 때의 그의 표정이 그저 행복해 보인다. 그런 열정을 담아서인지 어떤 음식을 주문하든 맛이 똑 떨어지게 밸런스가 맞아, 좁은 레스토랑은 점심이든 저녁이든 늘 만석이다.

지유카오카역(自由が丘駅)에서 3분 거리의 철길 옆에 위치해 있는데 약 30석 정도의 좌석이 오밀조밀 붙은 소박한 분위기이다. 저녁이면 각 테이블마다 왁자지껄 열심히 타파스를 먹으면서 와인을 콸콸! 마시고 있고, 점심이면 시간 여유가 있는 여성고객들로 가득 찬다. 이 집에 들어와 있으면, 스페인에 가본 적이 없는 사람도 스페인의 식당이 이런 분위기이겠구나 하는 상상이 저절로 든다. 테이블에는 실내에서 핸드폰 사용을 금해달라는 것과

계산은 그 자리에서 스태프를 불러서
해달라고 적혀 있다.

메뉴특성

식초에 절인 정어리가 올리브 오일에
담겨 나오는 음식, 어떤 집보다 푸짐하
고 두툼하게 나오는 토르티냐(스페인오
믈렛), 꼴뚜기를 약간 매운 소스에 끓여
나오는 요리, 작은 새우와 마늘볶음 등
타파스요리가 40여 가지. 그리고 이런
타파스가 전부 480엔. 물론 스페인의
돼지고기인 이베리코생햄도 있다. 모두
들 실컷 먹고 마셔도 나온 음식에 비해
합리적인 가격이라고 만족해한다. 그리
고 식사는 당연히 스페인의 파에야. 촉
촉하고 양도 충분하고 해산물도 아낌없
이 사용한다. 파에야는 2인분부터 가능
한데, 약간의 타파스를 즐긴 뒤 먹는다
면 3,4명이 먹어도 충분한 양이다. 런치
에는 2인분부터 가능한 파에야 코스를
강추한다. 메뉴는 일본어와 스페인어로
적혀 있다.

| 기 | 본 | 정 | 보 |

메뉴 각종 타파스 요리 480엔, 생햄은 1,320엔, 해산물파에야 3,080엔,
오징어먹물파에야 2,860엔, 와인(1병)은 4,000안팎부터,
런치코스 1,060엔부터 시작. 런치 파에야코스 1,980엔(2인부터 가능)
주소 도쿄도 메구로쿠 지유가오카 1-13-4(東京都 目黑区 自由が丘 1-13-4)
영업시간 11 : 30~14 : 00, 17 : 00~22 : 30(L.O 22 : 00, 일·공휴일 21 : 30)
휴무 월요일
전화 03-3723-8471
가까운 역 토요코선(東横線) 또는 오오이마치선(大井町線)
지유가오카역(自由が丘駅)에서 3분

30m의 긴 카운터에서 즐기는 타파스
바 데 에스파냐 무이
バル · デ · エスパーニャ · ムイ / BAR de ESPANA MUY

도쿄에서 가장 길고 고급스러운 카운터를 보고 싶다면 난 여러 번 생각할 것도 없이 이곳으로 데려갈 것이다. 도쿄에서 누구나 일해보고 싶은 마루노우치(丸の內)지역의 TOKIA빌딩에 위치해 있으니 음식가격도 만만치 않다. 빌딩 2층의 '무이'로 가는 복도부터 근사한 갈색 스탠드 조명이 줄 서 있고 일단 들어가면 30m의 카운터와 높은 천정에 감탄사가 절로 나오게 된다. 어떤 카운터 자리에 앉아도, 창문 너머 도쿄역을 지나는 전철과 신칸센(新幹線)을 볼 수 있고 카운터 앞 주방의 여러 식재료와 요리를 하는 스태프의 손놀림을 볼 수 있다. 카운터도 있고 별실도 5개(2개의 별실은 복층 층계로 올라가면 있다)나 있다. 테라스석(30석)도 구비되어 있다.

메뉴특성

스페인의 명물 이베리코돼지고기를 사용한 '이베리코데베죠타(스페인 흑돼지의 최상등급)생햄', 이베리코돼지고기 크림크로켓은 기본적인 인기메뉴이다. '매운 무르가이아비죠(마늘 풍미)'는 뜨거운 올리브 오일 속의 매운 홍합을 빵과 함께 먹거나 와인과 함께 먹기에 좋은 음식이고 감자가 들어간 '토르티야(오믈렛)' 또한 손님들이 꼭 찾는 대중음식이다. 파에야 또한 기호에 맞게 선택할 수 있는데, 무난하게는 해산물파에야가 적합하고 좀 더 진한 맛을 원할 때는 오징어먹물 맛의 파에야가 좋다. 단 파에야는 주문 후 최소 20분에서 손님이 많을 때는 40분까지 걸린다.

|평|가|점|수|

맛　　　★★★★☆
분위기　★★★★☆
서비스　★★★☆☆
벤치포인트 ★★★★☆

매운무르가이아비죠

● **추천대상**
제1상권 내 고품격 스페인레스토랑에 관심 있는 사람

● **포인트**
☑ 이베리코돼지고기
☑ 스페인와인 ☑ 고품격

|기|본|정|보|

메뉴 파에야 1인분 2,400엔부터(2인분부터 주문 가능), 이베리코햄모둠3,180엔, 매운무르가이아비죠 980엔, 각종토르티야 920엔부터, 디너코스 5,500엔부터 런치 1,200엔부터 타파스런치 1,800엔, 파에야런치 2,900엔
주소 지요다쿠 마루노우치 2-7-3 TOKIA 2층(千代田区 丸の內 2-7-3 東京ビルTOKIA 2F)
영업시간 [월~수] 11 : 00~14 : 30, 17 : 30~23 : 00(목 · 금은 03시까지)
　　　　　　[일 · 공휴일] 11 : 00~16 : 00, 17 : 30~22 : 00(토는 23시까지)
휴무 연중무휴
전화 03-5224-6161
가까운 역 각선 도쿄역(東京駅)에서 2분
홈 페이지 http://www.spain-bar.jp/muy/

에비스의 젊은 열기를 느낄 수 있는 캐주얼 스페인 바

바 데 에스파냐 오초

バル・デ・エスパーニャ・オチョ / BAR DE ESPANA OCHO

오쵸는 거대한 외식기업 '그라나다 (http://www.granada-jp.net/)'가 2006년 하반기에 오픈한 곳이다. 에비스 (恵比寿) 가든플레이스 가까운 곳에 위치하고 있어 매일 밤늦게까지 젊은 열기를 품어내는 스페인 바이다. 2층에 위치하고 있는 오쵸는 계단을 올라가면 제일 먼저 와인셀러가 보이고 들어가면 'ㄷ'자 형의 바(BAR)가 보인다. 카운터 위에는

이베리코(스페인고급돼지고기) 훈제 돼지다리와 여러 가지 요리들, 그리고 주렁주렁 걸려있는 각종 글라스, 벽면에 걸린 스페인을 연상시키는 그림 등 스페인 바를 표현하려고 노력한 흔적이 역력하다. 늦은 밤까지 영업하기에 2차, 3차도 OK.

메뉴특성

기본으로 먹으면 좋을 안주는 이베리코돼지고기햄. 그 외 스페인 바에서 팔만한 여러 가지 타파스는 대부분 갖추고 있다. 스페인 풍 감자오믈렛, 올리브오일에 졸인 새우, 와인을 넣은 홍합찜 등을 골라 즐길 수 있다. 음료는 스페인맥주, 상그리아도 있고, 쉐리도 7종류나 있어 스페인의 분위기를 만끽하기에는 부족함이 없다. 2008년 9월부터는 런치도 시작하여 파이에 싸인 고기라든지, 스페인 데판야키 플란차 등을 저렴한 가격으로 맛볼 수 있다.

파이에 넣은 쇠고기요리

● 추천대상 ●
스페인풍 심야영업 바 구성에 관심 있는 사람

● 포인트 ●
☑ ㅣ자 바　☑ 심야영업
☑ 타깃 고객　☑ 쉐리

|기|본|정|보|

메뉴 이베리코돼지고기햄 2,000엔 안팎, 올리브오일에 졸인 새우 950엔,
스페인풍 감자오믈렛 750엔, 프란챠(데판야키) 380엔~1,400엔
디너코스 3,500엔, 5,500엔, 런치세트 950엔~1,350엔
주소 도쿄도 시부야쿠 에비스 3-28-3 2층(東京都 渋谷区 恵比寿 3-28-3 2F)
영업시간 [월-일] 11 : 30~16 :00(L.O 15 : 00)
디너&심야 [월-토] 18 : 00~23 : 00(L.O 02 : 00)
[일 · 공휴일] 17 : 30~23 : 00(L.O 22 : 00)
휴무 연중무휴
전화 03-5447-1616
가까운 역 JR 에비스역(JR 恵比寿駅), 지하철 에비스역(地下鉄 恵比寿駅)에서 10분
홈 페이지 http://www.spain-bar.jp/ocho/

스페인산 와인 리스트가 풍부한 곳

키오이초 스페인 바 紀尾井町 スペイン · バル

토마토와 안쵸비샐러드

이베리코돼지고기그릴

● 추천대상 ●
스페인풍 바&다이닝 구성에
관심 있는 분

● 포인트 ●
☑ 메뉴구성　☑ 와인리스트
☑ 사각 홀

들어서자마자 정면으로 보이는 카운터 벽에는 와인 병이 옆으로 누여져 진열되어 있다. 와인 병을 세울 생각은 많이 해도 옆으로 줄 세워 진열할 생각은 잘 못하는데, 특이하다. 정사각형 외식공간은 사무실과 달리 그 구성이 어려울 때가 많은

데, 키오이쵸는 정사각형 공간을 바와 다이닝으로 적절히 안배하여 연출하고 있다. 카운터에는 대부분의 스페인 바가 그렇듯, 이베리코돼지다리가 떡 하니 버티고 있다.

메뉴특성

스페인산 와인 리스트가 아주 풍부하다. 음식은 단순한 안주류 뿐 아니라 제대로 된 식사까지 가능하다. 이곳에도 역시 대표 안주로 이베리코돼지고기가 있다. 인간의 체온에서 자연스럽게 용해된다는 이베리코의 지방은 깨끗한 백색으로 올리브오일과 같은 양질의 올레인산이 함유되어 있다는 것도 잊지 않고 설명한다.

|기|본|정|보|

메뉴 이베리코햄과 살라미모둠 2,500엔, 스페인풍오믈렛 600엔,
먹물오징어데판야키 1,000엔, 아티쵸크야키 800엔, 토마토와 안쵸비샐러드 900엔,
올리브 500엔, 파에야 1,200엔, 코스(1인) 3,500엔부터
주소 도쿄도 지요다 구 고지마치 5-7-64 2층
(東京都 千代田区 麴町 5-7-64 秀和清水谷ビル 2F)
영업시간 [월-금] 11 : 30~14 : 00(L.O) 17 : 30~23 : 00
[토] 12 : 00~14 : 00(L.O) 17 : 00~22 : 00 [공휴일] 17 : 00~22 : 00
휴무 일요일
전화 03-3556-2052
가까운 역 긴자선(銀座線) 아카사카미츠케역(赤坂見附駅)에서 5분
또는 지하철 나가다쵸역(地下鉄 永田町駅)에서 약 5분

긴자 중년 남성들의 고급 와인바

시노와 긴자점 シノワ 銀座店

올드 와인마니아들과 얘기하다 보면 꼭 나오는 와인바 중 하나이다. 그냥 지나칠 것 같은 빌딩의 지하에 작게 위치하고 있으나, 막상 들어가서 보면 뼈대 있는 집안의 사랑방에 들어온 기분이다. 고급 버전으로 구성된 동양풍 인테리어를 편안하게 풀어내고 있다. 프랑스어로 '시노와' 는 중국이란 의미인데 이에 부합하는 분위기이다. 카운터와 테이블은 4:6정도 비율이다. 일반적인 바에서는 카운터에 앉은 손님이 높은 의자에 앉아 테이블을 내려다보는 방식인데, 이곳은 카운터와 일반 테이블이 같은 높이로 되어 있다. 모든 손님들을 동일한 눈높이에 모셨다고 볼 수 있다. 그리고 테이블 세팅에 젓가락이 높여있는 것도 눈에 띈다. 연령층(특히 남성손님)이 있는 고객을 위한 편안한 배려가 들어가 있다. 규모에 비해 소믈리에가 많고 원숙한 호텔의 매니저 같은 품위 있는 서비스가 이어진다. 고객은 30대 후반에서 50대 정도의 커플 또는 비즈니스 분위기의 고객들.

메뉴특성

이곳의 매력 중 하나는 다채롭게 변하는 글라스와인. 그날그날 소믈리에가 병으로 파는 와인 중 한 병을 정하여 글라스로 판매하고 그것이 다 팔리면 다른 와인을 글라스 와인용으로 열게 된다. 샴페인은 물론, 디저트와인 소테른(sauternes)과 주정강화와인 포트(port)도 모두 글라스와인으로 마실 수 있으니 어디선가 1차를 한 뒤 2차로도 제격이다. 그리고 식사도 코스와 알라카르테(일품요리)가 모두 있고 음식 평도 매우 높은 편이다.

|평|가|점|수|
맛	★★★★☆
분위기	★★★★☆
서비스	★★★★☆
벤치포인트	★★★★☆

치즈플레이트

● 추천대상 ●

고급 성인용 와인바 메뉴? 인테리어에 관심 있는 사람, 고급 와인바 서비스를 경험하고 싶은 사람

● 포인트 ●

☑ 긴자 바 ☑ 글라스와인
☑ 품위 있는 서비스

|기|본|정|보|

메뉴 간단안주와 음료라면 일인 평균 10,000엔 정도
주소 도쿄도 주오쿠 긴자 6-4-5 오리엔트빌딩 지하 1층
　　　(東京都 中央区 銀座 6-4-5 オリエントビル B1F)
영업시간 17 : 30～02 : 00
휴무 일요일
전화 03-3571-3108
가까운 역 지하철 긴자역(銀座駅)에서 3분, JR 유락초역(JR 有楽町駅)에서 5분
홈 페이지 http://www.chinois.jp/

와인 숍에서 직접 고른 와인과 프랑스 요리의 조화
더 라운지 ザ・ラウンジ / THE LOUNGE

홍합오븐구이와 프렌치프라이

치즈플레이트

|평|가|점|수|

맛	★★★★☆
분위기	★★★★☆
서비스	★★★★☆
벤치포인트	★★★★☆

● **추천대상**
와인숍과 와인바를 연계한 와인비스트로에 관심 있는 분

● **포인트**
☑ 단품메뉴 ☑ 코스요리
☑ 와인 코르크차지

프랑스 레스토랑의 거장 '타유방' 은 일본의 로브숑과 손잡고 일본에서 '타유방.로브숑' 이라는 파인다이닝 비즈니스를 하다가 2005년도에 제휴를 해지했다. 그 후 타유방의 파트너는 일본의 유명한 와인회사 '에노테카' 가 됐는데, 와인과 음식을 즐기는 콘셉트로 오픈한 것이 바로 '더 라운지' 이다. '더 라운지'

는 프렌치비스트로이며 '르 카브 타유방(LES CAVES TAILLEVENT)' 은 와인 숍인데, 이 둘 사이엔 유리벽이 있어 고객은 커다란 와인셀러를 바라보면서 식사를 즐기는 셈이다. 그러나 이곳의 더 큰 매력은 고객이 직접 큰 와인셀러인 '르 카브 타유방' 에 가서 직접 와인을 고르면 병당 코르크차지(Cork Charge 고객이 외부에서 와인을 가져올 때 지불하는 비용) 1,575엔에 마실 수 있다는 것이다. 그것도 밝고 경쾌하고 모던한 분위기의 '더 라운지' 에서 말이다. 흔히 와인 숍에 따른 와인 바는 간이형태가 많으나 더 라운지는 그 단독으로도 레스토랑의 역할 이상을 해내는 곳이다. 특히, 중

앙의 확 트인 ㄷ자형 카운터는 혼자서도 느긋
이 즐길 수 있는 분위기이다.

메뉴특성

단품메뉴는 와인과 어울리는 요리들로 구성되
어 있고 런치나 디너의 코스는 구성이 탄탄하
다. 양고기와 토마토스튜, 쿠스쿠스 (Cous
Cous, 북아프리나와 유럽의 지중해권에서 즐
겨먹는 음식으로 파스타를 만들 때 쓰는 점성
이 없는 밀가루인 세몰리나 드럼에서 추출한
것으로, 보기에는 좁쌀같이 보임), 홍합요리,
치즈, 디저트 등이 인상적이다. 르 카브 타유방의 와인은 프랑스 와인에 충
실하고, 에노테카 회사가 직접 주문 생산하는 와인은 주문자생산방식으로
와인색 라벨에 '타유방' 이라고 적혀 있다.

| 기 | 본 | 정 | 보 |

메뉴 런치코스 1,785엔, 2,415엔, 3,675엔 디너코스 6,300엔, 치즈모둠 1,470엔부터
　　　테린 1,470엔, 오리콩피 2,730엔 등
주소 도쿄도 지요다쿠 마루노우치 3-2-3 1층(東京都 千代田区 丸の内 3-2-3 富士ビル1F)
영업시간 런치 [평일] 11 : 00~14 : 00(L.O),
　　　　　[토 · 일 · 공휴일] 11 : 00~15 : 00(L.O)
　　　　　디너 [평일 · 토] 17 : 00~22 : 00(L.O) [일 · 공휴일] 17 : 00~21 : 00(L.O)
휴무 부정기적
전화 03-3216-9118
가까운 역 각선 도쿄역(東京駅)에서 5분
홈 페이지 http://www.taillevent.co.jp

와인 프로모션이 뛰어난 다이닝&와인바

쥴리아노

ワインバー・ジュリアーノ / WINE BAR JURIANO

도쿄의 3대 와인스쿨로 손꼽히는 유명한 지유가오카와인스쿨 (http://www.jws.bz/)의 대표 나가오하사코(永野寿子)가 운영하는 와인 바&다이닝. 수수한 아줌마 같은 사장님은 이 지역 니혼슈(일본술)를 취급 하던 아버지 밑에서 성장해, 지금은 와인업계의 큰 사업가로 변신한 케이 스이다. 쥴리아노에는 셰프, 소믈리에 등 3명의 여성 스태프가 일하는데 모두 와인에 대해 박식하고 음식의 수준 및 마리아주, 와인프로모션이 뛰 어나서 입소문이 난 곳이다.

|평|가|점|수|

맛　　　★★★☆☆
분위기　★★★☆☆
서비스　★★★☆☆
벤치포인트 ★★★☆☆

참치, 잡곡, 척판

취긴소바와 오리로스트

● 추천대상 ●

와인바&다이닝 운영에 관심 있는 분

● 포인트 ●

✓ 와인프로모션
✓ 마리아주　✓ 여성스태프

|기|본|정|보|

메뉴 생춘권(2인분) 1,400엔, 반세오(베트남풍부침개) 1,500엔, 키슈(2-3인분) 1,500엔, 소고기레드와인조림 1,600엔, 심플한 치킨그릴 1,500엔, 쿠스쿠스와 양고기토마토소스조림1,600 오리로스트레드와인발사믹소스 2,100엔 통돼지고기조림덮밥(부타가쿠니돈) 1,400엔, 프아그라오차즈케1,300엔 포(쌀국수) 1,200엔
주소 도쿄도 세타가야쿠 오쿠사와 2-11-8(東京都 世田谷区 奥沢 2-11-8)
영업시간 [월-금] 18 : 00〜03 : 00 [토 · 일 · 공휴일] 18 : 00〜01 : 00
휴무 수요일
전화 03-3723-5414
가까운 역 토요코선(東横線) 또는 오오이마치선(大井町線) 지유가오카역(自由が丘駅)에서 8분
홈 페이지 http://www.juriano.com/

낮과 밤이 전혀 다른 카멜레온 와인바

카도우 カドゥ- 香土 / CADEAU

어두운 조명이라 와인빛깔을 충분히 즐기는 데는 약간의 무리가 있으나 이곳을 드나드는 고객들은 아늑한 바와, 와인과 음식에 박식한 젊은 여성오너 소믈리에(藤澤潤)가 자리를 지키고 있어 늘 안심하고 편안해한다. 진정한 어른들의 공간이다. 일명 '쥰(jun)' 으로 통하는 오너는 며칠이 멀다할 정도로 고객에게 이메일로 본인의 근황과 소소한 바의 소식을 전하면서 친밀 마케팅을 하고 있다. 본인이 프랑스 여행을 갔다 트뤼플(송로버섯)을 사오면 트뤼플로 이벤트를 열고 본인이 동네 수영대회에서 입상하면 그것도 메일로 자랑을 할 정도이다. 바는 복층구조로, 위에 있는 테이블 공간은 별실이나 다름없는 역할이 가능하다. 또 하나 특색 있는 점은 런치엔 '바실리코' 라는 또 다른 간판을 걸고 파스타 중심의 런치를 팔고 있어 같은 장소에서 점심과 저녁, 이름도 음식도 다른 영업을 하고 있는 셈이다.

| 기 | 본 | 정 | 보 |

메뉴 와인(병) 5,000엔부터, 오마카세코스 5,250엔부터,
　　　　바실리코런치 파스타런치(스프, 파스타, 허브티) 1,000엔

주소 도쿄도 미나토쿠 시로가네 1-17-2 시로가네타워테라스 B104
　　　　(東京都 港区 白金 1-17-2 白金タワ- テラス棟 B104)

영업시간 18 : 00~24 : 00(L.O) 런치 11 : 30~14 : 30(L.O 14 : 00)

휴무 일요일, 공휴일(부정기적 쉴 겨우 홈페이지에 공지)

전화 03-3473-4707

가까운 역 남북선(南北線) 또는 미타선(三田線) 시로가네다카나와역(白金高輪駅)에서
　　　　　　연결된 쇼핑몰 내에 있다.

홈 페이지 http://www.arome.cc/index.html

치즈플레이트

냉파스타

● **추천대상** ●
동일 매장에 두 가지 콘셉트를 적용하고자 하는 분, 여성 소믈리에의 영업 방식을 보고 싶은 분

● **포인트** ●
☑ 영업형태　☑ 메뉴구성
☑ 소믈리에　☑ 친밀 마케팅

뉴질랜드 와인마니아가 사랑하는 다이닝&와인바

아롯사 AROSSA 銀座店

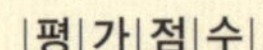

|평|가|점|수|

맛 ★★★★☆
분위기 ★★★★☆
서비스 ★★★★☆
벤치포인트 ★★★★☆

무와 야채샐러드

브르타뉴산 돼지고기그릴

● 추천대상 ●

뉴질랜드 와인과 음식에 관심 있는 사람. 런치메뉴 개발자

● 포인트 ●

☑ 뉴질랜드와인
☑ 한정런치 ☑ 심야영업

시부야(渋谷)에 호주와인과 음식을 전문으로 취급하는 '아롯사'로 시작해 2007년 긴자(銀座)에 뉴질랜드전문점을 열었다. 밤에 술을 마시러 가거나 런치에 가거나, 언제가도 분위기가 무척 밝아 저절로 기분이 들뜬다. 입구 오른쪽의 오픈 주방은 늘 분주하고 왼쪽과 안쪽 창가의 흰 테이블에는 와인을 좋아하는 긴자의 샐러리맨들로 가득하다. 이곳은 고급빌딩 안에 위치하고 있어 휴무 없이 영업하고 늦은 밤까지 오픈해 심야 와인족에게 더 없이 인기다. 테이블보가 런치엔 진초록으로 바뀌어 저녁과 또 다른 분위기를 연출한다.

메뉴특성

저녁에 가면 코스도 있고 여러 가지 알라카르테(일품요리)도 있어 선택의 폭이 넓다. 메인 그릴요리로는 뉴질랜드 비프, 양고기, 사슴고기부터 일본산 생선요리까지 다양하고, 볼륨감 있는 샐러드나 파스타 등에도 각종 뉴질랜드 육류가 사용되고 있다. 계절에 따라서는 뉴질랜드산 굴을 식사 전에 스파클링와인과 함께 즐길 수도 있다. '아로사식 샐러드'를 주문하면 발사믹코, 올리브오일베이스, 고르곤졸라치즈베이스 등 5가지 소스 중에서

선택할 수 있게 한다. 와인
을 마시러 여럿이 갔다면
샐러드, 파스타, 메인요리
순으로 일품요리를 시켜서
즐기면 좋고, 소규모 인원
이 가서 음식 중심으로 먹
고 싶다면 코스(5천 엔)를
시켜서 아롯사의 전체 분위
기를 탐색하면 좋겠다. 어
떤 음식을 주문해도 안정감

생햄과 루꼴라

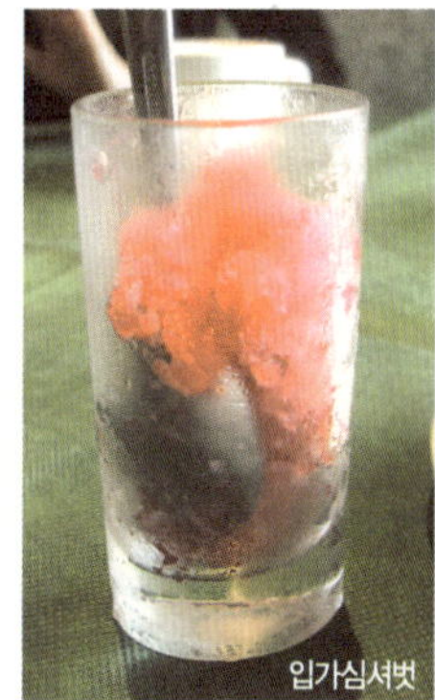
입가심셔벗

이 있으니 메뉴판에서 아무거나 손가락으로 찍어서(?) 시켜도 무방하다. 아
롯사에서 빠질 수 없는 것이 와인. 세계적으로 볼 때 와인의 역사는 짧지만
와인의 퀄리티를 인정받는 뉴질랜드 와인의 다채로운 리스트를 볼 수 있
다. 250여종 이상의 와인리스트에 화이트와 레드 글라스와인을 각 10개 이
상 준비하고 있으니 뉴질랜드와인 마니아라면 맘먹고 가볼 만하다. 그리고
런치도 인기만발이다. 한정 40식이어서 늦게 가면 떨어질 수도 있는데 샐
러드, 전채, 빵, 메인(육류나 생선), 디저트, 차까지 코스로 나오면서 1,050
엔이니 먹어본 사람들의 입소문이 강력하다. 대단한 미끼상품이 아닐 수
없다.

| 기 | 본 | 정 | 보 |

메뉴 런치 1,050엔(40식 한정),
디너아롯사코스 5,000엔, 키위코스 7,000엔(코스는 2명부터 주문 가능)
아롯사식 샐러드 1,200엔, 각종 파스타 1,600엔부터, 메인 1,800엔부터
주소 도쿄도 주오쿠 긴자 2-4-6 긴자Velvia관 8층
(東京都 中央区 銀座 2-4-6 銀座ベルビア館 8F)
영업시간 11：30~15：30, 18：00~02：00
휴무 Velvia관 휴무에 준함
전화 03-5524-1146
가까운 역 지하철 긴자역(銀座駅)에서 3분, JR 유락초(JR 有楽町駅)에서 7분
홈 페이지 http://www.pjgroup.jp/arossa/

탄두리 요리와 와인의 마리아주

카이바르 カイバル

긴자(銀座)의 유명한 인도레스토랑 '다바인디아'와 '구르가온'의 오너 미야자키(宮崎陽)가 2006년 말에 오픈한 작품이다. 여러 인도요리가 있지만 흙가마에 구워내는 탄두리 요리와 와인을 대표메뉴로 내걸었다. 난 탄두리 요리와 와인을 마시고 있자니 서초동 유명불고기집 '사리원'이 생각났다. 다른 곳보다 일찍 불고기와 와인의 매칭으로 마케팅을 한 곳이다. 내가 해외에 카이바르 같은 맛집을 낸다면 우리의 바싹불고기와 레드와인의 매칭을 내건 다이닝바를 오픈하고 싶다.

평가점수

맛	★★★☆☆
분위기	★★★☆☆
서비스	★★★☆☆
벤치포인트	★★★★☆

로띠에 싸서 먹는 탄두리요리

탄두리치킨

● 추천대상 ●

인도 레스토랑 오픈에 관심 있는 사람, 탄두리 등 인도요리 개발자, 인도요리와 와인의 매칭에 관심 있는 분

● 포인트 ●

☑ 탄두리요리 ☑ 와인

메뉴특성

원래 탄두리는 빵이나 고기, 치킨, 생선류 등을 굽는 흙가마로 북인도를 대표한다. 우리에게는 탄두리치킨이 익숙하지만 이곳에서는 치킨 뿐 아니라 야채, 생선 등 여러 가지가 있다. 그야말로 탄두리전문점이다. 그것도 인도 와인을 포함한 여러 나라 와인과 함께. 탄두리요리는 여러 가지 허브와 스파이시가 사용돼 매콤하기 때문에 과일향이 풍부한 레드와인과 잘 어울린다. 가볍게 탄두리요리만을 맛보고 싶다면 치킨을 로띠(부드럽고 얄팍한 밀전병 같은 난)에 싸서 먹을 것을 권한다. 기가 막힌 매칭이다.

기본정보

메뉴 탄두리치킨 1,370엔, 야채 탄두리 740엔부터, 와인(병) 3,400엔부터
주소 도쿄도 주오쿠 긴자 1-14-6(東京都 中央区 銀座 1-14-6 1F)
영업시간 11 : 30~15 : 00, 17 : 00~23 : 00
휴무 연중무휴
전화 03-5259-7610
가까운 역 히비야선(日比谷線) 히가지긴자역(東銀座駅)에서 2분, 각선 긴자역(銀座駅)에서 7분
홈 페이지 http://www.dhabaindia.com/khyber/index.html

규모는 작으나 세련된 프로의 위스키바

바 나카가와 バー ナカガワ / BAR NAKAGAWA

북극의 눈덩어리를 깎아서 만든 것 같은 질감의 입구. 입구 벽면에는 'BAR NAKAGAWA' 라는 글자가 조각처럼 뚫려 있고 그 안에서 은은한 불빛이 새어나오고 있다. 약간 낮은 천청의 입구를 머리 숙여 지나가면 드디어 카운터가 열린다. 곡면의 천정과 밝은 나무 원목이 똑 떨어지진 느낌으로 어떤 군더더기도 없다. 앉아서 술을 마시는 이와 카운터 안 바텐더의 눈높이가 일치한다. 즉 카운터안쪽 주방을 더 낮게 만든 것이다. 내부의 매끈한 인테리어와 아늑한 조명, 정면의 가지런한 각종 술병들, 고객을 편하게 대하면서도 점잖은 바텐더. 그 안에 앉아 자기가 주문한 술을 충분히 음미하기만 하면, BAR가 100% 완성되는 것이다. '요요기우에하라(代代木上原)'라는 지역은 세련된 작은 바와 다이닝 공간이 많아 싱글들이 혼자 가도 될 만한 곳들이 많은데, 이 나카가와 또한 남성은 물론 여성이 혼자 가도 금방 분위기에 젖어 즐길 수 있을 것 같아 보인다. 카운터 7석에 별실1개(6인 최대). 전체 금연.

메뉴특성

메뉴북이 없다. 바(bar)의 수많은 술과 그 술로 만들어지는 여러 가지 조합을 메뉴로 정리하는 것은 무리라고 말하는데, 한편으로는 고객의 어떤 요구에도 모두 대처할 수 있다는 바텐더의 자신감일 수도 있다. 향을 오래 즐기면서 향에 취하고 싶을 때는 오래된 빈티지의 칼바도스 한 잔부터 시작해도 멋진 밤이 될 듯하다.

| 평 | 가 | 점 | 수 |

분위기 ★★★★⯪
서비스 ★★★★⯪
벤치포인트 ★★★★☆

마른안주

● 추천대상 ●

세련된 위스키 바 운영 및 인테리어에 관심 있는 분

● 포인트 ●

☑ 인테리어 ☑ 조명
☑ 서비스

| 기 | 본 | 정 | 보 |

메뉴 1인 두 잔 정도 마실 경우 대략 4,000엔 정도
주소 도쿄도 시부야쿠 니시하라 3-25-5
　　　(東京都 渋谷区 西原 3-25-5 ファインビル 1F-B号室)
영업시간 19 : 00~04 : 00(L.O.03 : 30)
휴무 첫째 주 월요일
전화 03-5453-0650
가까운 역 치요다선(千代田線) 요요기우에하라역(代代木上原駅)에서 5분

바텐더의 노련함이 묻어나는 하드리쿼바 (Hardliquor Bar)

바 카스크 バー・カスク / BAR CASK

|평|가|점|수|

분위기 ★★★★☆
서비스 ★★★★☆
벤치포인트 ★★★★☆

• 추천대상 •

하드리쿼바 (Hardliquor Bar)구성 및 인테리어에 관심 있는 분, 바텐더의 서비스에 관심 있는 분

• 포인트 •

✓ 바텐더의 테크닉
✓ 접객태도 ✓ 인테리어

매우 어두운 조명 속에 긴 바 카운터가 펼쳐진다. 모습만으로도 내공이 짐작 가는 남성 바텐더 두 명이 리스트에 적을 수도 없는 수많은 술을 가지고 손님들의 기호를 맞추고 있다. 특히 바텐더의 뒤면서도 단정한 헤어스타일과 공손한 접객태도를 보면서 알코올을 취급하는 바에서의 스태

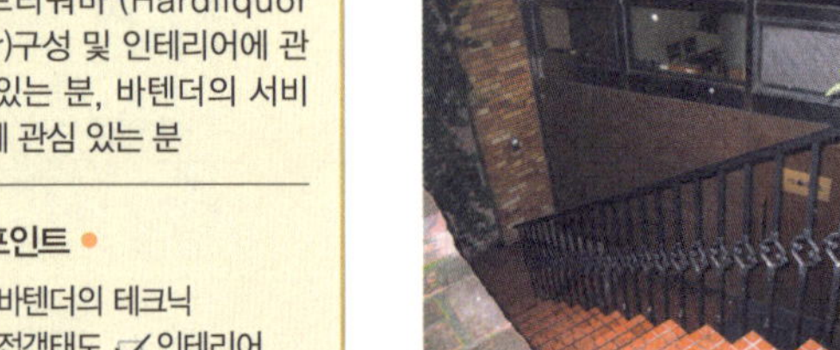

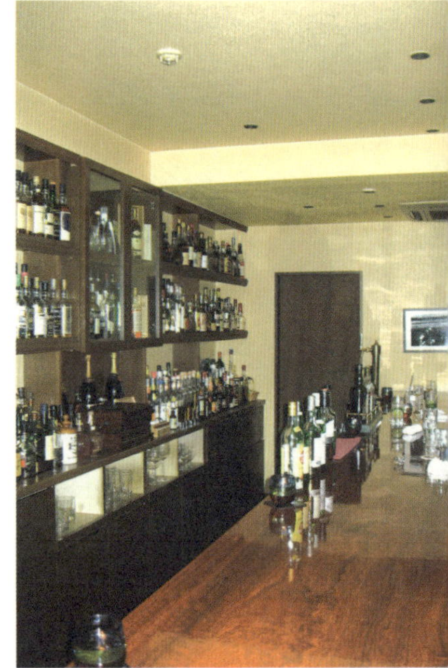

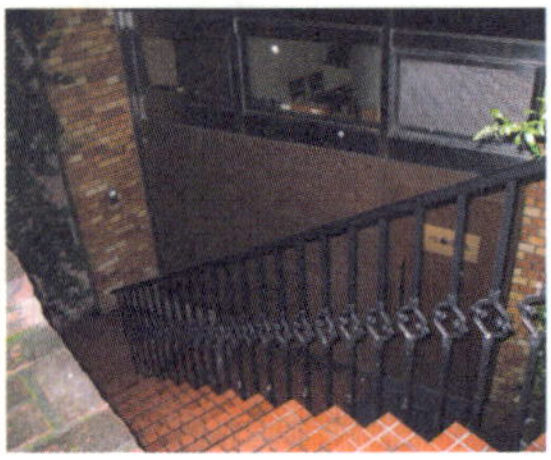

프 서비스를 한수 배우는 기분이다. 위스키를 마실 수 있는 기분 좋은 조명과 노련한 바텐더의 응대가 더해지니, 홀로 온 손님도 외롭지 않을 수 있는 분위기이다. 1층 내려가는 진입로부터 미끄러지듯 안으로 부드럽게 이어지는 구성이 돋보인다.

|기|본|정|보|

메뉴 1일 평균 예산(글라스로 마실 경우) 5,000엔 정도
주소 도쿄도 미나토쿠 롯폰기 6-8-29 롯폰기로만숀 지하 1층
(東京都 港区 六本木 6-8-29 六本木シローマンション B1F)
영업시간 [평일 · 토] 18 : 00~07 : 00, [공휴일 · 일] 18 : 00~06 : 00
휴무 연중무휴
전화 03-3478-7677
가까운 역 지하철 롯본기역(地下鉄 六本木駅)에서 7분
홈 페이지 http://www.cask.jp/

오세아니아 와인이 많은 성인 스탠딩 바

올드 바인 셀러 도어

オールド ヴァインセラードア OLD / VINE CELLAR DOOR

올드 바인은 데판요리를 하는 메인 레스토랑과 와인디스펜서를 사용하는 스탠딩바인 'CELLAR DOOR' 로 구성되어 있다. 이곳은 레스토랑 펀드를 이용하여 두 명의 파트너가 중심이 되고 그 외 20여명의 소액출자자가 구성되어 탄생된 곳이다. 특히 두 명의 파트너 중 한 명은 오세아니아 와인을 직접 연결하는 전문가로, 또 다른 한 명은 유명 증권회사 출신으로 레

스토랑업계에서 경력을 쌓은 경험자이다. 최고의 인기 트렌드 지역인 니시아자부(西麻布)에 있는 만큼 다른 곳과 조금이라도 차별화를 보여주려고 애쓴 흔적이 여기저기에 보인다. 이곳은 20석 정도의 좌석과 스탠딩으로 이루어진 바이다. 에노매틱(Enomatic)이라는 와인디스펜서를 설치하여 매일 16가지의 다양한 와인의 양(30cc, 60cc, 120cc)과 종류를 고객이 선택하여 마실 수 있게 하고 있다. 적은 양의 와인을 마셔도 제대로 된 글라스에 마실 수 있는 것도 다른 곳과 커다란 차별점이다. 이용방법은 5천 엔(약 5만원 상당)짜리 에노매틱 카드(Enomatic card)를 구입하여 이용하는데 1천 엔(약1만원상당)씩 추가 과금이 가능하다. 다른 역 앞의 스탠딩 바에 비해 고객의 연령층이 높은 편으로 남성은 30대 후반에서 50대, 여성은 20대 후반부터 40대로 소위 물 좋은 성인 스탠딩 와인 바라고 볼 수 있다.

| 평 | 가 | 점 | 수 |

분위기 ★★★★☆
서비스 ★★★☆☆
벤치포인트 ★★★★☆

● 추천대상 ●

와인디스펜서를 사용한 와인바 운영에 관심 있는 분, 레스토랑과 함께 운영하는 바를 보고 싶은 분, 오세아니아 와인에 관심 있는 사람

● 포인트 ●

☑ 호주 와인
☑ 와인디스펜서
☑ 성인 중심

| 기 | 본 | 정 | 보 |

메뉴 글라스와인(에노마틱 카드 사용), 1,000엔 안팎의 다양한 안주류를 옆 레스토랑 '올드 바인' 에서 주문할 수 있다

주소 도쿄도 미나토쿠 니시아자부 1-10-6 NISHIAZABU 1106 BLDG
(東京都 港区 西麻布1-10-6 NISHIAZABU 1106 BLDG)

영업시간 17 : 00~04 : 00(L.O 02 : 00)

휴무 일요일, 공휴일

전화 03-5771-2439

가까운 역 지하철 롯본기역(六本木駅) 또는 히비야선(日比谷線) 히로오역(広尾駅)에서 12분

홈 페이지 http://www.oldvine.jp/oldvine_winelist/index.html

맛있는 와인과 안주를 싸게 즐길 수 있는 스탠딩 바

스탠딩 바 쁘띠 코니시

スタンディング・バー プチコニシ / STANDING BAR PETIT KONISHI

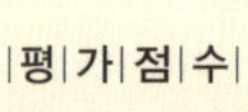

|평|가|점|수|

맛 ★★★★☆
분위기 ★★★★☆
서비스 ★★★☆☆
벤치포인트 ★★★★★

수제 백색소시지

서로인스테이크와 프렌치프라이

● 추천대상 ●

와인 숍과 와인바 동시 운영
에 관심 있는 분, 와인바 메
뉴 개발자

● 포인트 ●

☑ 스탠딩바 ☑ 코르크차지
☑ 실속 마니아풍

서서 술을 마시는 것이 불편하다고 느끼는
사람들이 많이 있을 것이다. 하지만 서서 마
시는 대신 맛있는 술과 음식을 싸게 마시고
즐길 수 있다면 다시 생각해보지 않을까?
쁘띠코니시는 '후지코' 라는 와인 숍 안 복
층 2층에 위치한 와인바이다. 오크통들과
벽을 둘러싼 간이 선반이 이 집의 테이블이
다. 그리고 안쪽엔 작지만 웬만한 식당 주방
못지않은 곳에서 무언가 열심히 썰고 만들

고 있다. 와인 숍을 거쳐 들어올 때는 아주 조그마하게 와인을 테이스팅하
는 정도의 공간이 있나보다 라고 생각했는데, 막상 들어오니 분위기도 범상
치 않고 메뉴북을 펼치니 간이 스탠딩 와인 바의 수준을 넘고 있음을 실감
하게 된다. 대개 와인 숍과 동반한 와인 바는 숍의 와인 판매를 높이기 위한
보조수단인 경우가 일반적인데 이곳은 그 수준은 벗어났다고 볼 수 있다.
물론 이렇게 틀이 잡힌 것은 후지코 와인 숍의 사장(戸谷 昌弘)이 도쿄 시내
에서 일하고 있던 지금의 셰프를 데리고 와 힘을 실어주면서부터이다. 문
득, '국내라면 실력 있는 셰프가 와인 숍 간이 바에서 자기 실력을 발휘하며
만족해할 수 있을까?' 라는 생각이 들었다. 한국은 한 공간에서 술을 파는

숍과 바를 함께 낼 수 없고 분리를 시켜야만 허
가가 나기 때문에 직접 응용하는 덴 약간 무리
가 있어 보인다. 여기서 먹고 마시다 보면 분
위기의 최면에 걸려 몇 시간이고 줄곧 서있을
엔도르핀이 솟다가, 집에 돌아와 술이 깰 때쯤
되면 다리가 아프다고 느끼게 된다.

메뉴특성

직접 만든 소시지, 양갈비스테이크, 이베리코(스페인돼지고기)살라미, 팬
네고르곤졸라 등 메뉴 종류도 꽤 많고, 대표 메뉴에는 거기에 맞는 와인도
매치되어 있다. 실제 어떤 메뉴를 주문해도 그냥 넘어가는 간단한 수준이
아니라 웬만한 레스토랑의 풍성한 음식과 다름없다. 식사를 하고 싶다면
스테이크나 파스타로 충분한 볼륨의 요기가 가능하다. 치즈는 원하는 종류
를 소량부터 주문할 수 있는데, 주문하면 10여 종류에 달하는 치즈 트레이
를 가지고 와서 설명과 함께 원하는 만큼 잘라 주는 방식이다. 음료리스트
에는 와인만 있는 게 아니고 세계 맥주 및 일본의 지방맥주도 구비되어 있
다. 리스트에 있는 와인은 글라스, 커라프(carafe), 병으로 구분되어 있다.
두 명이 갈 경우, 와인 한 병이 부담스러울 경우 반 병 정도의 양인 커라프
가 제격이다. 1층은 와인 숍이기 때문에 숍에서 와인을 가져올 경우는 코르
크차지(Cork Charge 고객이 외부에서 와인을 가져올 때 지불하는 비용)가
일반 병은 900엔, 하프는 500엔, 매그넘인 경우는 1,800엔이니 그 또한 매
우 합리적이다.

| 기 | 본 | 정 | 보 |

메뉴 자가소시지 810엔, 양고기스테이크 1,300엔, 드라이토마토 300엔,
그린샐러드 690엔, 팬네고르곤졸라 1,200엔, 이베리코살라미모둠 890엔,
글라스하우스와인 390엔, 커라프1050엔,병 2,000엔

주소 도쿄도 나카노쿠 주오 2-2-9(東京都 中野区 中央 2-2-9 第3戸谷ビル 1F)

영업시간 17 : 00~23 : 00(L.O) 숍 11 : 00~23 : 00(일요일 12 : 00~21 : 00)

휴무 스텐딩 바-일요일 숍-연중무휴

전화 03-3365-2244

가까운 역 마루노우치선(丸ノ内線) 또는 오오에도선(大江戸線)
나카노사카우에역(中野坂上駅)에서 3분

홈 페이지 http://www.fujikonishi.co.jp/

포르투갈 와인이 있는 치즈 전문 바
까사 데 퀘죠 カ−サ・デ・ケ−ジョ / CASA DE QUEIJO

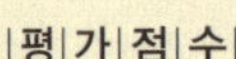

|평|가|점|수|

맛	★★★★☆
분위기	★★★☆☆
서비스	★★★☆☆
벤치포인트	★★★★★

디저트치즈

치즈피자

● 추천대상 ●

치즈판매, 테마 카페나 바에
관심 있는 분

● 포인트 ●

☑ 다양한 치즈
☑ 포루투갈 와인
☑ 카페&바

에비스(惠比寿)에서 미팅이 있
을 때 손님들과 함께 가곤 했던
바이다. 막상 도착하면 나보다
도 함께 간 손님들이 다양한 치
즈의 다채로움과 작은 공간의
따뜻함, 그리고 인상 좋은 할
아버지로 인해 금방 팬이 되어
버리곤 했다. 프렌치 레스토랑

3종치즈플레이트

이나 이탈리안 레스토랑, 와인 바나 카페 등에 꼭 빠지지 않는 품목이 치즈
이다. 그러나 치즈는 조연으로서 구색용이 될 때가 대부분이다. 세계적으
로 인기 있는 발효식품이자 건강식인 치즈가 왜 곁들이 밖에 될 수 없냐고
흥분하는 사람이 있다면 꼭 이곳에 가 보라고 말하고 싶다. 이곳에서는 치
즈가 메인이고 그 치즈를 더욱 맛있게 먹기 위해서 와인을, 커피를, 또는 맥
주를 마신다. 직장을 정년퇴임하고 포르투갈에 건너가 치즈를 공부한 뒤
오픈한 할아버지의 작은 치즈 바. 일본 최초의 치즈 전문바라는 자부심이
무지 높다. 진열대는 작지만 수십 종의 치즈가 즐비하고 그 안에는 평소 보
기 쉽지 않았던 디저트치즈까지 있다. 카운터에는 치즈 책도 여러 권 굴러

다닌다. 책을 보든지 진열
장을 보든지, 아니면 평소
내 머리 속에 있던 치즈를
주문하면 된다. 그것도 안
되면 '이런저런 느낌의 치
즈가 먹고 싶다' 라고 말하
면 치즈할아버지가 알아서
구색을 맞춰준다. 카운터
좌석 5개와 테이블 두 개가
전부고 춥지 않은 계절이면
앞 유리문을 활짝 열어 골
목과 점포의 경계를 허물어
버린다. 낮에도 영업을 하
기 때문에 차와 함께 즐기

카망베르치즈퐁듀

는 치즈카페로도 적당하다. 매월 11일은 요일에 상관없이 치즈다베호다이
(치즈뷔페)를 하므로 다양한 치즈 공부에 더 없이 좋은 기회이다.

메뉴특성

치즈 1종류부터 시작하여 3종류, 5종류를 고를 수 있는 치즈메뉴가 있고 요
리 메뉴로는 치즈퐁듀와 치즈피자가 있다. 특히 '치즈피자' 는 본인이 좋아
하는 치즈를 어떤 치즈든 두 가지 고르면 그 치즈가 듬뿍 올라간 쭉~쭉 늘
어나는 진한 치즈 맛의 피자가 나온다. 와인은 종류가 다양한 편은 아니나
할아버지의 추억이 있는 포르투갈 와인을 중심으로 마실 수 있다.

| 기 | 본 | 정 | 보 |

메뉴 치즈피자 2,000엔, 치즈 5종류 2,500엔, 카망베르퐁듀 1,200엔,
　　　 치즈다베호다이(치즈뷔페) 1인 4,500엔, 치즈는 1종류부터 판매
주소 도쿄도 시부야쿠 에비스 2-8-7(東京都 渋谷区 恵比寿 2-8-7)
영업시간 13 : 00~15 : 30, 17 : 00~24 : 00
휴무 월 · 일요일
전화 03-3473-5525
가까운 역 JR 에비스역(JR 恵比寿駅) 또는 지하철 에비스역(地下鉄 恵比寿駅)에서 8분
홈 페이지 http://www.casadequeijo.com/

유서 깊은 280석 규모의 초대형 호프

라이온 긴자 7초메점 ライオン 銀座 七丁目店 / LION

|평|가|점|수|

맛 ★★★½☆
분위기 ★★★★☆
서비스 ★★★½☆
벤치포인트 ★★★☆☆

소시지와 포테이토갈릭볶음

● 추천대상

대형 맥주바를 염두에 두고 고전적 맥주홀을 찾는 분. 맥주의 맛과 메뉴 특성에 관심 있는 분

● 포인트

☑ 대형 펍
☑ 에비하라 맥주 ☑ 청결

5년여 전, 서울을 중심으로 매크로브루어리(microbrewery, 자가양조맥주) 붐이 일었던 적이 있다. 독일 현지에서부터 들여왔다는 거대한 맥주 양조 통, 직접 만든 맥주를 마신다는 신선함으로 손님을 대거 유입시켰었다. 지금은 매크로브루어리에 대한 대중의 신기함도 식어버렸고 그 아류상품들이 많이 들어오면서 맛에서도 경쟁력을 잃게 되어 인기가 떨어졌지만 말이다. 그런데 긴자의 라이온에 오면 초창기 매크로브루어리의 그 신났던 붐이 생각나고 그 올드 버전 속으로 들어온 것 같은 기분이 된다. 이곳은 1934년 오픈했으니 그 역사가 무척 길다. 280석 규모의 대형 홀에 앉아 모두 열심히 맥주를 마시고 있는 광경만으로도 장관이다. 제작에만 3년이 걸

렸다는 거대한 모자이크 벽면과 높은 천정 등을 본다
면 시공 당시에는 원조 디자인레스토랑으로 불리지
않았나 하는 생각까지 들 정도이다. 그리고 생맥주
총책임자 에비하라 키요시(海老原淸) 씨가 따라주는
맥주가 유명해져서 첫 잔으로 '에비하라비루(에비하
라맥주)'를 요구할 정도이다. 에비라하 씨는 좋은 생
맥주의 관리 비결로 첫째 '청결'을 꼽고 있다. 맥주탱
크부터 고객의 입에 대는 컵까지 엄격한 청결이 기본
임을 늘 강조하고 있다. 그는 생맥주가 가장 맛있는
때는 탱크 내로 옮겨진 다음날이라고 한다. 사람과
마찬가지로 하루 쉰 다음 날이 원기 회복의 절정이라
나. 그 다음으로는 탱크의 탄산가스 가스압 조정에
신경을 쓴다는데 이곳에서는 1,000리터짜리 대형 탱
크 4개를 가지고 영업하고 있다. ㈜사포로라이온이
라는 법인명으로 체인사업이 활발하다.

메뉴특성

이곳에서는 전형적인 맥주집 안주를 다 볼 수 있다. 소시지, 감자 등 일반
메뉴부터 왜건으로 서비스하는 로스트비프까지 있다. 맥주 종류도 다양하
고 사이즈별로 선택 가능하다.

| 기 | 본 | 정 | 보 |

메뉴 삿포로생맥주블랙라벨 630엔, 840엔, 1,680엔,
　　　에비스생맥주 690엔, 820엔, 1,030엔,
　　　로스트비프(100g) 980엔, 가키후라이(굴튀김) 980엔, 치킨바스켓 930엔,
　　　피쉬 앤 칩스 850엔, 소시지모둠 2,680엔
주소 도쿄도 주오쿠 긴자 7-9-20(東京都 中央区 銀座 7-9-20)
영업시간 [월-토] 11 : 30~23 : 00 [일 · 공휴일] 11 : 30~22 : 30
　　　　[런치타임] 11 : 30~14 : 00
휴무 연중무휴
전화 03-3571-2590
가까운 역 각선 긴자선(銀座線) 긴자역(銀座駅)에서 3분,
　　　　JR 유락쵸역(JR 有楽町駅)에서 7분, JR 신바시역(JR 新橋駅)에서 7분
홈 페이지 http://www.ginzalion.jp/

베트남 요리를 먹을 수 있는 실내 포장마차

촙프스틱쿠스 *チョップ スティックス*

신주쿠(新宿)에서 전철로 10분 정도 가는 곳에 코엔지(高円寺)라는 지역이 있다. 중심지처럼 번화하지는 않지만 여러 상점가가 길게 늘어서 있고 빈티지 소품을 파는 숍도 많아 이것저것 구경거리가 많은 동네이다. 저렴한 임대료, 빈티지 분위기 등의 이유로 다양한 외국인도 많이 살고 있어 일명 '도쿄의 인도' 라고 불리는 곳이다. 고급 점포는 많지 않지만 특색 있는 명물점이 많은데 이집도 거기서 빠지지 않는 곳이다. 일본 쌀로 만든 최초의 쌀국수를 파는 베트남집이다. 식당에 들어갔을 때 일본인

고객만 없다면 베트남 길거리 식당에 와 있는 것 같은 기분이다. 비닐 천막도, 플라스틱 의자들도, 벽에 걸린 메뉴판의 이름도 제법 그럴싸하다. 베트남의 길거리 음식을 음식점 안으로 옮겨온 듯 하고 가격도 그에 준하여 저렴하니 안심하고 과식할 수 있다. 오너인 모기 타가히코(茂木貴彦)씨는 조리사로 일하던 중 여러 나라 음식에 관심에 많아 해외를 많이 돌아다니다, 부담 없는 가격의 베트남 요리에 필이 꽂히게 되었단다. 그래서 귀국 후 일본쌀로 만든 '포' 까지 개발하게 되었다고. 식당이 작으나 플라스틱 의자를 마구 늘려 놓을 수 있어 30여명 회식까지 거뜬하다.

메뉴특성

수제 파스타는 많이 들어봤어도 수제 포는 아직 낯설어 다른 음식보다도

|평|가|점|수|

맛　　　　★★★☆☆
분위기　　★★☆☆☆
서비스　　★★★☆☆
벤치포인트　★★★★★

베트남풍 어묵

포

● **추천대상** ●
쌀국수 개발자, 베트남 대중 음식에 관심 있는 사람, 베트남 방식의 타파스 메뉴 개발에 관심 있는 분

● **포인트** ●
☑ 일본쌀 포　☑ 포장마차
☑ 베트남 분위기
☑ 대중적

더 많은 기대를 하고 갔다. 건면이 아니므로 면에 수분이 많아 부드러운 촉
감을 가지고 있으며 국물도 매우 깔끔하다. 화학조미료를 사용하지 않는다
는 것 또한 강조하고 있다. 면이 금방 불기 때문에 빨리 먹어야 된다는 단점
이 있긴 하다.

그 외 베트남 현지에서 접할 수 있는 대중 요리가 무척 많다. '반세오(베트
남부침개)' 가 1, 2인용 사이즈로 아주 작게 만들어져 바삭하게 나온다. '차
카' 라는 하노이 명물 흰살생선 튀김 위에 딜 등 향신료가 얹어진 요리도 있
고 '체' 라는 빙수 같은 베트남 디저트도 구비되어 있다. 요리는 400엔 안
팎의 작은 접시 요리가 무척 많아 선택의 폭이 넓다.

| 기 | 본 | 정 | 보 |

메뉴 반세오(1-2인용) 680엔, 차카 550엔, 찐생춘권 600엔, 하노이풍튀긴춘권 600엔,
야다이오츠마미(포장마차 안주-매일 바뀜) 280엔, 파파야와 치킨 사라다 550엔,
치킨포(기본) 630엔, 쇠고기포 680엔, 카이난치킨라이스 680엔, 체 480엔
런치(단품 or 세트) 830엔부터

주소 도쿄도 쓰기나미쿠 고엔지 3-22-8 大一시장 내
(東京都 杉並駅 高円寺北 3-22-8 大一市場内)

영업시간 11：30～24：00 [금·토] 11：30～02：00

휴무 월요일

전화 03-3330-3992

가까운 역 JR 고엔지역(JR 高円寺駅)에서 3분

홈 페이지 http://namamen.com/about.html

코리아타운에 위치한 순대 비스트로

코리아 순대야 コリアスンデ 家

한국인에게 순대는 간식, 야식으로 친숙한 음식 중 하나이다. 한국에서도 순대에 돼지피가 들어갔냐 아니냐, 진짜 내장을 썼느냐 안 썼느냐, 안에 주재료가 찹쌀이냐 당면이냐 등으로 등급도 구분하고 기호도 분분하다. 어찌 보면 야만적이고 촌스러운 음식처럼 보일 수도 있지만 내장을 이용한 고단백 음식으로, 먹으면 먹을수록 인이 박히게 되는 음식이다. 그런 순대를, 매일매일 사장이 내장을 사와 직접 만드는 음식점이 있다. 신오오쿠보(新大久保) 코리언타운 안에 있는 코리아순대야는 24시간 영업을 하는데 꽤나 인기가 있다. 외국인이 보면 순대의 모양에 혐오감을 느껴 쉽게 도전할 용기가 나지 않겠지만 설명을 듣고 한번 먹게 되면 고소하고 담백한 맛에 반하고 만다. 특히 와인 좋아하는 외국 친구들과 먹을 때에는 이구동성으로 순대야 말로 와인과 잘 맞는 안주가 아니냐고 말한다. 앞으로 '순대 비스트로(?)'를 한번 시도해보고 싶어진다. 예약을 할 경우 2시간으로 시간 제약이 있다.

메뉴특성

순대에 이어 인기 있는 메뉴는 족발. 전혀 잡내 없이 깔끔하게 삶아져 나오고 쫄깃하다. 한국의 웬만한 족발집에 비한다 해도 크게 뒤지지 않는다. 막걸리는 단 편이어서, 편하게 마시기에는 맥주나 소주가 더 낫다. 깍두기가 맛이 잘 배어서 순대와 곁들이기에 안성맞춤이다.

| 기 | 본 | 정 | 보 |

메뉴 1,000엔, 순대볶음 2,000엔, 족발 3,000엔, 도토리묵무침 1,000엔, 달걀찜 1,000엔, 생맥주 550엔, 막걸리 1,500엔, 서비스료 5%
주소 도쿄도 신주쿠쿠 햐쿠닌초 1-3-3(東京都 新宿区 百人町 1-3-3 サンライズ新宿A 1F)
영업시간 24시간영업
휴무 연중무휴
전화 03-5273-8389
가까운 역 JR 신오오쿠보역(JR 新大久保駅)에서 6분

| 평 | 가 | 점 | 수 |

맛 ★★★☆☆
분위기 ★★☆☆☆
서비스 ★★☆☆☆
벤치포인트 ★★★☆☆

족발

순대

● **추천대상** ●
해외의 일반 한식당 사례에 관심 있는 분, 순대 비스트로를 경험하고 싶은 분

● **포인트** ●
☑ 수제 순대
☑ 24시간 영업
☑ 대중식당

Tokyo

Dessert & Shopping

도쿄의 디저트 &
쇼핑 가이드라인

1. 도쿄에 왔다면 이것만은 꼭 먹고 가자

도쿄 바나나 (TOKYO BANANA)

도쿄는 대표할만한 토산품이 없다. 그래서 대부분 지방의 명물을 가져다 판매했는데 4-5년 전부터 도쿄 바나나가 도쿄를 대표하는 오미야게(기념품)의 대명사로 자리를 굳혔다. 병아리처럼 노란 카스텔라에 바나나 페이스트가 들어 있다.

http://www.tokyobanana.jp/banana/index.htm

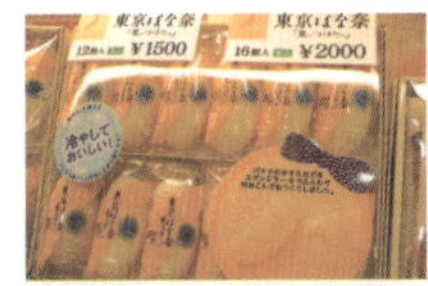
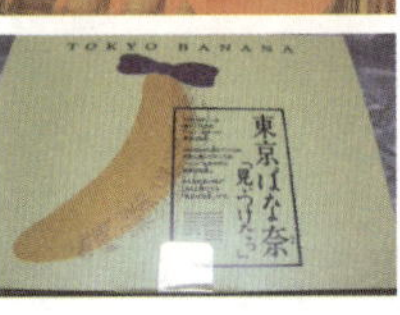

구입처

도쿄역, 신간센 시나가와역, 신주쿠역, 나리타공항, 하네다공항

타이야끼 (たいやき) – 나니와야 소우 혼텐 (浪花家総本店)

1909년 창업 후 전통적인 방법을 고수하며 하나하나 구워내고 있다. 8시간 동안 익혀내 단맛이 부담스럽지 않은 팥앙금은 수분이 많아서 우리 입맛에 잘 맞는다. 붕어빵 외에 녹차빙수도 각별하다. 롯폰기까지 갔다면 옆 동네인 아자부주반까지 걸어가는 코스도 추천한다.

http://www.wagashi.or.jp/tokyo/shop/0510.htm

구입처

도쿄도 미나토쿠 아자부주방 1-8-14 (東京都 港区 麻布十番 1-8-14) /
03-3583-4975 / 아자부주방역 (麻布十番駅) 1분 거리

히요코만주 (ひよ子)

100년 전에 탄생한 단 만주는 에너지를 많이 소비하는 노동자들의 간식이었다. 병아리 모양의 만주 모양이 귀여워서 판매가 더욱 잘 되기도 했다. 인겐마메(까치콩)의 가루, 설탕, 노른자 등을 섞어 만든 흰앙금을 둘러싼 겉껍질의 맛이 별미다.

http://www.hiyoko.co.jp/index.html

구입처

도쿄역, 나리타공항, 하네다공항, 신주쿠, 시나가와역 등

오몽야 (目黑地藏通り 御門屋)

튀긴 만주지만 고소하면서도 느끼하지 않아 찾는 이가 많은 간식거리다. 고품질의 여러 튀김용 기름을 혼합한 것이 오몽야의 독특한 만주 맛을 내는 비결 중 하나다. 노인들에게는 추억의 맛이 아닐까 싶다. 심플한 팥의 고소한 튀김만주는 표면에 검정깨가 들어간 것과 들어가지 않은 것이 있다. 빵집 찹쌀 도넛의 고급버전이라고 이해하면 쉬울 듯하다.
http://www.mikadoya-agemanjyu.co.jp/
whats_new/index.html

구입처

도쿄역 상가, 시나가와역 에큐트 쇼핑몰, 에비스역과 메구로역의 아트레 쇼핑몰, 시부야 토큐백화점 토우요코점 (東急百貨店 東橫店) 쇼핑몰

구즈모찌 (船橋屋のくず餠)

칡으로 만든 아주 탄력 있는 모찌(찹쌀떡)에 검은 꿀과 콩가루를 뿌려서 먹는 음식이다. 우리나라의 도토리묵과 같은 탄력과 칡 특유의 향에 당도 높은 검은 꿀과 콩가루가 절묘하게 조화를 이루었다. 비싸긴 하지만 구즈(칡)푸딩도 맛있다. 검은 꿀을 조금만 가미한다면 훌륭한 다이어트용 디저트가 된다.
http://www.funabashiya.co.jp

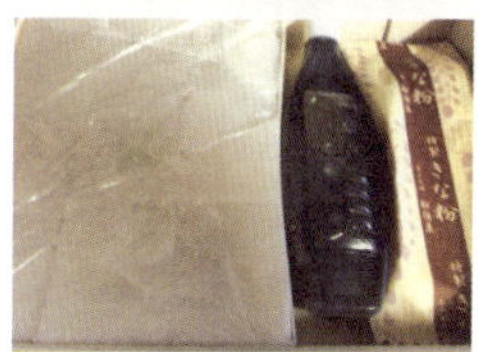

구입처

카메이도 본점, 코요미 히로점, 아사가야역점, 지유가오카 본점, 에큐트시나가와점, 토큐백화점 토우요코점 (東急百貨店 東橫店), 이케부쿠로역 토부백화점

야마노테뉴카 (山の手乳菓) 지유카오카 본점

지유가오카에 본점을 둔 화과자 전문점인 '나보나'는 샌드용 과자가 더 유명한 집이다. 이곳의 과자는 커피와 잘 어울리는데 우유를 듬뿍 사용한 베이지색의 겉껍질과 황금색의 촉촉한 앙(고물)이 조화를 이룬다. 부드러운 '시로앙만주'도 추천한다.

http://www.navona.co.jp/lineup/nyuka.html

구입처

지유가오카 본점, 지유가오카역, 아사가야역

다카노 후루츠 파라
(新宿高野·タカノフルーツパーラー＆フルーツバー)

120년 전통의 과일 전문점이다. 신주쿠 본점에는 카페형인
'후루츠 파라' 와 뷔페형 '후루츠 바' 가 있다. 맛 자체만 간단
히 즐기고 싶다면 후루츠 파라에서 파르페 등을 간단히 즐기
면 좋다.

http://takano.jp/product/shinjyuku/5f_parlour.html

구입처

도쿄도 신주쿠쿠 신주쿠 3-26-11(東京都 新宿区 新宿 3-26-11) /
03-5368-5147 / 신주쿠역에서 4분 거리

보석젤리 (彩果宝石)

귤, 복숭아, 살구, 메실, 파인애플, 포도 등 28종의
과일이 있으며 허브, 장미 등도 있다. 쫀득쫀득 가
벼운 젤리와 같은 식감으로 천연 과일을 50%나
사용했기 때문에 단맛과 신맛이 어울린 과즙이 풍
부하다. 각 젤리는 과일 모양과 비슷해 먹고 즐기는 재미를 더해 준다.

http://www.kmlemk.com/sweet/

구입처

미츠코시 백화점 지하

코지코나
(銀座 コージーコーナー COZYCORNER)

점보 슈크림은 60년간 일본인들의 사랑을 받아온
과자이다. 부드럽고 말랑말랑한 슈 안에는 바닐라
빈이 들어 있고, 농후한 커스터드 크림도 듬뿍 들

어 있다. 점보사이즈에 비해 가격이 저렴한 커스터드 슈크림이다. 겉껍질이
얇은데도 씹는 맛이 있다.

http://www.cozycorner.co.jp/

구입처

각 역 앞에 있다.

앙리 샤르 판티에 (アンリ · シャルパンティエ)

1970년 관서지역을 감동시켰던 '불타는 디저트' 크레이프 슈제트는 1990년 요

코하마에 들어오며 관동지역을 단숨에 제압했다. 각종 케이크와 서양과자가 있으며 매번 눈을 즐겁게 하는 신선함을 준다.
http://www.henri-charpentier.com/

구입처

긴자본점 : 도쿄도 추오쿠 긴자 2-8-20(東京都 中央区 銀座2-8-20) / 03-3562-2721/10 : 00~21 : 00(살롱 드떼11 : 00~21 : 00) / 긴자잇초메역(銀座一丁目駅)에서 3분 거리 그 외 긴자마츠야백화점, 니혼바시다카시마야백화점, 신주쿠이세탄, 이케부크로토큐, 아사쿠사마츠야백화점 등

에비스 비루 젤리 (エビスビールがゼリ – yebisu beer jelly)

맥주의 향기, 쓴맛, 단맛이 적절히 조화를 이룬 탄력 있는 젤리로, 삿포로 사의 에비스 맥주로 만든 젤리다. 맥주의 맑고 진한 노란색이 동그란 케이스에 들어 있다.
http://www.sapporoagency.jp/product/snack/beerjelly/index.html

구입처

에비스 맥주박물관, 에비스 미츠코시 백화점

마휘나리즈 (マフィナリーズ MUFFINARI'S 머핀전문점)

 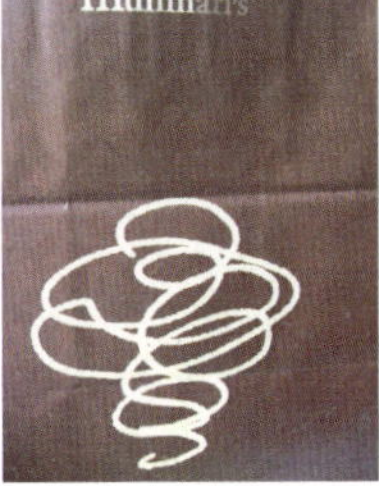

미타카역 2층에서는 '스위츠 머핀'과 '식사용 머핀'을 판매한다. 살몬 크림치즈, 고르곤졸라 그랑블르 머핀은 로즈힙과 히야비스 브랜드의 허브차와 함께 마시면 좋다. 미타카 지브리 박물관(애니메이션 미술관)을 방문하는 사람은 한번쯤 들려볼 만하다.
http://www.jefb.co.jp/muffinaris/

구입처

미타카역 (三鷹駅) 내 디라미타 4층, 신주쿠 미츠코시 지하 2층

르 수플레 (ル · スフレ Le Souffle)

감상할 틈도 없이 금방 꺼져 버리는 따뜻한 케이크, 수플레를 취급하는 일본 유일의 수플레전문점이다. 바닐라수플레부터 초콜릿수플레, 칼바도스수플레, 코코넛수플레 등 20여 가지 이상의 디저트수플레와 당근수플레, 푸아그라수플

레, 연어수플레 등 다이너(식사용)수플레가 10여 가지나 있으니, 수플레천국이 따로 없다. 여성들이 좋아하는 클래식한 분위기의 카페이다.

구입처
토쿄도 미나토구 니시아자부 3-13-10 카스타무파쿠사이 도빌딩 2 F
(東京都 港区 西麻布 3-13-10 カスタムパ"ークサイドビル 2F) / 히로역에서 15분 정도

팡케키데이즈 (パンケキデイズ PANCAKE DAYS)

이름 그대로 팬케이크 전문점이다. 단순한 팬케이크 하나로 다양한 메뉴와 다양한 디스플레이가 가능하다는 걸 보여준다. 전문 메뉴와 어울리는 아늑한 부위기, 폭신폭신한 식감과 쫄깃함을 함께 느낄 수 있는 팬케이크 맛이 정석에 근접해 있다. 팬케이크를 8장 쌓아 휘핑크림과 딸기 소스를 얹고 정상에 작은 국기를 꽂아 주는 '데이즈스페셜' 등 재미 있는 메뉴가 많다.

http://www.pancakedays.jp/

구입처
도쿄도 스기나미쿠 코엔지 2-14-5 (東京都 杉並区 高円寺南 2-14-5) /
03-5929-1530 / [월, 수-금] 11：30〜21：00(L.O 20：30)
[토,일,공휴일] 11：30〜22：00(L.O 21：00)
신코엔지역(新高円寺駅) 근처, 코엔지역(高円寺駅) 6분

라블레슈즈 아뜨레 에비스 (ラ・プレシューズ アトレ恵比寿)

카페에서 느긋하게 케이크와 차를 즐길 수 있는 곳인데, 특히 조그만 치즈 케이크가 입에서 녹는다.

http://www.ekipara.com/html/Indication/shophtml/K1040R04_212.html

구입처
에비스역 내 아뜨레 쇼핑몰

르 쿠르 뷰 (Le Coeur Pur)

요리 같은 양과자라는 개념으로 야채 케이크가 인기
있는 곳이다. 야채 케이크하면 나카메구로의 '포타
쥬' 라는 빵집과 함께 이집을 손꼽는다. 감자 케이크,
당근 케이크, 시금치 케이크, 셀러리 케이크, 양파 케이크 등 다양한 야채 케이
크가 있다.
http://www.lecoeurpur.co.jp/

구입처

도쿄도 스기나미쿠 오오쿠보 5-16-20(東京都 杉並区 荻窪 5-16-2) /
03-5335-5351 / (월-토) 7 : 30~21 : 00
(일 · 공휴일) 8 : 00~20 : 00 / 오키구보역(荻窪駅)에서 2분

몽상클레루 (モン · サン · クレール Mont St.clair)

지유가오카에서 케이크와 초콜릿으로 유명한 곳. 양과자집 장남으
로 태어난 '츠지구치(辻口博啓)' 가 오너인 곳으로 한 가지 한 가지
케이크마다 특징이 뚜렷하여 쇼윈도를 보는 것만으로도 즐겁다.
http://www.ms-clair.co.jp/

구입처

토쿄토 메구로쿠 지유가오카 2-22-4 (東京都 目黑区 自由が丘 2-22-4) /
03-3718-5200/11 : 00~19 : 00 살롱 11 : 00~17 : 30(L.O) /
지유가오카역 (自由ケ丘駅)에서 10분

키르훼봉 (キル フェ ボン 銀座 Quil Fait Bon)

긴자 쁘렝땅백화점 뒷길에 있는 유명 케이크점으로 특
히 '타르트' 가 메인이다. 계절 과일을 사용한 각종 타르
트가 유명하다. 가격은 일반 점포에 비해 1.5배 정도 비
싸지만 싱싱한 과일과 볼륨감, 끼르훼봉이라는 브랜드
를 먹는다는 점 등으로 보상이 되곤 한다. 차는 티포트
에 나오는 키르훼봉 홍차가 잘 어울린다.
http://www.quil-fait-bon.com/

구입처

토쿄 추오구 긴자 2-4-5 (東京都 中央区 銀座 2-4-5) / 03-5159-0605 /
(숍) 11:00~21 : 00 (카페:평일은 12 : 00~20 : 00 주말은 11 : 00~20 : 00) /
긴자역에서 5분

2. 도쿄에서 살 수 있는 지역 특산 디저트

키교야의 신겐모찌 (梗信玄餅) & 신겐모모 (信玄桃)

일본 분위기를 물씬 풍기는 화과자라 VJC(Visit in Japan)대회에서 은상을 수상하고 외국인에게 매력 있는 선물로 뽑히기도 했다. 인절미 모찌는 상품의 콩가루와 크로미쯔(검정 꿀)에 버무려 먹는데 그 맛이 절묘하다. 우리나라의 인절미 모찌보다 부드럽다.
http://www.kikyouya.co.jp/index.html

구입처
신주쿠 타카시마야 백화점 내 명과백선 (新宿高島屋 銘菓百選), 미츠코시 카유안 (三越 菓遊庵), 나리타 공항, 하네다공항 등

우나기 파이 (うなぎパイ)

정력의 대명사 '우나기' 에 밤의 조미료 '마늘' 을 사용하여 '밤의 과자' 라고 알려져 있다. 하지만 실제는 고도 경제 성장기에 일본 여성의 사회 진출이 활발해지면서 가족 모두가 모이는 시간이 저녁이

다 보니 '그 시간을 함께 보내자' 라는 의미에서 밤의 과자라 명하였다고 한다. 바삭하고 얇게 구워낸 파이에 우나기, 마늘 등 향신료가 첨가되어 있다.
http://www.shunkado.co.jp/

구입처
도쿄역 내 동경명품관 (東京名品館), 신칸센 탑승구 오른쪽의 젠마이 (膳まい),
각 백화점의 지역산물 특산전

야츠하시 (井筒八ッ橋)

교토 특산품인 야츠하시는 계피향이 가득 들어가 아삭아삭 씹는 맛이 있다. 쌀가루, 계핏가루, 깨를 주원료로 만든 야츠하시는 아이스크림이나 파르페에 곁들이는 것도 좋다. 직사각형 한입 사이즈로 딱딱한 센베를 연상하면 된다.
http://www.yatsuhashi.co.jp/index2.html

구입처
도쿄역 내 동경명품관 (東京名品館), 미츠코시 카유안 (三越 菓遊庵)

아이스 쿠링 샤베트 (ICE KURING)

코치현의 아이스 쿠링은 셔벗이라고 보면 된다. 천연 소
금맛, 감귤맛, 분탕맛(감귤류의 하나로 자몽같이 뒤에
약간 쓴맛이 남), 퐁깡맛(감귤류의 하나로 단맛이 남),
쌀맛, 두유맛 등 다양한 종류의 맛이 있는데 더운 여름에 체온을 한 번에 내리
게 한다.
http://www.kochi-ice.com

구입처
내추럴 로손, 퀸즈 이세탄 슈퍼 등

토라 우이로 (虎ういろ)

쌀가루에 흑설탕 등을 넣어 찐 과자인 우이로는 나고야에서
특히 유명하다. 보통 우이로는 쌀로 만드는 것에 비해 토라
우이로는 밀가루를 혼합해서 사용한다. 창업 120년이 넘는
오래된 점포로 벚꽃, 팥, 밤, 말차, 흰콩, 쑥 등 다양한 재료
가 항상 준비되어 있으며 계절별?이벤트 별로 우이로를 만
들고 있다. 밸런타인데이의 '초콜릿 맛의 우이로' 라든지 여
름 불꽃놀이시즌의 '망고 우이로' 등이 그 예다. 맛이나 질
감이 묵과 떡의 중간 형태인, 기호가 확실한 디저트다.
http://www.torayauiro.co.jp/

구입처
이케부쿠로 토부 백화점 (東武百貨店 池袋, 홈페이지 개최행사 계획일정표 참조)

차료 츠지리 (茶寮都路里)

일본 녹차와 말차를 즐기며 일본식 양과자를 곁들일 수 있
다. 간단한 일본식 다도를 점원에게 물어가며 차와 디저트를
즐기면 된다. 이 집의 인스턴트 말차 라테와 호우지 라테는
동료들에게 한 봉투씩 건넬 수 있는 간단한 선물로도 제격이
다.
http://www.giontsujiri.co.jp/

구입처
도쿄도 미나토쿠 히가시신바시 1-8-2 (東京都 港区 東新橋 1-8-2 カレッタ汐留
B206) / 03-5537-2218 / 연중휴무

시로이 고이비토 (白い恋人)

홋카이도 대표 특산품으로 홋카이도 버터, 우유, 달걀을 아낌없이 사용하여 만든 쿠키에 초콜릿을 넣은 샌드다. 1976년, 손에 묻히지 않고 초콜릿을 먹을 수 있도록 화이트초콜릿을 쿠키에 넣어 유명해졌다. 쿠쿠다스의 화이트 초콜릿 버전이다.

http://www.shiroikoibito.ishiya.co.jp

구입처

각 백화점 홋카이도 지역산물 특산전, 나리타공항, 하네다공항-제1빌딩 북 윙 지하 1층, 홋카이도 산물전 (北海道どさんこプラザ), 도쿄 교통회관 1층 (千代田区 有楽町 2-10-1 東京交通会館 1F), 유락초역 혹은 긴자 1초메역 근처 / 10 : 00~19 : 30 / 연말연시 휴무

히로타 슈크림 (HIROTAシュークリーム)

히로타 슈 아이스크림을 모르면 일본인이 아니라고 말할 정도이다. 슈크림용 껍질 안에 아이스크림이 들어 있다. 조그만 사이즈로 인기가 여전하다.

http://www.the-hirota.co.jp/

구입처

각 역사 내에 있음

니가타 사사단고 (新潟名物 笹だんご)

붉은팥이 들어있는 쑥떡을 대나무 잎으로 말아 쪄낸 단고로, 니가타 지역의 특산품이다. 부드러운 팥을 찰진 쑥떡에 감싼 후 대나무 잎의 은은한 향기를 배게 했다.

http://www.odakesyokuhin.co.jp/danngo.htm
http://niigata-shokurakuen.com/access/access.html

구입처

오모테산도 니가타 물산 센터에서 구입 가능

3. 쇼핑구역별 추천 디저트

백화점 지하 (데파지카) 또는 쇼핑몰

후쿠사야 카스텔라 (福砂屋カステラ)

부드럽고 폭신한 카스텔라를 먹고 난 뒤, 카스텔라 바닥에 깔린 굵은 설탕을 씹어 먹는데 그 맛이 재미있다. 자꾸만 손이 가는 카스텔라 맛이다.

http://www.castella.co.jp/h_index.html

구입처

긴자 미츠코시 (三越 銀座店), 신주쿠 이세탄 (伊勢丹新宿本店), 신주쿠 다카시마야 (新宿高島屋), 도큐백화점 토우요코점 (東急百貨店 東横店), 이케부쿠로 세이부백화점 (西武百貨店池袋店), 하네다공항, 도쿄역 (東京駅一番街店)

도라야 (とらや)

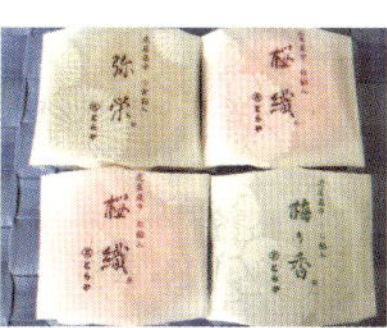

1500년대 말에 등장한 도라야는 두말할 필요도 없이 연양갱의 대명사이다. 400년 역사를 자랑하는 모나카도 먹어보자. 모나카 속의 달달한 팥앙금은 뒷맛이 깔끔하다. 모나카의 고물은 팥을 부드럽게 갈아낸 고시앙, 작은 알갱이가 들어있는 오쿠라앙, 흰앙이 있다.

http://www.toraya-group.co.jp/products/pro01/pro01.html

구입처

아카사카 본점 (赤坂本店), 긴자 (銀座店), 미드타운점 (六本木 東京ミッドタウン店, 찻집을 겸하고 있어 일본차와 일본과자를 맛볼 수 있음), 신주쿠 이세탄 (伊勢丹店), 오다큐 본관 (小田急本館), 다카시마야 (高島屋), 시부야 도큐우토요코 (東急東横), 이케부쿠로 토부 (東武), 세이부 (西武)

파티스리 키하치 (パティスリー KIHACHI)

일본 전역에 롤 케이크의 붐을 일으켰던 곳으로, 이집의 생과일 롤 케이크는 꼭 맛보도록 하자. 바나바, 키위, 딸기 등의 생크림과 커스터드크림에 쌓여 있다. 분명 롤 케이크인데 안은 생크림케이크, 밖

은 스펀지케이크 맛과 유사하다.
http://www.kihachi.co.jp/pati/pati_cake.html

구입처
도쿄역 동경명품관 (東京銘品館), 긴자 미츠코시백화점 (三越銀座店), 신주쿠
이세탄백화점 (伊勢丹新宿店), 아트레 에비스점 (アトレ恵比寿店), 하네다공
항 제1터미널 · 제2터미널, 이케부크로 토부백화점 (東武池袋店)

료구치야 코레키요 (兩口屋是淸)

표면의 얇은 피와 부드럽게 걸러 내린 팥앙금이 절묘
한 맛을 내는 나고야 전통 화과자이다. 요모야마(よも
山), 시나노지(志なの路), 다비마쿠라(旅まくら)는 각
각 다른 맛의 피와 고시앙, 팥앙 등으로 식감을 분리했다. 센나리(千なり)는 부
드러운 피에 팥앙, 말차앙, 고구마앙이 들어 있다.
http://www.ryoguchiya-korekiyo.co.jp/aji/2f_aji.html

구입처
긴자마츠자카야 (松坂屋銀座店), 시부야 도큐토요코점 (東急東横店), 이케부크로토
부 (池袋東武), 세이부 (池袋西武), 그 외 도쿄역 1 번가 (東京駅駅一番街)

그래머시 뉴욕 치즈케이크
(グラマシーニューヨークのケーキー)

크림치즈, 카망베르, 마스카르보네 치즈 등을 배합해
서 만든 치즈케이크가 인기다. 고소한 치즈맛과 함께
레몬의 상큼함이 느껴진다. 신선한 치즈를 사용하고 있다는 것을 알 수 있다.
http://www.plaisir-co.com/shop-pla01.html

구입처
다카시마야 백화점 (니혼바시점, 신주쿠점) 에서만 구입 가능

클럽 하리에 (CLUB HARIE)

부드럽고 촉촉한 바움쿠헨 . 퐁당으로 표면을 코팅한
게 특징이다. 얇게 10-20번 말은 롤 케이크 같은 모양
이나 롤 케이크 보다 진한 맛이다.
http://clubharie.jp

구입처
미츠코시 니혼바시점 (日本橋三越本店) , 다이마루 도쿄역점 (大丸東京駅店)

혼다카사고야 (本高砂屋)

공기 같이 가벼운 식감의 새로운 과자로, 바삭바삭 씹는 맛이 심플해 자기도 모
르게 자꾸만 손이 간다. 한국인의 입맛에 잘 맞는 단맛이다. 얇고 바삭거리는
과자가 몇 겹으로 말아져 있는 것도 있고, 크림이 한 겹 발라져 있는 것도 있다.
커피와 어울리는 과자이다.

http://www.hontaka.co.jp/products/ws/03.html

구입처

긴자 마츠자카야 (松坂屋銀座店), 다이마루 도쿄역점 (大丸東京店), 미츠코시 에비
스점 (恵比寿 三越店), 케이오 신주쿠점 (京王百貨店), 이케부크로 세이부 (池袋西
武店) 토부 백화점 (東武百貨店池袋本店)

지하식품관이 유명한 주요 백화점 주소

미츠코시 에비스점 (三越 恵比寿店)
渋谷区 恵比寿 4-20-7 食品地下2階和菓子賣場 (〒150-6090)
TEL 03-5423-1111(代), 03-5423-1228(直)

미츠코시 긴자점 (三越銀座店)
中央区 銀座 4-6-16 地下1階和菓子賣場 (〒104-8212)
TEL 03-3562-1111(代), 03-5250-1889(直)

마츠야 긴자점 (松屋銀座店)
中央区 銀座 3-6-1　地下1階 (〒104-8130)
TEL 03-3567-1211(代), 03-3563-3763(直)

세이부백화점 이케부크로점 (西武百貨店池袋店)
豊島区 南池袋 1-28-1 地下1階食品名匠和菓子 (〒171-8569)
TEL 03-3981-0111(代), 03-5949-5139(直)

세이부백화점 시부야 (シブヤ西武)
渋谷区 宇田川町 21-1 (〒150-8330)
TEL 03-3462-0111(代)

이세탄 신주쿠본점 (伊勢丹新宿本店)
新宿区 新宿3丁目 14-1 本館地下1階和菓子賣場 (〒160-0022)
TEL 03-3352-1111(代)
03-3225-4826(直)

슈퍼마켓에서 살 수 있는 디저트

기나코 모찌 (きなこ餅)

대형 슈퍼에서 판매되는 콩고물 센베이다. 콩가루와
눈처럼 부드러운 와상봉 설탕이 묘미를 더한다. 얇
고 부드러운 쌀과자에 콩고물이 쌓여 있어 한국인의
입맛에 잘 맞는다.
http://www.iwatsukaseika.co.jp/rc/rc13140.html

모리나가 밀크캐러멜 (森永ミルクキャラメル)

추억의 과자로 캐러멜맛, 흑설탕맛, 녹차맛, 팥맛 등이 있
다. 우리나라의 캐러멜과 같다.
http://www.morinaga.co.jp/caramel/index.html

미야코 콘부 (都こんぶ)

일본인의 간식으로 신맛을 좋아하는 사람이라면 꼭 맛보길 바란다. 북해도의
싱싱한 다시마를 자사용 다시에 숙성해 만들었다. 신맛이 나는 미역줄거리다.
http://www.nakanobussan.co.jp

CARL (메이지)

옥수수와 치즈의 고소한 맛이 입안에서 한 번에 부드럽게 녹아내리
는 스낵이다. 어린 아이들도 입안에서 녹여 먹을 수 있을 만큼 부드
럽다.
http://www.meiji.co.jp/sweets/index.html

프랑스 빵 공방(FRANCE PAIN KOUBOU)

프랑스 빵인 바게트를 1mm로
얇게 썰어 구웠다. 슈거버터맛
과 갈릭버터맛이 있다. 튀겨낸
것이 아닌 넌프라이(non-fry)
라 반갑다.
http://www.082.oyatsu.co.jp/product/french/lineup.html

비스코 (ビスコ)

향수를 불러일으키는 상품 중 하나로, 아이부터 어른까지
즐겨 먹는 크라운 산도 같은 맛이다.
http://www.ezaki-glico.net/bisco/asobi/index.html

컴비니 (편의점) 에서 살 수 있는 디저트

대표 편의점으로는 로손 (ローソン), 내추럴 로손 (ナチュラルローソン), 서클 K
선쿠스 (サークルKサンクス), 패밀리마트 (ファミリーマート), 세븐일레븐 (セブ
ンイレブン) 등이 있다.

FRAN

빼빼로 같은 과자로 화이트초콜릿, 블랙초콜릿이 기본 맛이고 계절별 · 시기별
로 다양한 맛이 있다. 보기와 다른 그 부드러움에 반할 정도이다.
http://www.meiji.co.jp/sweets/chocolate/fran/

치로루 기나코 모찌

3천 원 정도 하는 봉지 속에 각종
초콜릿이 들어 있어 일본 여성들에
게 잔잔한 붐을 일으켰던 제품이다.
한 때는 기나코 모찌초코가 살래야
살수 없던 인기품목이었던 적이 있었다.
편의점 외에 100엔 숍에서 파는 곳도 있다.
http://www.tirol-choco.com/download.html

마루고토 바나나

야마자키 사의 빵으로 카스텔라에
생크림과 바나나가 들어 있다.
http://www.yamazakipan.co.jp/
product/04/index.html

런치팩

식빵 안에 달걀, 땅콩크림, 참치 등
재료들이 봉긋이 들어가 있고 가장

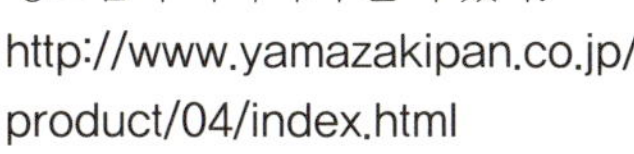

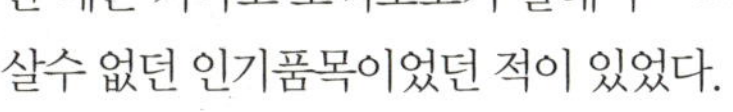

자리는 눌려져 있다.
http://www.yamazakipan.co.jp/brand/02_03.html

콧페빵

일본인들이 애용하는 콧페빵은 어릴 때부터 먹던 친숙한
빵으로 싸고 투박한 맛이다. 모닝빵과 같은 질감으로 안
의 한쪽은 마가린 다른 한쪽은 딸기잼, 피넛 버터, 설탕
등의 재료가 발라져 있다.
http://www.yamazakipan.co.jp/product/02/index.html

과즙이 들어간 멜론빵

주황 혹은 연두의 멜론 빛깔로 코팅된 빵 안에 멜론 향기
가 가득한 멜론 크림이 듬뿍 들어있다.

가타 아게포테이토 (堅あげポテト)

두껍게 썬 감자를 솥에서 튀기는 전통적인 방법으로 만들어졌다. 딱딱한 감자
는 씹으면 씹을수록 고소해 술안주로 적당하다.
http://www.calbee.co.jp/shohin/search.php

스타벅스 (starbucks)의 카페라테와 마차라테

물론, 우리나라의 편의점 냉장고에서도 스타벅스 커피를 볼 수 있다. 그런데 일
본에서는 교토의 말차를 사용하여 만들어낸 마차맛 라테가 있으니 사먹어 볼
만하다.
http://www.starbucks.co.jp/rtd/index.html

푸딩

커스터드푸딩, 우유 푸딩 등 종류가 너무 많다. 약 150엔 정도의 푸딩을 선택하
면 적당하다.

과일 젤리

밀감, 복숭아, 포도, 복합과일 등 다양한 종류의 젤리가 있
는데 칼로리가 낮고 여름엔 얼려서 먹어도 좋다.

4. 전문점에서 구입하는 디저트

베이커리

비론 시부야 (VIRON 渋谷)

프랑스 제분회사 비론(VIRON)사에서 만든 '레토로도르' 라는 밀가루를 사용하여 만든 레토로도르 바게트와 버터가 듬뿍 들어간 크루아상이 특히 맛있다. 2층의 브라세리는 빵으로 먹는 모닝세트가 인기다.

구입처

도쿄도 시부야쿠 우타다가와초 33-8 (東京都 渋谷区 宇田川町33-8) / 03-5458-1770 / 09 : 00~22 : 00 / 시부야역에서 5분

메종 카이저 (メゾンカイザー)

파리 맛을 표방하며 하드계열 빵이 많고 고구마를 섞어 내린 고구마빵 (사츠마이모빵), 홍차 사만도(紅茶 ザマンド), 바게트 등이 있다.
http://www.maisonkayser.co.jp/newpages/2-1.PRODUCT.html

구입처

긴자 마츠야점 (銀座松屋店), 신주쿠 이세탄점 (伊勢丹新宿店), 도쿄역 다이마루점 (大丸東京店)

아리엣타 (パネッテリア アリエッタ 広尾店)

자사의 천연효모·일본산 밀가루·유기농 식재료를 사용하는데, 천연효모로 숙성시킨 하드계 빵이 많다. 전체적으로 담백하며 단맛이 강하다. 고탄다 본점과 히로 지점이 있다. 잣과 꿀이 들어가 있는 팡 오 미에르(パン·オ·ミエール), 콘빵, 콩빵, 오렌지 필과 견과류가 들어간 피닉스 등이 대표 상품이다.
http://www.pan-arietta.com/

구입처
파네테리아 아리엣타 히로점 (パネッテリア アリエッタ 広尾店 Panetteria ARIETTA)
도쿄도 시부야쿠 히로 1-11-2 (東京都 渋谷区 広尾 1-11-2 A I OSビル 1F) /
03-3473-9123 / 09 : 00~20 : 00

아사노야 베이커리 (ASANO BAKERY MIDTOWN)

도쿄의 유명 별장지인 '가루이자와' 가 본점인 빵집이다. 천연효모를 사용하면서 100 종 이상의 빵을 구워낸다. '가루이자와 그린 티' 와 '블루베리' 가 인기 메뉴. 향이 풍부한 홍차 빵은 부드러우면서 살짝 단맛으로 입맛을 돋운다.
http://www.b-asanoya.com/mise/#shop4

구입처
도쿄도 시부야쿠 아카사카 9-7-4 미드타운 1층 (東京都 港区 赤坂 9-7-4 DO101)/
03-5413-3575 / 07 : 30~22 : 00

브르디갈라 (ブルディガラ)

물 한 방울 사용하지 않고 100% 레드와인으로만 만든 천연 효모빵 '팡 오 반 브르디갈라(パン・オ・ヴァン・ブルディガラ)' 와 럼에 담근 2종류의 건포도와 무화과, 오렌지필, 말린 과일, 호두 등이 들어간 '세그루 프류이(セ・グル・フリュイ)' 가 인기인데, 치즈와 와인에 잘 어울린다.
http://www.burdigala.jp/burdigala_ff/top/top.html

구입처
도쿄도 미나토쿠 미나미아자부 4-5-66 (東京都 港区 南麻布 4-5-66) /
03-3280-2727 / 08 : 00~20 : 00 (연중무휴)

라 브티크 드 죠엘 르브숑 (LA BOUTIQUE de Joël Rubchon)

조엘 르브숑 스페셜 미니 바게트, 5 종류의 밀가루를 믹스해서 만든 바게트, 레드와인과 잘 어울리는 커런트가 들어간 캄파뉴가 대표 상품이다. 여러 바게트와 와인과도 잘 어울리는 블랙 커런트가 들어간 하드계 빵 추천.

http://www.robuchon.jp/ebisu/la_boutique.html

구입처

에비스가든플레이스점
도쿄도 메구로쿠 미타 1-13-1 에비스가든플레이스 B1 (東京都 目黑区 三田 1-13-1
惠比寿ガーデンプレイス内 B1F) / 03-5424-1345 / 09 : 30-20 : 00
롯폰기점
도쿄도 미나토쿠 롯폰기 6-10-1 롯폰기힐즈 2F (東京都 港区 六本木 6-10-1 六本
木ヒルズ ヒルサイド 2F) / 03-5772-7507 / 10 : 00~21 : 00

비 데 프랑스 (Vie des France)

동네 빵집같이 편하고 소박하
다. 원나롤, 멜론빵, 킹토키빵,
애플시너먼 등은 꾸준한 인기를 누리고 있다.
http://www.viedefrance.co.jp/index.shtml

구입처

신주쿠 루미네1 지하 2층
(東京都 新宿区 西新宿 1-1-5 ルミネ1 B 2F) / 03-5324-5423 / 8 : 00~22 : 00
하네다 공항 제1터미널 지하 1층점
(羽田空港第1旅客ターミナルビルB1F) / 전화03-5756-0361 / 06 : 15~21 : 00
각 지하철역사 내 및 근처

르 방 (ルヴァン 富ケ谷店 / Le Vian)

르 방은 일본에서 천연 효모
빵의 대표주자라 해도 과언이
아닐 정도다. 발효 효모를 사용하고 일본산 밀가루와 호밀을 이용해 빵을 굽고
있다. 이곳의 빵은 딘 앤 딜루카(dean and deluca)와 유기농 판매점에서도 판
매되는데 토미가야 본점이 가장 맛있다는 정평이 있다. 개인적으론 쌀로 만든
콩빵을 좋아한다. 최근 일본은 쌀가루를 사용한 빵이 붐이다.
http://levain.chottu.net

구입처

토미가야점 (ルヴァン富ケ谷店)
도쿄도 시부야쿠 토미가야 2-43-13 (東京都 渋谷区 富ケ谷 2-43-13) /
03-3468-9669 / [월-토] 08 : 00~19 : 30,
[일 · 공휴일] 08 : 00~18 : 30 (수요일, 둘째 주 목요일 휴무)

기무라야 (木村屋のパン)

창업 319년의 전통과 역사를 자랑하는 곳이다. 벚꽃앙빵은 짭짤한 맛과 질 좋은 단팥이 조화를 이룬다. 갖가지 콩이 들어간 콩빵과, 계절에 따라 나오는 밤빵, 흰앙빵 등은 어른들을 위한 여행선물로도 적당하다.
http://www.kimuraya-sohonten.co.jp/

구입처

도쿄토 주오쿠 긴자 4-5-7 (東京都 中央区 銀座 4-5-7) / 03-3591-0097

미츠루 (満 みつる)

빵 안에 우엉볶음, 톳볶음 등 일본 가정에서 흔하게 먹을 수 있는 재료들이 들어가 한 끼 식사로 거뜬한 빵 종류와 각종 디저트가 있다. 천연효모로 빵을 구워낸다. 돈가스 샌드위치도 강력 추천한다.
http://r.tabelog.com/tokyo/A1309/
A130903/13023138/

구입처

시나가와역 내 에큐트

초콜릿 숍

장 폴 에반 (ジャン・ポ・ル-エヴァン ショコラ ティエの Jean-Paul Hevin)

프랑스 초콜릿으로 세계 톱클래스 쇼콜라티어의 초콜릿 숍이다. 국제 콩쿠르 우승과 프랑스 국가 최고 직인장 MOF를 수상. 핫 초콜릿과 초콜릿 베이스 마카롱을 같이 즐기면 좋다.
http://www.jph-japon.co.jp/

구입처

신주쿠 이세탄점, 오모테산도힐스점, 롯폰기 미드타운점

로이즈 (ロイズ)

홋카이도를 대표하지만 일본을 대표하는 초콜릿이기도 하다. 밸런타인데이에 청소년이나 대학생도 살

수 있는, 가격이 합리적인 상품이다. 초콜릿의 종류에 따라 특성이 다르지만 유럽 초콜릿과는 다른 일본의 깔끔한 뒷맛을 느낄 수 있다.
http://www.e-royce.com/

구입처
하네다 공항, 도쿄역, 각 백화점 홋카이도 물산전, 홈페이지의 개최행사 계획일정표 참조

노이 하우스 (ノイハウス 벨기에 초콜릿)

벨기에 브뤼셀의 초콜릿이다. 각양각색의 페이스트를 비롯해 초콜릿 본래의 모양이 변하지 않도록 '바로탕(ballotin)' 이라 불리는 초콜릿용 상자를 세계 최초로 개발하였는데, 지금은 모든 초콜릿 회사들이 한 개씩 들어갈 수 있는 상자를 사용하고 있다.
http://www.neuhaus.co.jp/history/index.html

구입처
도쿄도 주오쿠 긴자 2-8-2 (東京都 中央区 銀座 2-8-2) / 03-3567-3651 / [월-토]10 : 00-20 : 00 [일] 10 : 00~19 : 00 (연중무휴) / 긴자점 외 3곳이 더 있음

피에르 마르코리니 (Pierre Marcolini ピエール マルコリーニ)

벨기에 초콜릿으로 초콜릿 · 케이크 · 아이스크림 · 잼의 장인인증서인 디플로마를 가지고 있는 마르코리니의 아이스크림 혹은 파르페를 맛볼 수 있는 곳이다. 한국인의 입맛에도 잘 맞는다.
http://www.pierremarcolini.jp/TOPFrameset.htm

구입처
도쿄도 주오쿠 긴자 5-5-8 (中央区 銀座 5-5-8) / 03-5537-0015 / [평일] 11 : 00~20 : 00 [일 · 공휴일] 11 : 00~19 : 00 / 하네다 공항 터미널 2층에서도 구입 가능

카파렐의 초코라토 (CAFFAREL CIOCCOLATO)

1826년에 창업한 이탈리아 초콜릿이다. 헤이즐넛과 초콜릿을 섞은 잔두야(GIANDUIA)의 포장이 재미있어 아이들과 함께 즐기기 좋다. 도쿄에서는 인터넷으로 구매가 가능하다.
http://www.caffarel.co.jp/

쇼콜라티에 에리카 (ショコラティエ・エリカ)

카카오버터 맛을 살리면서도 느끼한 맛이 남지 않는 일본풍 초콜릿이다. 연양갱을 떠올리며 만들었다는 밀크초콜릿에 호두·마시멜로가 들어간 '본느초모' 와 민트향이 싱그럽게 퍼지는 '민트초코' 가 대표적 상품. 낙엽으로 아름다운 시로가네다이의 길가에 있다.
http://www.erica.co.jp/company/index.html

구입처

도쿄도 미나토쿠 시로가네다이 4-6-43 (東京都 港区 白金台 4-6-43) / 03-3473-1656 / 10 : 00~18 : 30

데멜 (デメルの日本店)의 자하 토르테

오스트리아 빈의 과자점인 '데멜' 의 '자하 토르테(초콜릿 케이크)' 가 유명하다. 200년 전통의 왕실 전용 양과자전문점으로서 황제 프란츠요셉에게 사랑받아왔다는 자하 토르테는 지금까지 경험해본지 못한 진한 맛의 초콜릿과 감당하기 어려운 단맛에 놀랄 것이다.
http://www.demel.co.jp/

구입처

하라주쿠 본점 : 도쿄도 시부야쿠 진구마에 1-13-12 (東京都 渋谷区 神宮前 1-13-12) / 03-3478-1251 / 12 : 00~20 : 00
긴자 마츠자카야, 신주쿠 이세탄점과 다카시마야점, 이케부쿠로 토부점

센베전문점

일본 쌀과자는 주원료가 멥쌀인 '센베(せんべい)', 찹쌀인 '오카키(おかき)' 와 '아라래(あられ)' 로 나눈다. '센베' 는 멥쌀, 밀가루, 또는 새우가루를 사용하여 구운 과자며 말린 과자에 속한다. '아라래' 는 찹쌀을 볶은 것이고 '오카키' 는 떡을 잘라서 말린 후 구운 것(카키모찌)이 시작이라 한다. 현재는 아라래와 오카키의 분류방법에 정확한 차이가 없어 보이고 큰 것을 오카키, 작은 것을 아라래로 분류하는 경우가 많은 듯하다.

긴자 아게보노 (銀座あけぼの)

아게보노는 도쿄 긴자의 '오카키' 다. 쌀과자에 다양한 시도를 하는 곳이며 장애인들이 구워내는 오카키 집이기도 하다. '맛의 민예(味の民藝)' 란 제품은 치

즈, 초콜릿, 아몬드 등 한 입 크기의 작
고 귀여운 오카키다. 녹차와 함께 먹거
나 접대용 선물로 좋다.
http://www.ginza-
akebono.co.jp/welcome.html

구입처
긴자 본점, 긴자 미츠코시, 마츠야 백화점 도쿄역점, 신주쿠 이세탄, 오타큐 본점, 시
부야 토요코점

감씨앗 (柿の種) 나니와야 센베

니가타 특산품인 '아라래'로 감 씨앗
모양으로 만들어 놓았다. 맛있는 쌀이
생산되는 지역이어서 과자 역시 쌀이
주원료다. 화이트초콜릿, 블랙초콜릿은 간식으로 좋으며 큰 슈퍼마켓 혹은 세
조이시이(成城石井)수퍼마켓에서 찾을 수 있다. 술안주로서도 애용된다.
http://www.naniwayaseika.co.jp/04-beika/04.html

구입처
큰 슈퍼마켓, 도쿄역 명품관, 오모테산도 니가타물산센터

아즈마아라래 (東あられ本舗)의 고다 치즈 아라래

서민의 동네 료코구(兩国)의 오래된 점포인 '아즈마아라래'
는 '고다 치즈 아라래' 를 구워내는 곳이다. 씹으면 씹을수록
찹쌀의 단맛과 고다 치즈의 고소한 맛을 느낄 수 있다.
http://www.azuma-arare.co.jp/

구입처
기노쿠니야 (紀ノ国屋), 세조이시이 (成城石井), 더 가든 (ザ·ガーデン自由ケ丘),
퀸즈 이세탄 (クィーンズ伊勢丹) 등의 각 지점

케이신도 (名古屋のえびせんべい
の老舗 桂新堂)

새우 모양의 센베로 나고야 특산품이
다. 케이신도는 140년 남짓 살아 있는
각종 생새우를 공수해 그 형태 그대로
구워내는 통구이 상품이 계승되고 있는 곳이다. 고가품으로 격식 있는 자리의

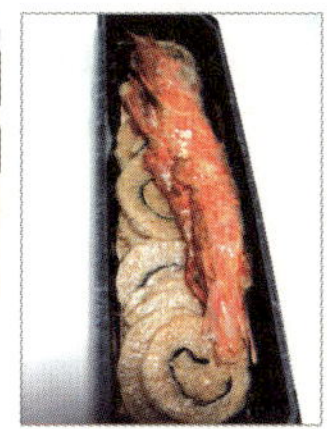

선물로 적합하다.
http://www.keishindo.co.jp/index2.html

구입처

긴자 미츠코시 마츠야 백화점, 에비스 미츠코시, 신주쿠 이세탄, 오다큐 백화점

반가쿠 총본점 (坂角総本店)

'새우센베 유카리(海老せんべいゆかり)'가 유명하다. 대표상품 '유카리'는 새우 5-6마리를 갈아 1장으로 만든 센베를 다시 한 장 한 장 구워낸 것으로 새우 향이 가득하다. '하치라쿠(八樂)'는 검정콩, 검정깨, 보라색 고구마, 벚꽃새우, 말차, 유카리, 새우 총 8가지의 맛이 한 봉투에 들어있다. 한 봉투 당 110엔으로 착한 가격이다.
http://www.bankaku.co.jp/

구입처

긴자 미츠코시, 마츠자카야백화점, 시부야 도큐토요코점, 이케부쿠로 세이부 도부점, 나리타공항, 하네다공항, 신주쿠 다카시마야

우지 시키부노사토(しきぶのさと/源氏物語 ゆかりあられ専門店 宇治式部郷)

http://www.shikibunosato.com/

교토의 센베로 11세기 일본에서 집필된 세계 최초의 소설 '겐지 이야기(源氏物語)'를 주제로 한 인물 포장을 하고 있다. 그래서 상사나 어른들의 선물용으로 많이 쓰이고 있다. 겐지우타아와세(源氏歌あわせ) 제품은 4계절을 표현한 12가지의 과자로 보고 먹는 즐거움이 있다. 전통 인물 포장으로 인하여 외국인이 사가기 좋은 일본 과자이다.

구입처

도큐토요코점 외 다수 점포가 있음
도쿄토 시부야쿠 시부야 2-24-1 도큐백화점 토요코점 1층 (東京都 渋谷区 渋谷 2-24-1 東急百貨店東横店 1階 東横のれん街) / 03-3477-4743

치즈 숍

페르미에 아타고 본점 (ナチュラルチーズ専門店 フェルミエ 愛宕)

페르미에 아타고점은 일본 최초의 치즈 전문점으로 치즈를 매주 파리, 밀라노에서 공수하고 있다. 200여종의 신선한 계절 치즈를 판매하고 있다. 치즈 책, 치즈 도구, 치즈에 곁들이는 올리브, 꿀 등도 함께 판매한다. 다양한 치즈가 있는 것은 물론이고 제대로 된 오가닉 치즈를 만날 수 있는 곳이다.
https://shopping.fermier.fm/

구입처
도쿄도 미나토쿠 아타고 1-5-3 (東京都　港区 愛宕 1-5-3 愛宕ASビル 1階) / 03-5776-7720 / [월-금] 11 : 00~19 : 00 [토] 11 : 00~19 : 00
(일 · 공휴일 휴무)

카쿠라자카 아르파쥬 (Alpage / アルパージュ)

프랑스인이 많이 살고 있는 동네인 '카쿠라자카' 의 치즈 전문점이다. 알프스 고산식물과 카로틴이 많은 꽃들을 먹고 방목된 소의 젖으로 만든 치즈를 '아르파쥬' 라고 한다.
http://www.alpage.co.jp/www/common/howtopay_mn.htm

구입처
도쿄도 신주쿠쿠 가쿠라자카 6-22 (東京都 新宿区 神楽坂 6-22) / 03-5225-3315 / 11 : 00~19 : 00 (일 · 공휴일 휴무)

치즈왕국 (チーズ王国)

치즈왕국 각 점포에는 치즈감평기사(슈발리에)가 상주해 있기 때문에 사고 싶은 치즈를 상담 받으며 살 수 있다. 매일 홀 치즈를 자른 후 개별 포장 판매한다. 파리의 치즈숙성사(MOF) 과정을 밟고 있는 히사다부 사장의 치즈도 만날 수 있다.
http://www.cheese-oukoku.co.jp/

구입처
긴자 마츠야 백화점 : 도쿄도 주오쿠 긴자 3-6-1 B1 (東京都 中央区　銀座 3-6-1 銀座 松屋 B1) / 03-3535-9844 이케부크로 세이부백화점 토부백화점, 키치조우지롱롱점

이타리 (EATALY /イータリー)

이탈리아 식재료 전문점으로 다양한 이탈리아 치즈를 망라하고 있다. 모차렐라, 파르메산, 달레조, 고르곤졸라(돌스, 피칸테) 등 귀에 익은 치즈 외에 많은 이탈리아 치즈가 있다.
http://www.eataly.co.jp/manifesto.html
구입처
도쿄도 시부야쿠 다이칸야마 20-33 (東京都 渋谷区 代官山 20-23) / 다이칸야마역(代官山駅) 3분 거리

세죠이시이 (成城石井)

다양한 프로세스치즈와 치즈전문점 수준의 카망베르, 모차렐라, 에포와즈가 구비되어 있으며 가격도 착하다. 익히 알려진 치즈를 구입하기에 적당하다. 치즈 외에 다양한 식재료를 함께 구입할 수 있다.
http://www.seijoishii.com/c/32
구입처
아토레 에비스점 (アトレ恵比寿店, 東京都 渋谷区 恵比寿南 1-5-5 アトレ恵比寿 3階), 루미네 시나가와점 (ルミネ品川店, 東京都 港区 高輪 3-26-27 ルミネザキッチン1階). 디즈니랜드 (舞浜イクスピアリ店, 千葉県 浦安市舞浜 1-4-109イクスピアリ ザ・コートヤード), 루미네 신주쿠점 (ルミネ 新宿店, 東京都 新宿区 新宿 3-38-2 ルミネ新宿2 1階), 도쿄돔 라쿠아점 (東京ドームラクーア店, 東京都 文京区 春日 1-1-1 東京ドームシティラクーア 1階)

딘앤딜루카 시나가와점 (ディーン&デルーカ 品川店)

뉴욕 소호의 작은 치즈전문점에서 시작된 딘앤딜루카는 엄선된 고급 치즈를 취급하고 있다. 라벨과 디자인도 심플해 선물용으로 좋다. 치즈 이외에 다양한 식재료를 함께 구입해 볼 만하다.
http://www.deandeluca.co.jp/
구입처
도쿄도 미나토쿠 미나토미나미 2-18-7 아트레시나가와 2층 (東京都 港区 港南 2-18-1 アトレ品川 2F) / 03-6717-0935 / Market-10：00〜23：00, Espresso Bar-07：00〜23：00 / 시나가와역 안

메이지야 히로점 (明治屋ストアー広尾店)

고급 슈퍼마켓의 대명사인 메이지야 히로점에는 치즈 커트 룸이 있다. 다양한

상품이 있고 포장도 깨끗하며 절반도 구입할 수 있어 치즈를 잘 관리한다는 느낌을 받는다. 치즈전문점에 가까운 슈퍼마켓이며 유명회사의 유명인이 공동작업한 치즈도 만날 수 있다.
http://www.meidi-ya-store.com/index.html

구입처

도쿄도 시부야쿠 히로 5-6-6 히로프라자 1층 (東京都 渋谷区 広尾 5-6-6 広尾プラザ 1F) / 전화03-3444-6221 / 영업시간10 : 00~21 : 00 / 히로역에서 바로

내셔널 아자부히로점 (ナショナル麻布広尾店)

각국 외국인이 많이 사는 지역답게 다양하면서도 합리적인 가격의 상품이 많다. 미국 슈퍼마켓의 치즈 코너에 온 것 같은 인상을 받는다. 프로세스치즈 등을 500g, 1kg 단위의 블록으로 구입할 수 있다. 대량생산된 세계 각국의 치즈를 만날 수 있다.
http://store.shopping.yahoo.co.jp/national/a5c1a1bca52.html

구입처

도쿄도 미나토쿠 미나미아자부 4-5-2 (東京都 港区 南麻布 4-5-2) / 03-3442-3181 / 09 : 30~20 : 00 (연초만 휴일) / 히로역 2분 거리

이세탄 백화점 (伊勢丹新宿店)

7개의 숙성고를 보유하고 있는 파리의 마리안느 칸탕(MARIE-ANNE CANTIN) 치즈를 살 수 있다. 자세한 설명을 들으며 맞춤 치즈를 구입할 수 있지만 가격이 비싸다. 일본에서 만나는 파리의 명품 브랜드 치즈가 있다.

구입처

도쿄도 신주쿠쿠 신주쿠 3-14-1 (東京都 新宿区 新宿 3-14-1) / 03-3352-1111 / 10 : 00~20 : 00 / 신주쿠역에서 바로

미츠코시 니혼바시 본점의 치즈 온 더 테이블
(三越日本橋本店 cheese on the table)

커팅룸이 설치되어 있어서 소량으로도 구입이 가능하다. 작은 사이즈의 치즈를 모아놓은 치즈 플레이트도 있다.
http://cheeseclub.co.jp/5contents/shoplist03.html

구입처

도쿄도 주오쿠 니혼바시다카라쵸 1-4-1 (東京都 中央区 日本橋室町 1-4-1) / 03-3231-1425 / 10 : 00~19 : 30 / 미쯔코시마에역 (三越前駅)에서 바로

토큐우백화점 토요코점 (東急百貨店 東横店)

백화점 지하1층에 세조이시이(成城石井)와 치즈전문점 페르미에(フェルミエ)
가 입점해 있어 두 곳의 치즈를 비교하며 신선도, 숙성도, 가격에 따라 구입할
수 있다. 페르미에 본점 방문이 어렵다면 이곳에서 구입해도 좋다.
http://www.tokyu-dept.co.jp/foodshow/index_top.html

구입처

도쿄도 시부야쿠 시부야 2-24-1 도큐백화점토요코점 지하 푸드쇼 내
(東京都 渋谷区 渋谷 2-24-1 東急百貨店 東横店 西館地下 1階フードショー) /
03-3477-3111 / 10 : 00~21 : 00(연중무휴)

와인 숍

카브 드 릴랙스(カーヴドリラックス Cave de Relax)

나이토우(內藤邦夫) 오너와 스태프들이 정
성들여 홈페이지를 업데이트하는 곳으로
유명하다. 가격이 저렴한데 비해 좋은 와인을 많이 비치하고 있
는 것이 장점이고 특히 남프랑스 와인 종류가 많다.
http://www.cavederelax.com/

구입처

도쿄도 미나토쿠 니시신바시 1-6-11 (東京都 港区 西新橋 1-6-11) /
03-3595-3697 / 11 : 00-20 : 00 (정초 3일만 휴일) /신바시역, 도라노몬역,
카스미야세키역 5~10분 거리

비노스야마자키(ヴィノスやまざき 有楽町店 / Vinos yamazaki)

직수입 와인이 많기로 유명한 와인 숍. 내부에 간이 바를
갖추고 있는 숍으로 저렴한 가격의 와인과 치즈를 살 수
도 있고 그 자리에서 시음과 시식도 할 수 있어 편리하다.
유라쿠초점 외에 다수 점포가 있다.
www.v-yamazaki.co.jp

구입처

유락쿠초점 : 도쿄도 지요다쿠 유라쿠초 2-7-1 이토시아 B1 (東京都 千代田区 有楽

町 2-7-1 イトシアフードアベニュー 地下1階) / 03-5224-6391 /
11：00〜23：00 (연중무휴) / 유라쿠초역 (有楽町)1분 거리
그 외에 히로점, 시부야점, 지유가오카점, 이케부크로점 등 다수

WINE MARKET PARTY

에비스가든플레이스 안에 위치하고 있는 와인 숍으로
대중와인부터 고급와인까지 다양하게 구비되어 있다.
그 외 파티용품과 와인 책, 와인악세사리 종류가 많아
목적을 가지고 쇼핑을 하러 갈 만하다. 치즈도 제대로 구비되어 있다.
http://www.partywine.com/shop/

구입처
도쿄도 시부야쿠 에비스 4-20-7 (東京都 渋谷区 恵比寿 4-20-7) /
03-5424-2580 / 11：00〜21：00(부정기적 휴무) / 에비스역 7분 거리

에노테카 (エノテカ ENOTECA)

프랑스 와인 중심의 고급 와인 종류가 많다. 숍의 지역적 포지션이나 구
성도 안정적이고 스탭들의 접객 노하우도 뛰어나다. 고급마케팅을 지향
하기 때문에 가격도 다소 높다.
http://company.enoteca.co.jp/index.html

구입처
에노테카 히로본점 도쿄도 미나토쿠 미나미아자부 5-14-15 아리수가와웨스트 1층
(東京都 港区 南麻布 5-14-15 アリスガワウエスト1F) / 03-3280-3634 /
11：00〜21：00 /히로역에서 2분
그 외에 긴자점, 긴자마츠자카야점, 마루노우치점, 도쿄역점, 롯본기힐즈점 등 다수

야마야 (やまや YAMAYA)

전국 182점포를 가지고 있고 도쿄에만 12개 지점을 가지고 있는 대규모 와인
숍. 와인 보유량도 많고 저렴하다. 와인 이외에 여러 가지 술과 치즈 등 안주류
도 취급하고 있다. 도쿄 내에서는 특히 신주쿠점의 규모가 크다
http://www.yamaya.jp

구입처
신주쿠점 : 도쿄도 신주쿠쿠 신주쿠 3-2-7 퍼시픽마크스 니시신주쿠빌딩1층
(東京都 新宿区 西新宿 3-2-7 パシフィックマークス西新宿ビル 1F) /
03-3342-0601 / 10：00〜22：00 / 신주쿠역에서 12분
그 외에 아오야마잇초메점, 아카사카점, 이케부크로점, 카메이도점, 긴자점 등이 있
다.

츠키지시장 (築地市場)
완전 정복!

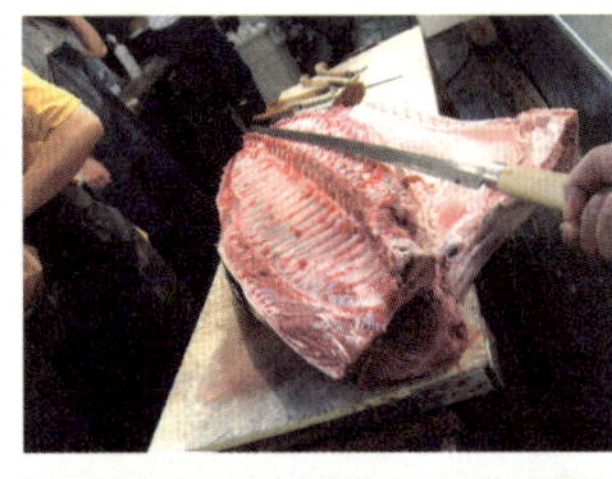

그 지역의 역동성과 먹을거리를 보기에 재래시장만큼 좋은 곳이 또 있을까? 사람 크기만 한 냉동 참치들이 줄지어 있고 그 참치보다 더 긴 칼로 참치를 자르는 광경, 상인들이 사용하는 거친 말과 동작들, 그것을 보기 위해 모여 들어 프로를 번거롭게 하는 관광객들…하루 3,500톤의 국내외 생선과 야채가 모이는 대규모 시장.

그 츠키지시장이 긴자에서 걸어서 15분 거리에 있다는 것에 놀라고 생선비린내가 거의 안 나는 시장관리에 또 한 번 놀라고 만다. 1935년 시장 형성 당시에는 배로 물건을 운반했었는데 이제는 트럭이 드나들면서 도심의 혼잡을 야기시키고, 그 결과 도쿄도에서는 2012년 시장 이전을 결정하게 되었다. 시장상인들은 이전을 하면 일단 도심에서 멀어져 교통이 불편해지고 '츠키지'라는 브랜드사용도 어려워지기 때문에 매기의 하락과 생존의 문제를 들어 반대를 하고 있다. 또 다른 일각에서는 이전할 곳(토요스)이 오염지역이라며 이전 결정에 대해 계속적인 문제 제기를 하고 있다. 어쨌든 일반인의 입장에서는 대규모 재래시장이 이전하게 될지 모르는 상황에서 시장의 활기를 한번이라도 더 느껴야겠다는 생각에 마음이 분주해진다.

츠키지시장은 장내시장(엄밀한 의미로 이곳이 진짜 츠키지시장)과 장외시장으로 나뉜다. 노량진수산시장의 약 7배에 달하는 장내시장은 수산물과 청과의 경매가 이루어지고 장외시장은 신선 생선 외 모든 식재료와 기구 등을 취급하는 500여 개의 점포로 형성된 만만치 않은 규모이다. 이전이 되더라도 장외시장은 그대로 남게 된다.

자, 이제부터 츠키지시장을 돌아보자. 시장 투어 전에 들러야 할 곳이 있다. 장외시장 안쪽에 위치한 나미요케신사(波除神社). 츠키지시장이 만들어질 때 거센 파도를 잠재우며 시장을 지켜줬다는 이 신사는, 오늘날은 인간을 위해 죽어간 각종 생선의 영을 위로하며 상인들의 든든한 언덕이 되어주고 있다. 스시비, 새우비, 활어비 등이 세워져 있는 광경이 독특하다.

새벽 5시 전에 올 수 있다면 프로들의 참치 경매를 볼 수 있고 오전 8시 안에 도착하면 참치 등 각 생선의 손질을, 그 이후에는 중·소매 거래를 볼 수 있다. 그 다음으로는 시장 먹을거리를 돌아보는 본격 투어. 원래 시장상인 대상의 식당이었으나 지금은 관광객의 전유물이 되어 버린 곳도 있지만 아직도 상당 부분 시장 상인들과 어깨를 나란히 하면서 먹을 수 있는 곳들이어서 신선한 경험이 될 수 있다.

네타 (횟감)가 끝내주는 시장 스시

츠키지의 장내 시장 6호관에 있는 스타스시, '스시다이'와 '다이와스시'는 이제 웬만한 해외관광객들도 다 알 정도로 유명해져서 더 이상 상인들이 드나들 수 없는 성이 되어버렸다. 늘 외부인과 관광객들에게 점령되어, 짧게는 30분, 길게는 2시간 이상을 기다려야 하니 생업에 바쁜 시장사람들은 가고 싶어도 갈 수 없는 공간이 되어 버렸다. 하지만 어쩌다 한 번 가는 일반 스시 팬들에게는

스시다이

다이와스시

외부보다 월등히 신선한 네타(횟감)가 있는 좋은 스시집임에 틀림없고, 줄을 서는 것 또한 맛있는 스시를 먹기 위한 당연한 통과의례로 생각된다. 스시다이와 다이와스시는, 미온의 초밥에 싱싱한 네타를 얹고 연한 스시간장을 발라주는 방식이다. 대부분 스시집처럼 고객의 먹는 속도를 감안해서 음식이 순서대로 나온다. 기다리는 시간은 다이와스시가 더 짧고 친절과 따뜻한 분위기, 안정된 맛은 스시다이가 한수 위이다.

오마가세코스 (쉐프 추천코스)는 다이와스시 (3,500엔, 스시7점+미니마키, 계란말이), 스시다이 (3,900엔, 스시10점, 미니마키, 계란말이 +원하는 스시 1점 선택) 다이와스시 (大和寿司) 장내 6호관 03-3547-6807/ 5 : 30~13 : 30/ 22석 (메뉴선택 용이) 스시다이 (寿司大) 장내 6호관03-3547-6797 / 5 : 00~14 : 00 / 11석 (메뉴선택 용이)

류우스시 (龍寿司)-젓가락이 없는 스시

장내6호관보다 유명세는 덜하지만 약간(!) 넓은 공간에서 한적하게 싱싱한 스시를 즐길 수 있는 곳이다. 이 집의 테이블에는 젓가락이 없다. 손으로 집어서 감촉을 느낀 뒤, 입으로 가져가서 맛을 즐기는 방식. 두 가지 세트메뉴 모두 7개의 니기리스시와 미니마키 1줄로 구성되나 같은 참치라도 세트별 레벨을 달리하기 때문에 란세트를 권한다.

란세트 3,150엔 키쿠세트 2,100엔
장내 1호관 03-3541-9517/ 6 : 30~14 : 00/ 15석(메뉴선택 용이)

스시세이 본점(寿司清本店)-
오랜 역사의 노장 스시

츠키지 스시집 중에서 오랜 역사를 자랑하는 노포. 한적하고 깔끔하며 친절한 분위기 속에서 정성이 담긴 스시를 즐길 수 있다. 아부리스시(살짝 구운 스시)와 같은 유행을 따르지 않고 전통을 고수해 단골의 충성도가 높은 편이다. 키와미세트는 도로 두 종류, 우니 등 12점이 나온다. 오징어 같은 흔한 재료가 신선해 깜짝 놀란다. 세트 속엔 꽁치 등 제철 스시가 들어간다. 혼잡한 시장이 부담스럽거나 저녁에 와서 스시를 즐기고 싶을 때 제격이다.

대부분의 스시집이 그렇듯 단체로 가면 제 맛을 보기 어렵다.

키와미세트1,500엔, 타구미세트 2,500엔, 오마카세세트 3,500엔 장외시장
03-3541-7720 / 8 : 30~14 : 00,17 : 00~20 : 30 (신점은 연중무휴) /
37좌석 (메뉴선택 용이)

스시잔마이 본점 (すしざんまい 本店)－
합리적인 가격의 24시간 스시

츠키지시장 안에 본점을 둔 대형 스시집으로, 도
쿄 내 20여 개의 점포를 가지고 있다. 인원이 많
은 경우 3층의 룸을 이용할 수도 있다. 활기찬 시
장영업 시간은 놓쳤지만 츠키지의 싱싱한 회를 먹고 싶을 때는 시간에 구애 없
이 이용할 수 있다. 데마키 종류도 다양.

세트 3,150엔, 개별 스시 1점당 98엔~398엔
장외시장 03-3541-1117/ 24시간/ 3층 규모 (사진이 있어 메뉴선택 용이)

일본 여행 중에 사올만한 먹을거리 (장외시장)
아키야마쇼덴 (秋山商店03-3541-2724) : 가쯔오부시 종류가 다양
고나쯔 (コナツ03-3541-6423):산지 직송의 시라스(잔멸치) 비교시식 가능
요시오카야혼텐 (吉岡屋本店03-3541-3946) : 나라츠케 등 500종의 츠케모노
스이다쇼덴 (吹田商店03-3541-6931) : 유명 요리집에서 거래하는 건다시마

츠키지시장의 네타 (횟감)로 만든 스시돈 (스시덮밥)

일반적인 스시도 좋지만 일본인이 일상적으로 먹는 스시돈을 시장에서 즐겨 보
자.

나가야 (仲家)

새우 등 열 가지 해산물이 들
어간 가이센돈 외에 도로,
성게 등 고급 네타로만 구성
된 스시돈이 24여 가지나 있
다. 문 앞의 음식사진을 보고 메뉴를 정한 뒤 들어가서 주문하는 형태이다. 늘
문전성시를 이루기 때문에 친절은 별로 기대하지 말고 신선한 스시돈에 만족하

며 먹길.
우니(성게) 들어간 가이센돈 (海鮮丼) 1,200엔. 종류 별로 1,800엔까지 (된장국 포
함), 사진이 있어 메뉴선택 용이
장내시장 8호관 03-3541-0211 / 6 : 00~13 : 30 / 15좌석

다네이치 (たねいち)

주방을 가운데 두고 둘러 앉아 먹는 시장골목 안의 스시돈전문점. 초밥 간이 딱
맞고 그 위에 얹어진 참치, 연어, 우니 등이 먹음직스럽다. 밥 위의 스시를 그냥
먹든, 간장에 찍어 먹든, 간장을 뿌려 먹든, 밥과 함께 퍼 먹든, 모든 게 먹는 사
람 마음대로이다. 1,000엔짜리 가이센돈이 가격대비 실속이 있다.
마루로돈 (참치덮밥)700엔, 가이센돈1,000엔. 된장국 (100엔)은 별도 (메뉴선택은 용
이) 장외시장 골목 안. 전화 없음 / 6 : 30~15 : 00 / 30좌석

고수가 찾는 시장의 밥집

다가하시 (高はし) – 생선요리의 명문

입구에 뭔가 써 놓은 종이가 다닥다닥 붙어 있다. '솔직히
말해서 우리 집 음식은 비싸다. 하지만 생선은 찌꺼기가
아니라 물 좋은 상품이다. 생선구이는 15분 이상 시간이
걸리는데 참아 달라. 주문은 반드시 엽차를 받은 뒤부터
해 달라. 우리 집은 일본어만 된다. 줄을 설 때는 4열 횡대

로 옆집에 방해되지 말
게 서 달라' 등, 참 말
이 많다. 하지만 맛 하
나는 끝내준다. 입에
서 무너져 내리는 횟감
으로 조림을 하거나 구이를 하는데 어찌 맛있지 않을 수 있겠는가? 요리는 조
림이든, 구이든 주문 후부터 시작된다. 10분 이상을 기다려 받은 가자미조림 한
점을 먹고 나면 지금까지 먹어온 퍽퍽한 생선조림에 속아왔다는 생각이 들 정
도이다. 이 집의 가을과 겨울의 명물은 아귀. 아귀를 천정에 걸어놓고 살점을
떼어 가며 조리하는 것으로 유명하다. 다음으로는 아나고돈. 밥 위에 얹어 나오
는 부드러운 아나고에 와사비를 곁들여 먹고 구수한 시장 된장국으로 마무리하
면 개운하다.

각종생선조림조림 1,200엔–2,000엔 (밥, 국, 츠케모노 포함 시 300엔 추가),
아나고돈 1,100엔. 아귀탕 (시가)
장내시장 8호관 03-3541-1189 / 7 : 00~13 : 00 / 12좌석 (메뉴선택 난이도 높음.
일본어만 가능)

야찌요 (八千代) – 새우튀김이 유명한 일본풍 양식

돈가스집이라고 쓰여 있으나 돈가스보다는 큼직한 새우튀김으로 더 유명하다. 바삭하고 고소한 기름 향이 도는 커다란 새우튀김에 레몬을 뿌리고 직접 만든 타르타르소스를 곁들여 먹으면 옛날로 돌아간 듯 정겨워진다. 이 집의 된장국은 단맛이 적어 튀김의 느글거림을 구수하게 풀어 준다. 화,목,토에만 파는 챠슈에그정식(삶은 돼지고기, 달걀, 밥, 된장국)도 인기 한정품.

새우튀김정식 1,500엔, 차슈에그정식 1,300엔,
스페셜정식 (새우튀김 등 3종 튀김) 1,500엔
장내시장 6호관 03-3547-6762 / 5 : 00~13 : 00 /
12좌석 (일본어 메뉴뿐이나 눈치로 주문 가능)

카도우 (かとう) – 옛날 맛을 유지하는 생선정식

당당하게 가게 문을 열지만 금세 주눅 들고 만다. 주방 앞에 앉아 있는 무표정의 할머니가 아주 낮은 음으로 "오차(뜨거운차), 오미즈(찬물)"라며 어떤 물을 원하는지 크게 물어온다. 그 순간 웬만한 손님은 기선을 제압당하고 할머니의 기에 눌려 그저 고분고분해질 뿐이다. 일명 한국의' 욕쟁이할머니' 집에 들어온 게 아닌가 싶은 기분이다. 이 집에 갈 땐, 다음 두 단어를 외어가자. 생선소금구이는 '사카나 시오야키', 생선조림은 '사카나 니즈케' 이다. 다행이 서빙하는 손녀딸이 있을 때는 구이나 조림 중에서 적당한 선택을 도와준다. 주문한 꽁치구이가 나왔을 때, 구이 꽁치의 촉촉함에 몹시 놀랐는데, 할머니의 기에 눌려(?) 감탄도 크게 못했다. 분위기에 적응하기 쉽지 않고 주문도 생소하지만, 진수의 생선정식이 그 어려움을 다 보상해주니 도전해보길 바란다.

생선정식(소금구이 또는 조림) 1,200엔부터. 토요일 600엔 추가 시 싱싱한 사시미가 나옴.
장내시장 8호관 03-3547-6703/ 4 : 30〜13 : 30/ 17좌석/ 메뉴선택 난이도 높은 편

이노우에 (井上)-시장 길거리의 절대강자 라멘

라멘을 먹고 있는 사람들만 봐도 이 집의 아성을 느낄 수 있다. 1.5미터 정도의 주방에서 라멘을 받은 뒤 주방 옆 공간이나 길거리에 놓은 스테인리스 테이블과 상자를 쌓아올린 판자에 라멘을 놓고 서서 먹는다. 그것도 줄을 서서. 그 테이블도 가득차면 길거리 바닥에 쪼그리고 먹는 사람도 있다. 라멘 국물은 이미 츠키지의 명물 중 명물이 되어버렸다. 평소 일본 라멘이 느끼하여 부담스러웠다면 반드시 이 라멘을 먹어보길. 한국인도 이 집의 쇼유(간장)라멘 국물이라면 시원하다고 느낄 수 있다. 라멘 안의 차슈(돼지고기)는 다소 뻣뻣한 편인데 고기 양도 많고 국물 속 죽순절임도 잘 어울린다. 최근 매스컴에 많이 노출되어 너무 인기에 편승하는 것이 아닌가하는 우려의 목소리도 있다.

라멘 600엔
장외시장 대로변 03-3542-0620 /
4 : 30〜13 : 30 (한 가지 메뉴여서 고민의 여지가 없다)

남바라테이(なんばら 亭)-그릴치킨이 들어간 오야코돈 (닭고기덮밥)

걸터앉기도 민망한 작은 밥집이지만 주인의 경력은 30년이 훨씬 넘었단다. 아침에 잡은 닭으로 덮밥을 만들고 그 위에 달걀을 살포시 덮어 부드럽다. 닭 껍질도 들어 있는데 오히려 맛과 향을 돋운다. 그릴에 구운 닭고기가 들어간 '아부리오야꼬돈'은 닭의 씹는 감촉도 좋고 전혀 잡냄새가 없어 누구든 먹기 좋다. 주로 상인들의 테이크아웃이 많은 집.

오야코돈 700엔, 아부리오야코돈 800엔
장외시장 03-3248-8085/ 7 : 00〜14 : 30/ 3좌석/ 메뉴선택 용이

덴푸라쿠로가와(てんぷら黑川)-통토마토튀김이 얹어진 야채덴돈(튀김덮밥)

덴푸라가 올라간 튀김덮밥은 흔하지만, 이 집 야채튀김의 구성은 독특하다. 큰 토마토, 큰 생강 조각, 단호박 덩어리, 오크라(고추모양 야채), 나마후(떡 같은 밀가루 글루텐)가 통으로 튀겨져 밥 위에 얹어 나온다. 튀긴 토마토에서 나오는 국물은 뜨겁지만 은은히 달고 부드러우며 생강튀김의 매운 기도 적당하다. 뜨거운 밥에 더 뜨거운 튀김이 얹어지고 달콤한 간장소스와 함께 섞어 먹다가 진한 적된장으로 속을 풀면 OK.

야채텐돈, 새우텐돈 900엔, 디너 덴푸라코스 4,000엔부터
장외시장 03-3544-1988 /9 : 00~14 : 00, 17 : 00~21 : 00 / 좌석 17개

시장에서 즐기는 커피 한 잔과 단고 한 쪽

모스케단고(茂助だんご)-전통식으로 하는 스타 단고집

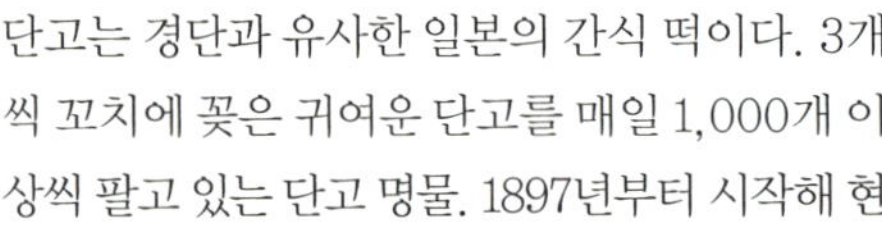

단고는 경단과 유사한 일본의 간식 떡이다. 3개씩 꼬치에 꽂은 귀여운 단고를 매일 1,000개 이상씩 팔고 있는 단고 명물. 1897년부터 시작해 현재는 4대 째인데, 지금도 나이 드신 어머니와 중년의 아들이 매일 단고를 만들고 있다. 이 모자가 만드는 심플한 단고는 옛 맛 그대로여서 인기가 있다. 가게 안에서 먹을 땐 진한 녹차도 준다. 고운팥단고가 으뜸의 맛.

6개짜리 단고 900엔, 고운팥단고 147엔, 거친팥단고 147엔, 간장단고 137엔
장내시장 1호관 03-3541-8730 /
5 : 00~12 : 00 (인기 품목은 일찍 품절도 됨) / 12좌석

아이요우(愛養)-3대째 대를 잇고 있는 시장 카페

국내 시장처럼 커피 리어커아줌마가 있는 건 아니고 작은 커피집이 몇 개 있어 시장 상인들의 새벽잠을 깨워주고 있다. 옛날엔 밀크홀(milkhall)이라고 불렸다고 하는데, 그 당시부터 팔던 밀크쉐이크엔 달걀노른자가 들어가서 진하

고 독특한 향을 가진다. 차가운 것보다 뜨거운 밀크쉐이크가 낫다.

밀크쉐이크 500엔, 밀크커피 400엔
장내시장 6호관 03-3547-6812/ 3 : 30~12 : 30

요네모토커피(ユネモトコーヒー)-싸고 진한 장외시장 커피집

밖에서 보기와는 달리 안으로 들어가면 별실의 공간이 있어, 커피 한 잔의 휴식처로 안성맞춤이다. 샌드위치도 있고 원두커피를 구입하기도 좋다.

커피 210엔부터
장외시장 입구 쪽. 03-3541-6473 / 5 : 30~16 : 00(별실은 15 : 00까지)

♣ **츠키지시장 찾아가는 방법**

오오에도센(大江戸線) 츠키지시장역(築地市場)에서 바로이다. 히비야센 (日比谷線) 쯔키지역(築地) 1번 출구를 등지고 왼쪽으로 걸어서 5분.
정기휴일 : 매주 일요일 휴무, 매월 수요일 중 월 2회씩 휴일. 불규칙한 임시휴일도 있기 때문에 사전에 확인할 것.
http://www.tsukiji-market.or.jp/

도쿄에서 길찾기

1. 역에서부터 걸어가기

도쿄에서 JR(전철) 또는 지하철을 타고 내려 개찰구를 나오면 반드시 역 주변의 지도판이 있다. 지도판은 역 구내에 있을 수도 있고 작은 역인 경우는 역사 앞의 스탠드 형식으로 나와 있는 경우도 있다. 일단 지도를 보면서 내가 가려는 목적지를 확인한 후 방향을 정하여 나가도록 한다. 한자와 영어(한자 하단에 기재되어 있음)로 써 있는 경우가 대부분이다.

예를 들어 '리스토란테 히로'를 들어보자.
토쿄도 미나토쿠 미나미아오야마 5-5-25 T-PLACE B1F (東京都 港区 南青山 5-5-25 T-PLACE B1F)
가까운 역 : 긴자선(銀座線) 또는 지요다선(千代田線) 또는 한죠몬선(半蔵門線) 오모테산도역(表参道駅)에서 2분이라고 되어 있다.

이 경우 일단 어떤 선의 지하철을 탔더라도 오모테산도역에서 내려 개찰구를 나온 뒤 지도를 확인한다.

지도에서 '南青山 5-5'를 먼저 찾고 그곳에 가기 위해 가장 가까운 출구(리스토란테 히로의 경우 A5출구)를 확인한 뒤 출발한다. 그리고 걸어가다가 아무 건물이나 '南青山 5-5'를 표시가 되어 있는 곳을 찾는다. 그리고 그 건물이 포함되어 있는 블록을 한 바퀴 돌며 '南青山5-5-25'를 최종적으로 찾아낸다.
(주소의 마지막 숫자가 작으면 시계 반대 방향으로, 숫자가 크면 시계 방향으로 도는 것이 빨리 찾을 확률이 높아진다.)

2. 택시로 찾아 가기

도쿄의 중심가에서 이동하는 것이라도 웬만한 거리는 대개 2천 엔이 넘으니까 정말 비싸다. 그러나 그만한 값을 한다.

어떤 지도를 살까?

① A4 판은 자세해서 좋기는 하지만, 여행 중에 가지고 다니기에는 너무 거추장스럽다. 포켓판이 좋다.
② 반드시 주소의 세 숫자 중 두 번째까지 나와 있는 것을 산다. 예를 들자면, '東京都 港区 南青山 5-5-25'의 주소 중에서 東京都 港区 南青山 5-5'까지 나와 있는 지도를 구입한다.
③ 도쿄는 넓다. 23개의 구(区)뿐 아니라 하치오지시(八王子市), 후추시(府中市)와 같은 도쿄토(東京都) 내의 시(市)를 포함하면 2,186 km² 나 된다(서울은 605 km²). 그러나 우리가 여행을 가게 되면 대개 중심부에서 돌게 되므로, 23구가 중점적으로 나와 있는 것을 준비한다.
④ 출판사 중에서는 Mapion 등의 것이 믿을 만하다.

혹시 택시에 짐을 놓고 내려도 다시 찾을 확률이 대단히 높고(이런 때를 대비해서 택시 영수증은 꼭 챙기는 것이 좋다), 기사가 목적지를 잘 찾아 준다.

① 먼저 호텔에서 컨시어지(벨 데스크)에 부탁하여, 찾아 가고자 하는 레스토랑의 위치를 택시 운전사가 알기 쉽도록 써 달라고 한다.

② 택시를 타기 전에 반드시 운전사에게 컨시어지가 써 준 주소 메모지를 보여 주며, 찾아 갈 수 있겠냐고 물어보고, 자신 있게 대답하는 택시를 탄다. 이 확인 과정을 호텔의 도어맨이 하도록 해도 좋다. 대부분의 택시는 네비게이션을 장착하고 있으므로 주소만 정확하면 찾아가는 데는 문제가 없지만, 아주 간혹 신출내기나 나이 든 운전수는 주소만으로는 못 찾아가는 경우가 있다.

③ 혹시 목적지 근처까지 가서도 못 찾고 헤매고 있으면, 찾아줄 때까지 절대 내리지 말자. 그렇기 때문에 타기 전에 이 장소를 아냐고 확인해 두는 것이 꼭 필요하다. 대개 일본인들은 자기가 할 수 있다고 한 것은 지킨다. 내가 낸 택시비는 분실물 찾아주기, 목적지 찾아주기 서비스까지 포함한 것이라고 생각해도 좋다.

일본의 주소 체계

위 "걸어가기"에 소개한 길찾기가 가능한 이유는 일본의 주소 체계가 법률에 의하여 1962년에 실용적으로 개정되었기 때문이다.

일본의 주소 체계도 기본적으로는 우리와 마찬가지로 서구식의 "도로 방식"(예컨대 "Union Square Café, 21 East 16th St, NYC 10003" 등)이 아닌 "가구 (街区, 블록) 방식"을 채용하고 있다. 과거에는 해당 "토지"의 법적 권리를 명확히 하는 데에 중점을 두어 〈강남구 서초동 1234번지〉와 같은 "지번(地番)" 방식 이었으나, 1962년부터 〈주거표시에 관한 법률〉이 시행되어, 처음 가는 사람도 쉽게 찾을 수 있고, 우편배달을 정확히 하게 하기 위하여, "건물"을 중심으로 하는 "주거표시" 방법으로 바뀌었다.

주거표시 방법에 의한 주소는 "라베톨라 中央区 銀座 1丁目 21番 2号 (혹은 1–21–2)"와 같은 표시 방법이 전형적인 것이다. 이 중에서 "1丁目"을 촌명(町名), "21番"을 가구부호(街符블록이름), "2号"을 주거번호(住居番号)라고 한다.

주거표시 실시지구 (예외적으로, 실시하지 않거나 체계가 다른 지역도 있음. 예컨대 교토) 에서는 각 가구 (街, 블록)의 코너에 가구표시판 (住居表示板)을, 각 건물에는 주거표시판 (町名板과 住居番 두 쪽으로 되어 있음) 을 설치하게 되어 있다.

3. 택시값 절약하기

택시값이 너무 많이 나올 것 같으면, 가까운 역까지는 지하철이나 JR을 이용하고, 역에서부터 택시를 타는 것이다. 이렇게 하면 돈도 돈이지만, 출장이나 여행 중 며칠을 버텨야 하는 체력을 비축하는 효과도 있다(도쿄에서는 대개 지하철이나 JR 을 이용하게 마련이므로 한국에서보다 엄청 걸어야 한다). 단, 지도를 미리 확인하여, 역 지하에서 올라 와 지상으로 나오자마자 바로 택시를 타도록 하자.

도쿄 지리의 이해

도쿄토(東京都)의 면적은 2,187km² 로, 서울(약 605km²)의 약 3.6배다. 그러나 이숫자는 경기도의 분당이나 의정부 같이 위성도시에 해당하는 다마(多摩)지역의 26개 시 및 도쿄에서 남남서 방향으로 900 – 1,800km 나 떨어져서 오히려 필리핀에 더 가까운 섬들까지 포함한 것이고, 실제로 우리가 관심을 가지고 있는 주오쿠(中央区), 신주쿠쿠(新宿区), 미나토쿠(港区) 등, 예전의 도쿄시(東京市)에 해당하는 23개 특별구만의 넓이는 약 620km² 로 서울과 거의 같다.

그 중에서도 이 책에서 다루고자 하는 대부분의 레스토랑들은 당연히 중심 상권에 위치하고 있다. 서울에서도 일부러 찾아가야 할 만한 레스토랑이 도봉구나 중랑구에서는 쉽게 찾아보기 어려운 것이나 마찬가지다.

도쿄의 지리를 이해하는 기본은 23개 특별구를 한 바퀴 순환하는 야마노테센(山手線)이다. 총연장 34.5km, 29개 역, 한 바퀴 도는 데 걸리는 시간은 약 1시간이다. 서울의 순환선인 지하철2호선은 48.9km, 43개 역, 1시간 27분으로, 야마노테센보다 크다.

야마노테센 29개 역 중에서 레스토랑의 관점에서 특히 중요한 역은 다음 9개 역이다. 이것 역시 필자의 느낌일 뿐 공식적은 것은 아니다. 도쿄역(東京駅), 유라쿠초역(有楽町駅), 신바시역(新橋駅), 시나가와역(品川駅), 메구로역(目黒駅 에비스역(恵比寿駅), 시부야역(渋谷駅), 하라주쿠역(原宿駅), 신주쿠역(新宿駅)라고 볼 수 있다.

도쿄의 중심가라면 어디가 되었든 대개 2, 3개의 전철(지상의 전철과 지하철) 노선이 도보 5분 내지 10분 거리 내에 있고, 쉽사리 환승할 수 있게 되어 있다. 또 역의 대부분은 구내 곳곳에 에스컬레이터와 엘리베이터가 설치되어 있고, 근처의 큰 빌딩과 지하로 연결되어 있어 정말로 이용하기가 편리하다. 문자 그대로 도쿄 시민의 발이다. 실제로 큰 회사의 사장이라도 이동할 때는 전철을 많이 이용한다. 반면 이용객이 천문학적인 숫자에 달하기 때문에, 당연히 큰 역은 대단히 복잡하다. 신주쿠역의 예를 들어 보자면, JR을 비롯한 6개 회사의 12개 노선이 31개 탑승 홈에 들어오고, 일 평균 승하차 인원은 300만 명이 넘는다. 당연히 세계 최고기록이다. 그렇기 때문에 도심 철도를 이해하기 위해서는 JR과 각사의 지하철을 동시에 숙지해야 된다..

참고로, 도쿄토(東京都)는 일본 행정구역 47개 토도후켄(都道府県)[1] 의 하나로서, 23개 특별구[2], 다마(多摩)지구[3], 그리고 도서부(島嶼部)[4]의 세 부분으로 이루어져 있다. 총면적 2,187.58km², 인구

12,886,838명(2008년 7월 1일 현재)의 세계적인 대도시이다. 이즈 제도와 오가사하라 군도를 포함하고 있어 일본의 최남단이자, 최동단 지역을 포함하고 있기도 하다. 세계제2차대전 중인 1943년에 과거의 도쿄후(東京府)와 도쿄시(東京市)가 통합하여 현재의 도쿄토가 되었다. 정식 영어 명칭은 Tokyo Metropolis (혹은 Tokyo Metropolitan prefecture), 도쿄도청(東京都庁)은 Tokyo Metropolitan Government 라고 한다. 행정지역으로는 23개 구(区), 26개 시(市), 1개 군(郡), 4개 지청(支庁, 도서부島嶼部), 5개 초(町), 8개 무라(村)가 있다.

*1 도쿄토(東京都), 혹카이도(北海道), 오사카후(大阪府), 교토후(京都府), 및 43개 켄(県)
*2 치요다쿠(千代田区), 추오쿠(中央区), 미나토쿠(港区) 등 과거 도쿄시(東京市)였던 23개 구로 이루어진 지역. 면적 621.81km², 인구 8,727,326명 (2008년 7월 1일 현재). 서울특별시가 면적605.25 km², 인구 10,421,782명(2007년 12월 31일 현재), 25개 행정자치구로 이루어져 있으므로, 이 23개 특별구는 서울특별시와 크기, 인구규모, 인구밀도 면에서 거의 비슷하다고 볼 수 있다. 실제로 우리가 도쿄라고 하면 떠올리는 것은 이 23개 특별구이다.
*3 하치오지시 (八王子市), 후추시(府中市) 등 특별구 서쪽의 26개 26市3町1村로 이루어진 지역. 면적 1,169.49km², 인구 4,128,111명 (2008년 5월 1일 현재)
*4 이즈제도 (伊豆諸島)와 오가사하라군도 (小笠原群島)

저자가 추천하는 분야별 베스트 10

벤치마킹 베스트 10

레스토랑사카키 (レストラン- サカキ /
RESTAURANT SAKAKI) – 프렌치
반핏쿠르 마루노우치점
(ヴァンピックル 丸の内- /
VINPICOEUR) – 비스트로
라벳토라 다 오치아니
(ラ・ベットラ ダ オチアイ /
LA BETTOLA) – 이탈리아
콘삐라차야
(こんぴら 茶屋) – 우동
옐로우 컴퍼니
(イエローカンパ二-惠比寿店 /
YELLOW COMPANY) – 카레
오니기리 덴덴
(おにぎり 田田) – 오니기리
아만디누
(アマンディーヌ / AMANDINE) – 카페
키하치
(エアターミナルグリル-キハチ
AIR TERMINAL GRILL KIHACHI) – 부페
스탠딩바 쁘띠 코니시
(スタンディング-バープチコニシ
PETIT KONISHI) – 와인샵&바
고시래
(高矢禮) – 한식

여성들을 위한 맛집

오구도우쥬르
(オー・グー・ドゥージュール /
AU GOUT DU JOUR) – 프렌치
리스토란테 하마사키
(リストランテ 濱崎
RISTORANTE HAMASAKI) – 이탈리아
사쿠라사쿠라
(さくらさくら) – 우동
키하치
(エアターミナルグリル-キハチ
AIR TERMINAL GRILL KIHACHI) – 부페

소리아노
(ソリアーノ) – 캐쥬얼이탈리아
미레이
(ミレイ) – 베트남
아오
(青) – 이자카야
르 누가
(ルーヌガ / LE NOUGAT) – 비스트로
에르페스카도르 (エルーペスカドール /
EL PESCADOR) – 스페인
베지
(VEGGIE ベジ-) – 야채요리

출장용 – 비즈니스접대

와케토쿠야마
(分とく山) – 일식
후쿠지
(福治 ふくじ) – 복 & 자라요리
류텐몬
(龍天門) – 중식
레스토랑 알라딘
(アラジン /
RESTAURANT ALADDIN) – 프렌치
긴자 토요다
(銀座 とよだ) – 일식
고시래
(高矢禮) – 한식
긴자 우카이데이
(銀座 うかい亭) – 데판야키
아르젠토아소
(アルジェント アソ /
ARGENT ASO) – 이탈리아
모가미 긴자점
(最上 銀座店) – 꼬치튀김
오오타후쿠
(大多福) – 오뎅

출장용 – 편한 뒷풀이

잇데키핫센야 에비스점
(滴八錢屋 惠比寿店) – 우동이자카야
엔 시부야점
(えん 渋谷店) – 이자카야
호우사쿠
(豊作) – 이자카야
오자미듀방 (オザミデヴァン /
AUX AMIS DES VINS) – 비스트로
반핏쿠르 마루노우치점 (ヴァンピックル 丸の内 /
ViNPICOEUR) – 비스트로
이타소바 가오리야
(板蕎麥 香り家) – 소바이자카야
텐텐 (点天) – 교자이자카야
스탠딩바 쁘띠 코니시
(スタンディング–バー プチコニシ /
PETIT KONISHI) – 스탠딩 비스트로
오쵸 (バル・デ・エスパーニャ–オチョ /
BAR DE ESPANA OCHO) – 스페인바
라이온 긴자7초메점
(ライオン 銀座七丁目店 / LION) – 펍

합리적 가격에 비해 큰 만족

혼고우쇼텐 오우세쯔시쯔
(本郷商店 応接室) – 돈까스
메야우 (メーヤウ) – 태국
미즈신사이칸 (水新菜館) – 중식
하쯔시마 (初島) – 선술집
아이노야 (藍の家) 장어
카메이도교자 본점 (亀戸餃子本店) – 교자
사누키야 (さむきや) – 우동
쥬루멘 이케다 (づゅる麵 池田) – 라멘
규우앙 (牛庵 ギュウアン) – 스키야키
스시히라이 (鮨 平井) – 스시

일품요리 베스트 10

콘삐라차야 (こんぴら 茶屋) – 카레우동
상고우앙 (三合庵) – 카케소바
아푸리 (阿夫利 / AFURI) – 라멘
옐로우 컴퍼니
(イエロー–カンパニー ?比寿店 /
YELLOW COMPANY) – 스프카레
오니기리 덴덴 (おにぎり 田田) – 오니기리

오오타후쿠 (大多福) – 오뎅
반핏쿠르 마루노우치점 (ヴァンピックル 丸の内 /
VINPICOEUR) – 꼬치그릴
리스토란테 히로 아오야마본점
(リストランテ・ヒロ–
山本店 / RISTORANTE HIRO) – 냉토마토파스타
레스토랑 코바야시
(レストランコバヤシ /
RESTAURANT KOBAYASHI) – 스테이크
로우호우토이 (ロウホウトイ) – 딤섬

카페 베스트 10

끼르훼봉 (キル フェ ボン 銀座 /
QUIL FAIT BON) – 타르트 (P271 참조)
르 수플레 (ル・スフレ / LE SOUFFLE) – 수플레
(P269 참조)
아만디누 (アマンディーヌ /
AMANDINE) – 팬케이크 (P98 참조)
팬케키데이즈
(パンケーキデイズ / PANCAKE DAYS) – 팬케이크
(P270 참조)
쇼코라티에 에리카
(ショコラティエ・エリカ) – 초코렛 (P286 참조)
히로스히로
(ヒーロス–ヒーロ– / GYROS HERO) –기로스
(P186 참조)
르 브르타뉴 (ル–ブルターニュ /
LE BRETAGNE) – 갈레트 (P126 참조)
비론 시부야 (VIRON SHIBUYA) – 빵
(P224 참조)
페르미에 아타고본점
(ナチュラルチーズ 專門店 フェルミエ 愛宕) –
치즈카페 (P289 참조)
마쯔노스케 뉴욕
(松之助 N.Y. 東京・代官山店) – 치즈케이크
전화 03–5728–3868
도쿄 시부야구 사루가구쵸 29–9
(東京都 渋谷区 猿樂町 29–9
ヒルサイドテラス D棟 11)
영업시간 10 : 00~20 : 00 휴일 : 무
http//www.matsunosukepie.com/
가까운역 다이칸야마역(東急代官山駅)

도쿄 레스토랑의 경쟁력을
한국에 접목시키려는 최초의 시도!

새로이 회사를 설립한다거나, 기존 사업에 새로운 부문을 추가하려고 할 때, 혹은 단순히 계절이 바뀜에 따라 다음 시즌을 준비하기 위하여 많은 비즈니스맨들이 도쿄를 찾는다. 이른바 벤치마킹이다. 이것은 식음료업계도 마찬가지다. 새로운 스타일의 카페를 오픈하고 싶다, 이자카야를 오픈하고 싶다, 이럴 때 '도쿄엔 뭔가 거리가 있겠지……' 하는 기대 하에 출장을 가는 사람들을 심심치 않게 볼 수 있다. 식음료업계의 경우, 이런 기대를 가지고 도쿄에 벤치마킹을 가는 것은 참으로 현명한 일이다. 도쿄야말로 참으로 맛있는 도시이기 때문이다. 필자도 개인적으로 도쿄로 출장을 가게 되면 업무 다음으로 중요한 것이 언제 어디서 누구와 무엇을 먹을까 하는 계획을 짜는 것이다. 정말 신기하게도 도쿄 출장이라면 먹는 것에 관하여 실망해 본 기억이 거의 없다. 단지 "아, 이번엔 라멘을 먹지 못 했구나" 혹은 "이탈리안 요리도 한 끼 먹었으면 좋았을 걸……" 하는 후회가 남을 뿐이다.

2007년에 동양권에서 처음 발행한 〈미슐랭 가이드 2008년 판〉은 도쿄 레스토랑에 스리스타 8곳 등, 모두 191개의 미슐랭스타를 부여함으로써 미슐랭의 입맛도 우리들과 별반 차이가 없음을 확인해 주었다. (파리 97개, 뉴욕 54개. 2008년 가을에 발간된 2009년판에는 스리스타 9곳, 투 스타 36곳, 원 스타 128곳, 계 227개로 별의 개수가 36개 늘었다.)
미슐랭이 도쿄에 미슐랭스타를 너무 남발한 것이 아니냐는 논의가 한참이었을 때, 시사주간지 뉴스위크는 "The New Food Capital of the World" 라는 제목으로 10페이지가 넘는 특집을 실었다. 내용을 보면 〈별〉만 없다뿐이지, 오히려 도쿄의 레스토랑에 대한 뉴스위크의 평가는 미슐랭보다 훨씬 더 극단적으로 칭찬 일색이었다. 칭찬이 지나치다 보니 무슨 광신도들의 찬송가 합창을 듣고 있는 것 같은 느낌까지 받았다.
영국 더 타임즈의 기자는 자기가 일본에서 먹어본 가장 형편없는 음식이 파리에서 먹어본 최고의 요리보다 낫다며, 불의 사용을 극력 억제하고 모든 재료에 제철, 즉 〈순旬〉을 고집하는 일본요리를 극찬하였다. 그리고 이제 프랑스는 완전히 몰락의 길을 걷고 있다고 했다. 미슐랭 스리스타 셰프인 알랭 상드랭은 세계 최고의 음식은 프랑스 요리와 일본 요리라며, 건강 지향적이고 아름답고, 균형이

잡혀 있는 현대적인 일본요리를 대단히 높이 평가했다.

그러나 도쿄의 레스토랑이 제 아무리 탁월하다 하더라도, 그것은 도쿄의 일본인을 위한 레스토랑일 뿐이지, 우리가 한국에 한국인을 위하여 만들고자 하는 레스토랑은 아니다. 손님의 성향, 가능한 객단가, 직원, 식재료, 좌석 수, 주차장 등 모든 환경이 전혀 다르다. 환경이 다르면 거기서 탄생하는 작품도 달라야 한다. 이러한 환경의 차이를 감안하면서, 앞서 말한 도쿄의 뛰어난 레스토랑이 가지고 있는 경쟁력의 핵심을 찾아내고, 한국에 응용할 수 있는 뭔가를 건져 보려고 도쿄로 가는 사람이라면, 저자의 가이드는 정말 유용할 것이다. 저자는 식품영양학을 전공한 배경에다가, 조리 관련 자격증을 7개나 가지고 있다. 수년 간 요리 강사를 하였으며, 오랜 기간 월간 쿠켄과 쿠켄네트에서 근무했던 프로이기 때문에 레스토랑 한 군데를 간다고 해도 보통의 평범한 식도락가가 보는 것과는 전혀 다른 관점에서 본다.

더구나 저자는 도쿄로 2년 간 오로지 먹으러 갔다. 말을 모르면 먹을 수도 없으니 가자마자 우선 언어부터 배워가며 700여 개의 레스토랑을 찾아 다녔다고 한다. 아마도 한국인으로서 '도쿄 레스토랑 탐험' 이라는 뚜렷한 목적을 가지고 700여개나 되는 레스토랑을 다녀본 사람은 이 대표가 최초가 아닐까 한다.

이 책에 수록된 200여 개의 레스토랑 중에는 필자도 가본 데가 꽤 된다. 그 설명과 벤치마킹 포인트를 읽어보면 외식산업에 대한 저자의 뛰어난 안목에 놀라지 않을 수 없다. 하긴 한국의 구석구석을 오로지 먹으러 다녀 보고 이미 2000년부터 한국 최초로 국내외 맛기행을 비즈니스로 시작했으며, 뉴욕에서도 3개월 동안 체류하며 레스토랑을 집중적으로 돌아보며 안목을 키워왔으니….

저자는 일본의 외식 관련 컨설팅 회사에서 발행하는 월간 사외보 〈푸비즘〉에도 한일 간의 음식 문화를 비교하는 기사를 재미있게 연재하고 있는데, 먹는다는 한 가지 주제에 집중하다 보면 이런 글까지 쓸 수 있게 되는구나 하고 감탄하게 된다.

먹고 마시는 비즈니스에 관하여 도쿄에서 무엇인가 힌트를 얻고자 한다면 이 책만큼 적절한 가이드도 없을 것이다. 물론 비즈니스를 떠나서 단순히 좋은 음식을 제대로 경험해 보고자 하는 일반 독자를 위해서도 전혀 모자람이 없다. 비즈니스든, 개인적으로 즐기는 것이든, 도쿄에 가면서 이 책을 들고 가지 않는다는 것은 너무도 아까운 일이기에 감히 몇 줄 추천의 말을 적어 보았다.

레스토랑 라브리 & 애비뉴원 대표이사

홍성헐

'미슐랭 도쿄' 보다 훨씬 재미있고
더 정확하게 도쿄를 소개하는 책

3년 전에 처음 만난 이윤화씨의 첫인상은 맑은 눈을 가진 귀염성 있는 여성의 느낌이었다. 파리나 뉴욕의 미슐랭 스리스타 레스토랑에 대해 서로 공감하며 본고장의 요리부터 시작하여 최첨단의 모던 레스토랑에 이르기까지 이런저런 이야기를 나누었던 기억이 난다. 그러면서 이윤화 씨는 일본어를 공부하여 일본의 외식 비즈니스를 체험한 후 책을 내고 싶다고 했다. 어쩌면 이렇게까지 활기가 넘칠 수 있을까 하고 감탄하며, 첫 만남 이래로 계속 깊은 관심을 가지고 주목해 오고 있었다.

그로부터 3년. 마침내 책이 완성되었다. 수록된 레스토랑 수만도 177개. 실제로는 훨씬 더 많은 레스토랑을 가 봤어야 하는 것은 당연하다. 그러나 더 놀라운 것은 레스토랑의 숫자가 아니라, 외국 땅에서 가치 있는 외식공간을 찾아내고, 가서 먹어 보고, 원고를 정리하는 작업을 죄다 혼자서 했다는 것이다. 그 에너지에 압도되었다. 나 역시 그녀와 같은 종류의 일을 하고 있기 때문에, 그런 일련의 행위가 보통 일이 아니라는 것을 너무나 잘 알고 있다.

이 책이 대단한 것은 양적인 것만이 아니다. 이윤화 씨가 선택한 레스토랑은 그 분야가 광범위하고, 퀄리티도 대단히 높다. 목차를 보아도 흥미를 끄는 레스토랑들이 대단히 많다. 도쿄를 말할 때 간판 스타격인 레스토랑은 물론이려니와, 최근 오픈한 곳이나 특이한 점포도 많다. 일례로, '히로타(広田)' 같은 레스토랑은 도쿄만은 잘 안다고 자부하는 나 자신도 몰랐던 곳이었다.
거기에 레스토랑을 소개하는 글을 읽고는 더욱 놀랐다. 비즈니스의 관점에서 본 레스토랑의 입장과, 그 레스토랑을 이용하는 고객의 관점을 모두 균형 있게 소개하고 있다.

일본의 외식업계에서는 이제 레스토랑의 입장만을 우선시 하는 곳은 잊혀져가고 있다. 어떻게 하면 손님이 기뻐할까를 고민하며, 고객의 입장에서 업주가 스스로 체험해 보아야 새로운 아이디어가 생길 수 있다. 이 책에는 일본의 외식비즈니스 관계자도 참고가 되는 정보가 많이 수록되어 있다. 많은 레스토랑을 냉철한 시각으로 본 이윤화씨의 이 도쿄 외식가이드는 〈미슐랭 도쿄〉보다도 훨씬 재미있고, 훨씬 더 정확하게 오늘의 도쿄를 소개하고 있다.

레스토랑저널리스트 이누카이 유미코

犬養裕美子

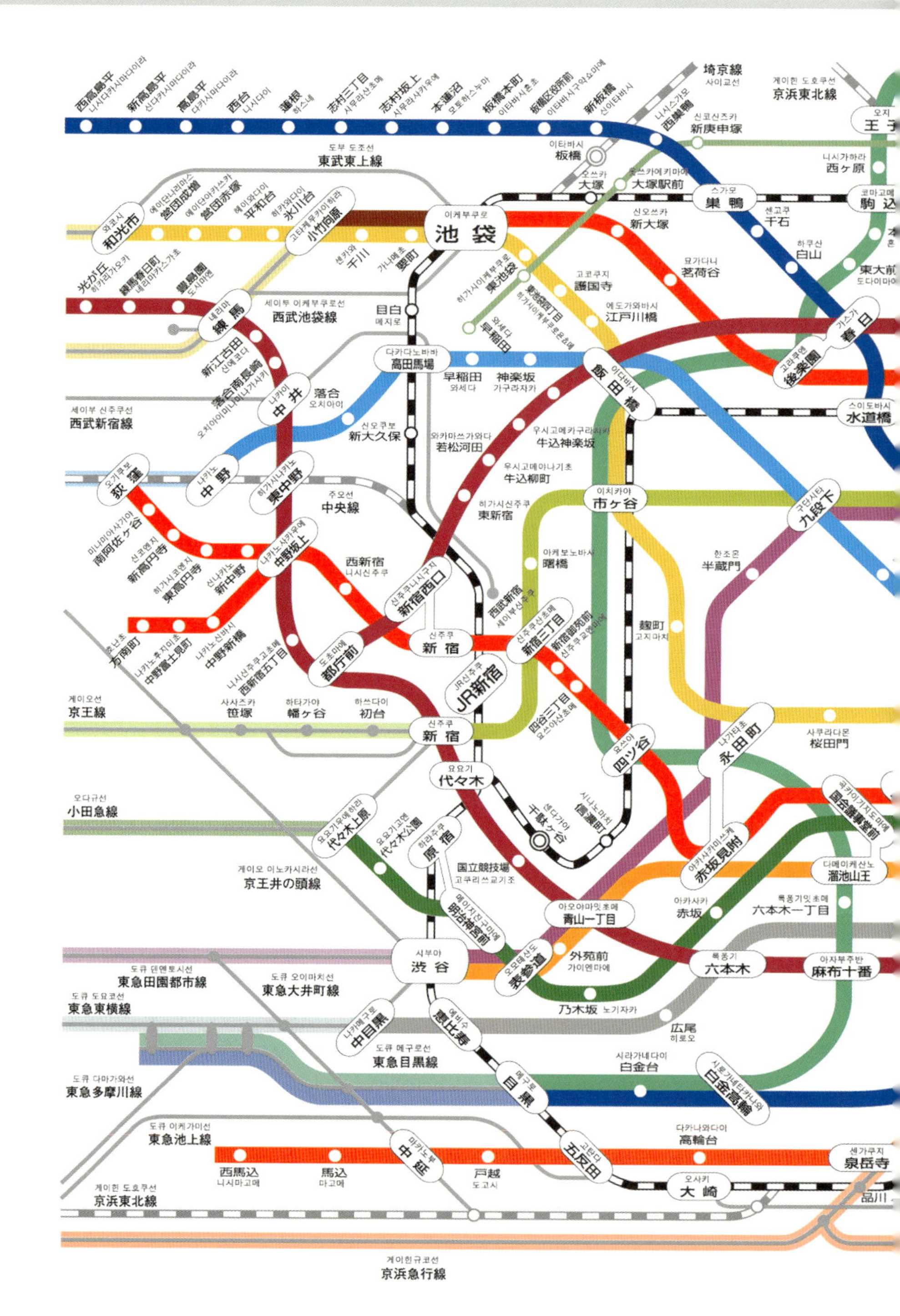

埼京線 사이교센
京浜東北線 게이힌 도호쿠선
王子 오지
西高島平 니시다카시마다이라
新高島平 신다카시마다이라
高島平 다카시마다이라
西台 니시다이
蓮根 하스네
志村三丁目 시무라산초메
志村坂上 시무라사카우에
本蓮沼 모토하스누마
板橋本町 이타바시혼초
板橋区役所前 이타바시구야쿠쇼마에
新板橋 신이타바시
西巣鴨 니시스가모
新庚申塚 신코신즈카
板橋 이타바시
大塚 오쓰카
大塚駅前 오쓰카에키마에
巣鴨 스가모
千石 센고쿠
白山 하쿠산
駒込 코마고메
西ヶ原 니시가하라
東武東上線 도부 도조선
成増 에이다나리마스
赤塚 에이다아카즈카
氷川台 히카와다이
小竹向原 고타케무카이하라
和光市 와코시
光が丘 히카리가오카
春日町 가스가초
豊島園 도시마엔
練馬 네리마
西武池袋線 세이부 이케부쿠로선
池袋 이케부쿠로
目白 메지로
千川 센카와
要町 가나메초
東池袋 히가시이케부쿠로
護国寺 고코쿠지
早稲田 와세다
東大前 도다이마에
茗荷谷 묘가다니
江戸川橋 에도가와바시
後楽園 고라쿠엔
春日 가스가
水道橋 스이도바시
新江古田 신에코다
落合南長崎 오치아이미나미나가사키
中井 나카이
落合 오치아이
高田馬場 다카다노바바
神楽坂 가구라자카
飯田橋 이다바시
西武新宿線 세이부 신주쿠선
新大久保 신오쿠보
若松河田 와카마쓰가와다
牛込神楽坂 우시고메키쿠라사카
牛込柳町 우시고메야나기초
市ヶ谷 이치가야
荻窪 오기쿠보
中野 나카노
東中野 히가시나카노
中央線 주오선
東新宿 히가시신주쿠
曙橋 아케보노바시
九段下 구단시타
半蔵門 한조몬
南阿佐ヶ谷 미나미아사가야
新高円寺 신코엔지
高円寺 코엔지
新中野 신나카노
中野坂上 나카노사카우에
西新宿 니시신주쿠
新宿御苑前 신주쿠교엔마에
麹町 고지마치
京王線 게이오선
中野新橋 나카노신바시
中野富士見町 나카노후지미초
西新宿五丁目 니시신주쿠고초메
都庁前 도초마에
新宿西口 신주쿠니시구치
新宿 신주쿠
西武新宿 세이부신주쿠
新宿三丁目 신주쿠산초메
方南町 호난초
笹塚 사사즈카
幡ヶ谷 하타가야
初台 하쓰다이
JR新宿 JR신주쿠
四ツ谷 요쓰야
永田町 나가타초
桜田門 사쿠라다몬
代々木 요요기
信濃町 시나노마치
千駄ヶ谷 센다가야
国会議事堂前 곳카이기지도마에
小田急線 오다큐선
代々木上原 요요기우에하라
代々木公園 요요기코엔
原宿 하라주쿠
国立競技場 고쿠리쓰교기조
明治神宮前 메이지진구마에
青山一丁目 아오야마잇초메
赤坂 아카사카
六本木一丁目 롯폰기잇초메
赤坂見附 아카사카미쓰케
溜池山王 다메이케산노
京王井の頭線 게이오 이노카시라선
渋谷 시부야
表参道 오모테산도
外苑前 가이엔마에
六本木 롯폰기
麻布十番 아자부주반
東急田園都市線 도큐 덴엔토시선
東急大井町線 도큐 오이마치선
乃木坂 노기자카
東急東横線 도큐 도요코선
中目黒 나카메구로
恵比寿 에비스
広尾 히로오
東急目黒線 도큐 메구로선
白金台 시로가네다이
白金高輪 시로가네타카나와
東急多摩川線 도큐 다마가와선
目黒 메구로
東急池上線 도큐 이케가미선
西馬込 니시마고메
馬込 마고메
中延 나카노부
戸越 도고시
五反田 고탄다
高輪台 다카나와다이
泉岳寺 센가쿠지
大崎 오사키
品川 시나가와
京浜急行線 게이힌큐코선

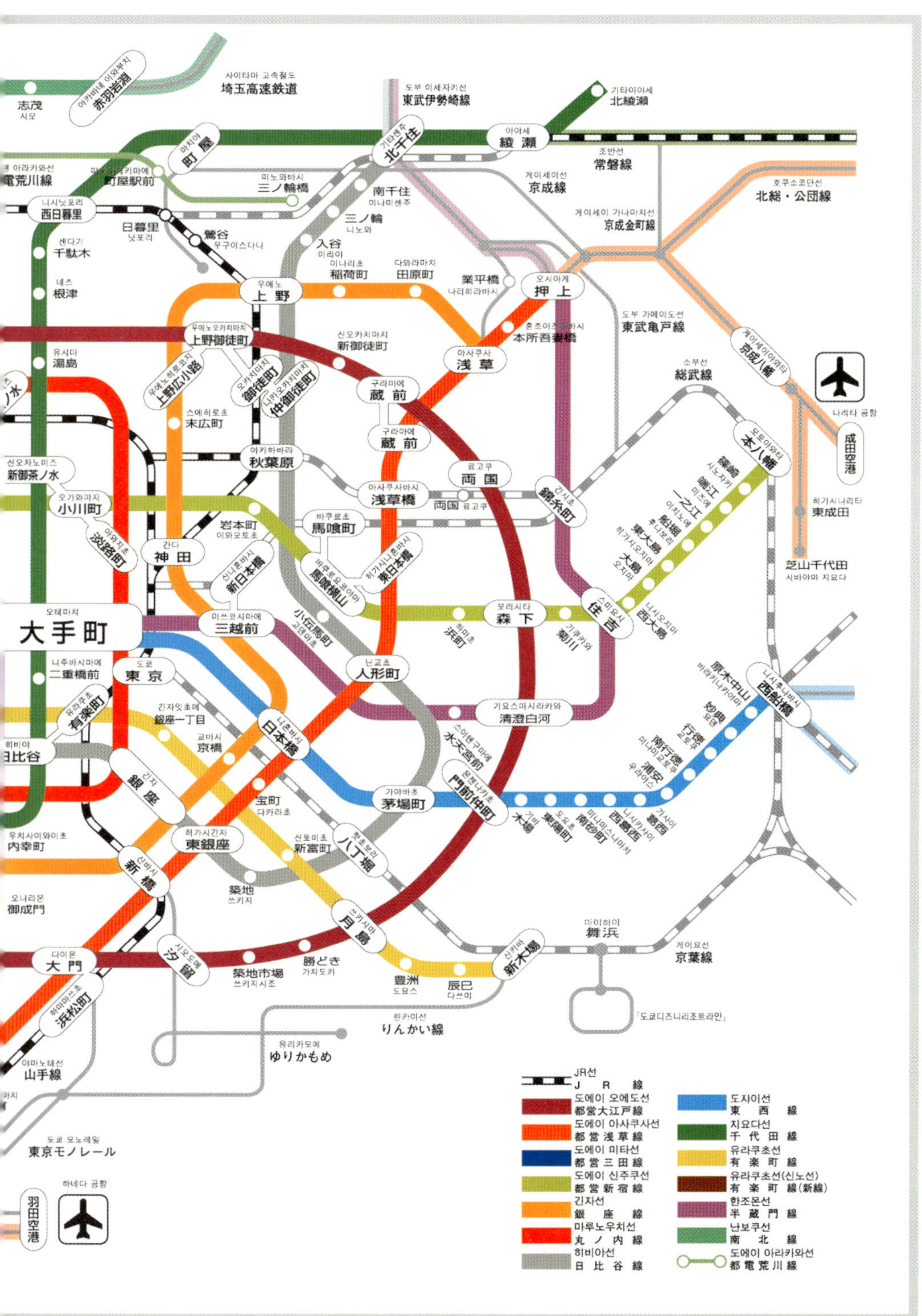

일본정부관광국(JNTO) 서울사무소 제공